"十二五"职业教育国家规划教材
经全国职业教育教材审定委员会审定

环境监测实训指导

（第二版）

谢炜平　主编

中国环境出版集团・北京

图书在版编目（CIP）数据

环境监测实训指导/谢炜平主编．—2 版．—北京：中国环境出版集团，2015.1（2022.9 重印）
“十二五”职业教育国家规划教材
ISBN 978-7-5111-2100-4

Ⅰ．①环…　Ⅱ．①谢…　Ⅲ．①环境监测—实验—高等职业教育—教材　Ⅳ.①X83-33

中国版本图书馆 CIP 数据核字（2014）第 232231 号

出 版 人　武德凯
责任编辑　黄晓燕　侯华华
责任校对　薄军霞
封面设计　宋　瑞

出版发行　中国环境出版集团
（100062　北京市东城区广渠门内大街 16 号）
网　　址：http://www.cesp.com.cn
电子邮箱：bjgl@cesp.com.cn
联系电话：010-67112765（编辑管理部）
010-67112735（第一分社）
发行热线：010-67125803，010-67113405（传真）
印　　刷　北京市联华印刷厂
经　　销　各地新华书店
版　　次　2008 年 4 月第 1 版　2015 年 1 月第 2 版
印　　次　2022 年 9 月第 2 次印刷
开　　本　787×1092　1/16
印　　张　16
字　　数　380 千字
定　　价　33.00 元

编 审 人 员

主　编　谢炜平
深圳职业技术学院

副主编　崔树军
河南工程学院

蔡慧华
广东省环境保护工程职业技术学院

成　员　魏家红
黄河水利职业技术学院

王　虎
杨凌职业技术学院

邹　原
深圳职业技术学院

前 言

随着我国经济社会的不断发展，环境保护日益受到重视，环境监测作为环境保护的“耳目”和“哨兵”作用日益突出，培养高素质、高技能的环境监测人才符合社会需求。为满足人才培养的需要，编写实用性强，培养学生实践能力、职业能力的环境监测实践指导类教材是十分必要的。

2008 年以来，国家修订颁布了新的环境空气质量标准（GB 3095—2012）、声环境质量标准（GB 3096—2008）、土壤环境质量标准（GB 15618—2008）等，开发出了一些环境监测新方法、新设备，环境应急监测得到重视和加强。为了适应环境和教学发展的需要，我们对 2008 年第一版教材进行了修订。

第二版教材在修订过程中，基本上保持原来的总体框架、总体结构，主要增加了第十章环境应急监测、新的环境标准，并结合环境监测新技术和新设备对部分实训内容进行完善。

本书针对高职高专教育的特点和培养目标，突出环境监测的专业素养和技能的培养，书中按实训模块编写，主要包括环境监测实验室建立、环境监测实训基本知识、水和废水监测、土壤与固废监测、生物污染监测、物理性污染监测、综合实践训练、环境应急监测等内容，努力突出实践性、应用性，内容注重新技术、新方法、新标准的运用。

本书由谢炜平担任主编，负责第一章、第八章、第九章、第十章及附录的编写工作。崔树军担任副主编，负责第六章的编写工作。蔡慧华担任副主编，负责第二章、第五章的编写工作。魏家红负责第三章及第四章第一节、第二节的编写工作。王虎负责第四章第三节～第十六节的编写工作。邹原负责第七章的编写工作。

本书在修订过程中，咨询了部分行业和企业专家，得到了中国环境出版社的支持和帮助。本书编写过程中参考了大量文献资料。在此向相关专家、编辑及文献原作者一并表示衷心的感谢。

限于编者水平，不妥之处在所难免，恳请专家、同仁和广大读者批评指正。

编　者

2014 年 2 月

目 录

第一章 绪 论

第一节 实训目的

环境监测实训是《环境监测》课程教学的重要组成部分，它是环境监测与治理专业（包括环境监测与评价专业、水环境监测与保护专业等其他相关专业）的一门重要技能实践课，其任务是通过本课程的学习，加深学生对《环境监测》课程中基本原理、基本方法的理解，强化环境监测技能，培养学生环境监测的实践应用能力，为学生今后从事环境监测工作和其他相关工作打下一定的基础。

通过实训，主要实现以下目的：

（1）使学生掌握环境监测基本原理和基本方法，提高学生环境监测基本操作技能，培养学生实际工作的能力。

（2）通过环境监测实践，使学生对环境监测实训室的建立、工作常规和环境监测工作的一般程序有深刻的了解，建立对环境监测工作的感性认识。

（3）通过亲身参加环境监测实践，培养独立思考问题、分析问题和解决问题的工作能力，以及团队分工协作、沟通能力。

（4）培养良好的职业道德和爱岗敬业的思想品质，树立严谨的工作作风、实事求是的工作态度和一定的创新意识。

（5）通过环境监测单一项目实训和综合实训，为学生顶岗实习、实现环境监测工作零距离对接创造条件。

第二节 实训内容

环境监测实训将水和废水监测、大气和废气监测、噪声监测等常规监测工作作为主要内容。另外，在实训中注重监测分析基本技能的训练和提高，同时也要掌握环境监测新技术的应用。环境监测实训的主要内容和重点监测项目见表 1-1。

在以上实际或模拟工作过程的单一项目实训或综合实训中，应注重加强学生职业技能训练，主要内容见表 1-2。

表 1-1 环境监测实训主要内容和重点监测项目

序号	实训模块	主要内容	重点监测项目
1	水质监测	1. 水质监测方案的制订 2. 水样的采集、保存及预处理 3. 地表水监测 4. 污水监测	1. 水样物理性质，色度、浊度、SS 的测定 2. pH 值的测定 3. 金属离子 Pb、Cd、Cr、Hg 等的测定 4. COD、BOD_5、DO、高锰酸盐指数的测定 5. 总磷、氨氮、总氮的测定 6. 油分、挥发酚的测定 7. 水中常见阴离子的测定
2	大气和废气监测	1. 大气监测方案的制订 2. 大气样品的采集 3. 大气污染监测 4. 室内环境空气主要污染物监测 5. 大气降水监测 6. 固定污染源监测	1. 可吸入颗粒物（PM_{10}）、总悬浮颗粒物（TSP）的测定 2. SO_2 的测定 3. NO_2 的测定 4. 室内空气中甲醛、苯系物的测定 5. 烟道烟尘的测定
3	固体废物监测 土壤污染监测	1. 土壤、固体废物污染监测方案的制订 2. 固体废物、土壤样品的采集、制备及保存 3. 固体废物、土壤样品中重金属组分监测 4. 土壤中有机化合物的监测	1. 固体废物、土壤样品中 Cu、Cd、Pb、Zn、Hg 的测定 2. 土壤中农药六六六和滴滴涕残留的测定 3. 工业铬渣中总铬的测定
4	生物污染监测	1. 生物样品的采集、制备和预处理 2. 生物样品监测	1. 蔬菜（粮食作物）有机磷农药残留的测定 2. 植物体内氟含量的测定 3. 毛发中汞含量的测定
5	物理性污染监测	1. 噪声监测 2. 环境振动监测 3. 振动污染源监测	1. 城市区域环境噪声监测 2. 城市道路交通噪声监测 3. 工业企业厂界噪声监测 4. 城市区域环境振动及振动污染源测量
6	综合实训	1. 某水体（区域）水环境监测 2. 某区域大气环境监测 3. 某区域环境噪声监测 4. 某区域土壤样品监测	根据各个不同综合实训，设计监测方案，确定监测项目

表 1-2 环境监测主要技能训练

技能训练模块	技能训练内容
基本操作技能训练	1. 认识常用的玻璃仪器，酸式滴定管、碱式滴定管、移液管、容量瓶等玻璃仪器的正确洗涤、校验、使用操作训练 2. 称重、过滤、烘干操作训练 3. 标准溶液及其他常用溶液的正确配制训练；一些特殊要求用水的制备 4. 萃取、蒸馏装置的安装及使用、回流装置的安装及使用训练 5. 溶液的显色，标准系列的配制及标准曲线的制作、吸收曲线的绘制训练

技能训练模块	技能训练内容
采样方法训练	1．地表水、污水水样的采集训练 2．大气采样方法训练 ① 滤膜阻留富集法对大气中颗粒物的采集方法的训练 ② 溶液吸收富集法对大气中分子态污染物样品的采集方法的训练 3．噪声监测的基本训练
样品预处理方法训练	1．将待测样品蒸馏或萃取，用以富集或分离待测组分的训练 2．在对金属元素和某些非金属元素进行测定时，对样品的消化处理训练
分析仪器设备的使用训练	1．分析天平、紫外-可见分光光度计、pH 计、电导率仪、大气采样器、颗粒物采样器、烟尘采样器、声级计等常用监测分析仪器的正确操作使用训练 2．原子吸收光度计、气相色谱、高效液相色谱、离子色谱等大型仪器的认识和操作训练
数据处理训练	1．根据流量、气压及采样时间对大气采样量的计算及换算训练 2．理解和正确使用标准分析方法中各项目监测结果的计算公式，能给出准确的监测数据 3．正确使用有效数字、合适的单位及方式表达监测结果 4．能利用表格整理监测数据，并对监测结果进行简单评价 5．掌握使用归一化方程式进行必要的计算
综合能力的训练	1．学生现场调查及资料收集能力训练 2．制订合理环境监测方案训练 3．独立完成某项模拟或实际监测任务训练 4．正确处理监测数据，对各项目监测结果综合分析和评价技能训练

第三节 实训要求

一、实训内容要求

（1）以实训模块为基础，能够制订出环境监测方案，包括对监测区（点）现场调查内容和相关基础资料的收集、采样点的优化布设、监测项目的确定、采样时间和频率、样品的运送保存方式、分析测试方法等。

（2）熟练掌握各常规监测项目的采样、现场测试、样品的制备和保存、实训室分析、各种记录表格的填写、数据处理和结果报表等基本技能，掌握环境监测的全过程工作程序。

（3）了解常规监测仪器的基本结构、基本原理及基本维护方法，能正确使用监测工作中常用的仪器设备。

（4）实训过程中，要认真进行各项技能训练，掌握环境监测技术的细节和要领。

（5）了解建立、健全环境监测实验室的有关业务常识，掌握实训室安全及个人防护知识。

二、实训地点要求

环境监测实训一般情况下在校内完成，有条件的也可到校外实训基地，如各级环境监测站、大型工矿企业分析测试中心等单位进行综合实训。

三、实训组织及安排

（1）以实训班级为单位至少配备 2 名实训指导教师，负责学生实训的组织和实施。

（2）将班级学生分为若干个实训小组，每组 3～4 人（各学校可自行确定人数），设组长 1 人，组长负责组织和协调本组实训各项工作。

（3）各学校在安排实训时可以将部分单项实训内容安排在《环境监测》课程教学中进行，部分单项实训和综合实训安排在环境监测实训周进行。具体如何安排由各学校根据自己的教学计划安排确定。

四、实训纪律和安全要求

（1）学生要自觉遵守本校的学生守则，到校外实习时要遵守实习单位的各项规章制度。

（2）自觉遵守实训室各项规章制度，注意防火、防爆等安全事项。

（3）应严格按照仪器设备的操作规程正确操作并使用仪器设备，实训中出现仪器故障，必须及时向指导教师报告，不可随意自行处理。

（4）实训应在规定时间、地点进行，不得擅自变更时间、地点。

（5）野外作业应注意人身安全。

五、实训成果要求

（1）实训结束后，要按时提交实训报告。实训报告应包括以下内容：

① 实训项目、实训者姓名、实训地点、指导教师等。

② 实训项目包括采样、现场测试、样品的制备和保存、实训室分析、各种记录表格的填写、数据处理和结果报表、监测结果评价等。

③ 应附上环境监测方案。

（2）如果在校外实训基地进行实习，还需提交实习总结、实习单位鉴定、实习周日记等。

第四节　实训考核

实训成绩采取综合评定的方法。根据学生监测方案制订情况、小组成员分工协作情况、学生实训过程中的表现、有关监测项目实操考核、实训报告编写水平等各种情况进行综合评定。

成绩评定分为优、良、中、及格、不及格。

实训指导教师平时做好实训指导和检查记录，在实训过程中可随时对学生进行口试，以了解学生的实训情况。

凡无故缺勤超过 1 天或参加实训的时间少于实训总时间 2/3 的、不按操作规程严重损坏仪器设备、未交实训报告、编造监测原始数据者，实训成绩均作不及格处理。

第二章
环境监测实验室建立与管理

【实训要点】

实验室认可或计量认证对提高环境监测实验室的管理水平和技术能力起着关键的作用。通过对本章的学习，学生能够依照实验室认可和计量认证的评审要求，结合环境监测部门的实际情况提出实验室的建立方案；熟悉环境监测实验室建立与管理的基本方法；能够进行实验室质量管理体系的内审工作。

第一节　实验室认可与计量认证/审查认可（验收）

一、实验室认可

（一）实验室认可的概念

认可是“由权威机构对某个组织或个人具有从事某项工作的能力予以正式承认的程序”（ISO/IEC 导则 2：1996）。实验室认可是由经过授权的认可机构对实验室的管理能力和技术能力按照约定的标准进行评价，并将评价结果向社会公告，以正式承认其能力的活动。

认可组织通常是经国家政府授权从事认可活动的。因此，经实验室认可组织认可后公告的实验室，其认可领域范围内的检测能力不但为政府所承认，其检测结果也广泛被社会和贸易各方所使用。

实验室认可是目前国际上通行的对检测和校准（计量）实验室的能力进行评价和正式承认的一种制度。实验室认可制度是各国对检测数据的可信性的基本保障措施。测试数据的可信程度直接关系到人民的生活质量和国家经济发展水平，尤其是在产品质量监督、环境保护、国际贸易、医疗卫生、司法鉴定、地质、气象、科研、国防等与国民经济和社会发展密切相关的领域或行业内，实验室检测数据的质量保障体系更是必不可少的。

规范的实验室认可制度是国家建立和实施标准化体系、计量体系和合格评定体系必须具备的基础条件。在发达国家，实验室认可与计量、标准体系被视为国民经济发展中重要的“技术基础设施”。在市场经济中，实验室需要依靠其完善的组织结构、高效的质量管理和可靠的技术能力为社会与客户提供检测服务。

检测、校准实验室认可采取自愿行为，任何第一、第二、第三方的检测、校准实验室均可申请。其考核依据为《检测和校准实验室能力认可准则》（CNAS－CL01）（ISO/IEC 17025：2005），由中国合格评定国家认可委员会组织专家考核。考核合格后颁发国家实验室认可证书，使用“CNAS”认可标志。考核周期为 5 年，到期复审。

（二）实验室认可的重要性

实验室认可体系在全球范围内得到了重视和发展，其原因主要有三个方面。

一是由于检测和校准服务质量的重要性在世界贸易和各国经济中的作用日益突出。产品类型与品种迅速增长，技术含量越来越高，相应的产品规范和法规日趋繁杂，因而对实验室的专业技术能力，以及检测与校准结果正确性和有效性的要求也日益提高。

二是在经济全球化的趋势下，竞争者力图开发支持其竞争的新策略，其中重要的一环就是通过检测显示其产品的高技术和高质量，以加大进入其他国家市场的力度，并借用检测形成某种技术性贸易壁垒，阻挡外来商品进入本国/本地区的市场。这就对实验室检测服务提出了更高的要求。

三是在 WTO 的促成下，世界各国的实验室认可组织通过签署多边或双边互认协议，促进检测结果的国际互认，避免重复检测，降低成本，简化程序，从而促进国际贸易的有序发展。

在这样的国际背景下，我国发展实验室认可和积极参与国际互认具有重要的现实意义。加入 WTO 以后，我国经济发展融入全球经济一体化的步伐大大加快，市场对外开放的程度越来越高，范围也越来越广，更多的企业将面临在国际通行规则下参与国际竞争的严峻挑战。当今国际贸易发展形势表明，虽然贸易自由化成为国际共识，但贸易保护主义现象仍然十分严重，市场资源争夺日趋激烈。发达国家利用其经济和技术的优势，不断设置和强化技术壁垒，强制性合格评定制度不断翻新，准入要求日趋复杂。通过实验室认可工作的开展，可以帮助企业尽快适应国际规则的要求，突破国外技术性贸易壁垒。

实验室认可也是政府、司法部门履行行政管理、行政执法、司法公证职责的重要技术支持。在社会公益事业中，如地质、气象、医疗卫生、环境保护等领域，检测数据的准确性也是至关重要的。

（三）实验室认可的作用和意义

实验室认可的作用和意义在于：

① 表明具备了按相应认可准则开展检测和校准服务的技术能力。

② 增强市场竞争能力，赢得政府部门、社会各界的信任。

③ 获得签署互认协议方国家和地区认可机构的承认。

④ 有机会参与国际间合格评定机构认可双边、多边合作交流。

⑤ 可在认可的范围内使用国家实验室认可标志（CNAS）和国际互认联合标志（ILAC）。

⑥ 列入获准认可机构名录，提高知名度。

二、计量认证与审查认可（验收）

（一）计量认证与审查认可（验收）的概念

计量认证是国家政府计量行政部门对产品质检机构能力的考核，其目的是保证质检机构为社会出具公正、准确、可靠的数据。

计量认证是政府强制性行为，由国家认监委及地方行政部门组织考核。计量认证主要依据《产品质量检验机构计量认证/审查认可（验收）评审准则》（质技监认函[2000]046号）和《检测和校准实验室能力的通用要求》（GB/T 15481—2000）。经考核合格后颁发计量认证证书，使用“CMA”标准印章。考核周期为5年，到期复审。

审查认可（验收）是对依法设置及授权的为社会提供公正数据的质量监督检验机构能力考核，属于强制性的政府行为。由国家、部门、地方政府部门组织考核，即考核能力。同时授权其代表国家行使产品监督。考核依据《产品质量检验机构计量认证/审查认可（验收）评审准则》（质技监认函[2000]046 号）和《检测和校准实验室能力的通用要求》（GB/T 15481—2000）。考核合格颁发产品质检机构考核合格证书（验收证书）和授权证书，可使用“CAL”标志。考核周期为5年，到期复审。

（二）计量认证的法律效力

《中华人民共和国计量法》第二十二条规定：“为社会提供公证数据的产品质量检测机构，必须经省级以上人民政府计量行政部门对其计量检定、测试能力和可靠性考核合格。”因此，计量认证具有法律效力，主要体现在如下4个方面：

① 在计量法律法规体系中占有相当重要的地位，即从法律、法规、部门规章均有明确的规定来体现。

② “为社会提供公证数据的产品质量检验机构，必须经省级以上人民政府计量行政部门对其计量检定、测试能力和可靠性考核合格”，是指未取得计量认证合格证书的，不得开展产品质量检验工作，表明这项工作是强制性的政府行为。

③ 计量认证定位在经省级以上的政府计量行政部门考核合格，才有资格为社会提供公证数据，这同计量工作的其他方面不一样，表明政府对这项工作行使的权限是严格控制的。

④ 强制要求产品质量检验机构的量值必须追溯到国家计量基准，最高等级的计量标准也应取得法定的资格，以保证国家单位量值的统一、准确可靠。

（三）审查认可（验收）的法律效力

审查认可（验收）是针对质量技术监督系统依法设置有关行业部门建立的经质量技术监督行政部门授权的质检机构进行的评审考核，而这些质检机构的设立和授权是依据《中华人民共和国标准化法》第十九条规定：“县级以上政府标准化行政主管部门，可以根据需要设置检验机构，或者授权其他单位的检验机构，对产品是否符合标准进行检验。法律、行政法规对检验机构另有规定的，依照法律、行政法规的规定执行。处理有关产品是否符合标准的争议，以前款规定的检验机构的检验数据为准。”

《中华人民共和国标准化法实施条例》第二十九条规定：“县级以上人民政府标准化行政主管部门，可以根据需要设置检验机构，或者授权其他单位的检验机构，对产品是否符合标准进行检验和承担其他标准实施的监督检验任务，检验机构的设置应当合理布局，充分利用现有力量。”

国家检验机构由国务院标准化行政主管部门会同国务院有关行政主管部门规划、审查。地方检验机构由省、自治区、直辖市人民政府标准化行政主管部门会同省级有关行政主管部门规划、审查。

处理有关产品是否符合标准的争议，以本条规定的检验机构的检验数据为准，即以依法设置和依法授权的检验机构的检验数据为准。

2000 年 7 月 8 日经第九届全国人民代表大会常务委员会第十六次会议修改后的《中华人民共和国产品质量法》第十九条规定："产品质量检验机构必须具备相应的检测条件和能力，经省级以上人民政府产品质量监督部门或者其授权的部门考核合格后，方可承担产品质量检验工作。法律、行政法规对产品质量检验机构另有规定的，依照有关法律、行政法规的规定执行。"

综上所述，为社会提供公证数据的产品质量检验机构必须获得省级以上人民政府计量行政部门的计量认证证书，而质量技术监督系统依法设置或依法授权的产品质量监督检验机构必须获得省级以上人民政府产品质量监督管理部门审查认可（验收）的授权证书，这是我国法律、法规的强制性要求。

（四）实验室认可和计量认证/审查认可（验收）的异同

实验室认可和计量认证/审查认可（验收）的异同主要有认可/认证的对象和范围、依据和性质、组织和实施、主管部门、目的、考核内容等方面（表 2-1）。

表 2-1　实验室认可和计量认证/审查认可（验收）的异同

比较		实验室认可	计量认证	审查认可（验收）
不同点	对象和范围	第一、第二、第三方检测实验室	第三方检测实验室	质量技术监督系统依法设置的质检机构
	依据和性质	《检测和校准实验室能力认可准则》（CNAS—CL01），自愿性	《产品质量检验机构计量认证/审查认可（验收）评审准则》（质技监认函[2000]046 号），强制性	《产品质量检验机构计量认证/审查认可（验收）评审准则》（质技监认函[2000]046 号），强制性
	组织和实施	中国合格评定国家认可委员会	省级以上人民政府计量行政部门	省级以上人民政府产品质量监督管理部门
	使用标志	CNAS	CMA	CAL
相同点	主管部门	国家认监委		
	目的	提高实验室的管理水平和技术能力		
	考核内容	对实验室能力、公正性的考核		

第二节　环境监测实验室的建立

经过 30 多年的发展，我国的环境监测事业取得了很大的进展。国家环境保护的"十一五"规划以及 2010 年目标发展纲要明确指出，要加快各级环境保护机构和环境管理基础能力的建设，建设和完善统一的国家环境监测网络，健全环境监测体系。

环境监测工作实质上是由有资质的检测机构，依据国家有关法规、规章和规范、标准，对各种环境质量因素和各类污染源排放情况进行监视、测试、控制、评价和督查，对环境质量和污染源状况实施第三方监控和认定。环境监测站作为环保部门授权的执法监督机构，对环境质量和环境保护行使技术监督管理和执法监督管理的职能，其行为具有执法权威性；同时又有一般实验室的专业技术特征，对其主要产物“监测数据”的要求与一般实验室基本相同，是一种为社会提供公证数据的行为。结合环境监测工作的特点和一般实验室的通用要求，环境监测实验室的建立要同时满足两个方面的要求：一方面是实验室的技术条件，如场地、配套设施、环境条件、仪器设备等硬件的建设；另一方面是实验室管理体系的建立，如组织管理、质量体系管理等。两部分工作应同时进行，相互支持，共同构成实验室的整体。

一、环境监测实验室建立的技术要求

（一）配备能满足工作需要的人员

环境监测实验室应配备能满足工作需要的人员，确保人员的素质、技术知识和工作经验，以及教育、培训程度与其所承担的任务相适应，直接从事监测工作的人员应持证上岗。专业人员学科组可包括化学、物理、生物（生态）、气象、水文、地理、卫生等专业，一般要求专业技术人员的比例不低于总人数的 80%。应做好人员的管理，建立人员技术档案，在使用签约人员及其他的技术人员及关键支持人员时，实验室应确保这些人员胜任且受到监督，并按照实验室管理体系的要求工作。

（二）设施和环境条件

环境监测实验室应具有适宜正常开展监测工作的设施、场所和环境条件，并对这些条件进行有效的监控和记录。监测设施、测试场所以及能源、采光、保温和通风等设置应确保安全、方便操作、避免交叉污染和相互干扰，保证不对监测结果的有效性或测量的准确度、稳定性和操作产生不利影响。监测过程产生的“三废”应有处理设施或委托有处理资质的单位妥善处理。

1. 实验室的建设布局与设计

从实验人员的活动尺度来看，实验台宽度一般为 0.75 m，两排实验台之间净距为 1.5～1.8 m，两人能在两边坐着或者站着做实验，必要时中间可以走过一个人。图 2-1 列出了一般实验室的实验台放置间距尺寸，其中（f）适用于教学类型。

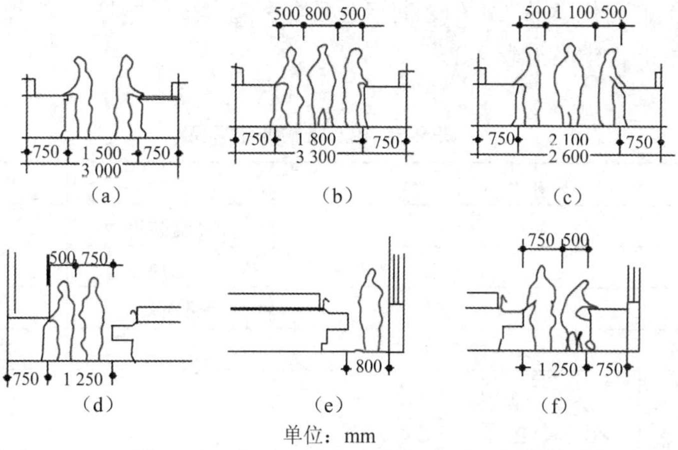

图 2-1　实验台放置的必要间距

实验室的门一般向内开，但有危险性的如石油、有机、高压及有防爆要求的实验室门应向外开。实验室的门除有特殊要求外，最好在门上设一个玻璃观察窗，以便值班人员进行安全观察。窗台离地不低于 1 m 为宜，在可以尽量利用自然采光的情况下，窗户可适当高一些。

2. 实验室的防火

环境监测实验室是具有较大潜在危险性事故的场所。化学试验中使用的有机溶剂几乎都是易燃物质，有些是极端易燃的。因此，在化学实验室中首先要分清易燃物质的等级，并分别制订预防事故的措施。下面就几种经常遇到的易燃物品作一些介绍。

易燃物体可分为固、液、气三态。易燃固体主要有赤磷及其化合物、硝基化合物、某些氨基化合物、含硝化纤维的制品等以及镁、铝等易燃金属粉。易燃液体主要有油类，如石油及其半成品、成品；有机溶剂，如醇类、酯类、醚类、醛类等。易燃气体主要有煤气、氢等（如助燃气体有氧、氯等）。

如果一种溶剂的闪点通常在 25℃以下时，这类溶剂应列为一级溶剂。一级溶剂有以下几种：醚、苯、甲醇、乙醇、丙酮、石油醚、醋酸乙酯等。易燃物品存放在实验室内时，必须针对其性质，选择相应的灭火方法（表 2-2）。

表 2-2　火灾性质与灭火方法

火灾分类	燃烧物	应采用灭火办法	禁用办法
A	木材、棉、毛、麻、纸张等	水、磷酸铵盐干粉、二氧化碳、卤代烷	四氯化碳
B	汽油、煤油、原油、甲醇、乙醇、沥青、石蜡等	干粉、二氧化碳	四氯化碳
C	煤气、天然气、甲烷、乙烷、丙烷、氢气等	干粉、二氧化碳、卤代烷	水、泡沫剂、四氯化碳
D	钾、钠、镁、钛、锆、锂、铝镁合金等	干粉、干的石墨、干沙	水、泡沫剂、二氧化碳、四氯化碳
E	带电物体燃烧：电线等	二氧化碳、干粉、卤代烷	水 、泡沫剂、四氯化碳

对于互相抵触的化学品（它们之间接触后会引起燃烧或爆炸），必须分开贮存和搬运，典型的相互抵触的化学品见表 2-3。

表 2-3　相互抵触的化学品

化学品	相互抵触的化学品	化学品	相互抵触的化学品
浓硫酸	氯酸钾	高锰酸钾	乙二醇、甘油
浓硝酸	植物产品	乙炔	氯、氧
硝酸	松节油	过氯酸	乙醚
醇、丙酮	铬酸酐	氨、氢	氟、氯、溴、碘
钠、钾	水或含水液体（甲醛、乙醇、双氧水、氨水）		

在实验室内，如操作不慎，管理制度不严，容易引起火灾。一些特殊实验室和危险品用量较大的实验室引起火灾的可能性就更大，因此必须注意以下几点：

① 实验室建筑的耐火等级应取一、二两级，吊顶、隔墙及装修材料应采用非燃烧或难燃烧材料。

② 位于两个楼梯之间的实验室的门至楼梯间的最大距离为 30 m。

③ 位于袋形走廊或尽端的实验室的门至楼梯间的最大距离为 15 m（图 2-2）。

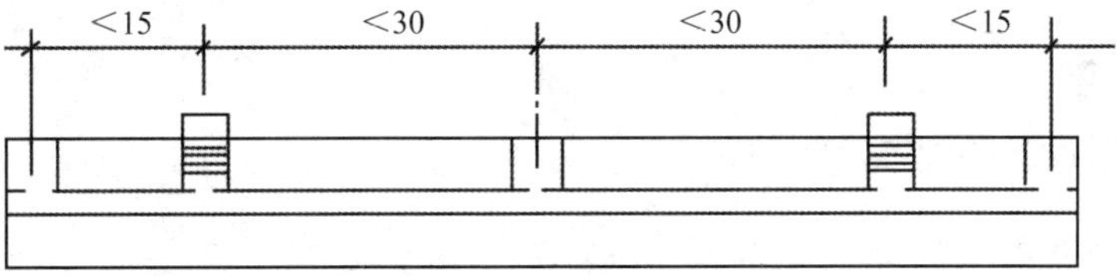

图 2-2 防火间距

④ 走廊净宽要满足安全疏散要求，单面走廊净宽最小为 1.3 m，中间走廊净宽最小为 1.4 m；不允许在实验室走廊上堆放药品柜及其他实验设施，因为这样会使走廊净宽小于防火规范要求，又易导致发生事故后扩大灾情。

⑤ 提高防火隔墙间的允许面积要求。

⑥ 单开间实验室的门可以设置一个，双开间以上的实验室的门应设置两个出入口，如不能全部通向走廊时，其中之一可通向邻室或在隔墙上留有安全洞口。

⑦ 注意电气设备的防火工作，有易燃、易爆的气体和液体的实验室在安装设备时，应按防火要求考虑。

⑧ 易燃气体尾气管与室内排风系统要分开考虑，这类实验室及危险品贮存室应有良好的自然通风和紧急排风设施。

3．实验室公用设施及管道综合设计

实验室内各种公用设施管道很多。一般在小型实验室内常见的管道有水管、风管、电线管和煤气管；在大型实验室或特殊实验室内还有压缩空气、蒸汽、氢气、氧气、真空、蒸馏水等管道。工程管网的布置原则是：既要保证使用和安全，方便安装、检修、改装和增添，又要尽量使各种管线短捷、经济合理和整洁美观。

各种实验室及仪器室有不同的空调要求，以改善室内环境质量。对于一般空调要求的实验室，夏季不超过 28℃，冬季不低于 14℃即可。精密仪器室的空调与实验室的空调要求不同，实验室在晚间不做实验时一般停止使用空调，而有些精密仪器室要求能自动控制保持恒温，以利于仪器的保养。大多数精密仪器要求夏季在（22±2）℃，冬季在（18±2）℃。

环境监测实验室根据其不同功能，用电量也不同。设备容量的大小从几瓦、几十瓦，大到几千瓦。根据这些特点，在供电设计中应考虑以下几个方面。

① 每一实验室内要有三相交流电和单相交流电，最好设置一个总电源控制开关，嵌装在室内靠走廊一面的墙内，这样做不但从走廊引线方便，控制检修也方便；当实验室无人时，应能切断室内电源。

② 室内固定的用电设备（如烘箱、恒温箱、冰箱等）有两种用电情况：一种是在实验

过程中使用，实验结束时就停止使用；另一种是设备在实验停止后仍需运转。处理方法为将第一种设备连接在该实验室的总电源上； 第二种设备则应有专用供电电源，这样不至于因切断实验室的总电源而影响工作。

③ 每一个实验台都要设置一定数量的电源插座，至少有一个三相插座和数个单相插座。这些插座应有开关控制和保险设备，以防万一发生短路时不致影响整个室内的正常供电。插座设置应远离水盆和煤气。

④ 化学实验室因有腐蚀性气体，配电导线以采用铜芯为宜。物理实验室可以采用铝芯导线。

（三）仪器设备的配置及管理

1. 仪器设备的配置

环境监测实验室仪器设备的配置要求数量和性能应能满足所承担监测工作的需要，应符合所开展监测项目测试方法的要求。各级环境监测站仪器设备的配置标准可参照表 2-4。

表 2-4 环境监测站仪器配置情况 单位：台

序号	设备名称	监测站			
		一级监测站	二级监测站	三级监测站	四级监测站
1	色质联用仪	1	1	自定	—
2	等离子发射光谱仪	1	1	自定	—
3	原子荧光分光光度计	1	1	自定	—
4	红外分光光度计	1	1	自定	—
5	高压液相色谱仪	1	1	1	—
6	气相色谱仪	2	2	1	自定
7	离子色谱仪	2	1	2	自定
8	原子吸收分光光度计	2（1 台不配石墨炉）	2(1 台不配石墨炉)	2（1 台不配石墨炉）	1
9	万分之一分析天平	3	4	3	1
10	十万分之一分析天平	1	1	1	—
11	可见分光光度计	3	4	4	2
12	紫外分光光度计	2	2	2	1
13	生物发光光度计	2	1	自定	—
14	非分散红外油分析仪	2	1	1	自定
15	测汞仪	2	1	1	1
16	溶解氧测定仪	2	2	3	1
17	COD 测定仪	2	2	3	1
18	声级计	2	2	4	2
19	振动测定计	2	2	3	自定
20	场强仪	2	1	1	自定
21	电导仪	2	3	3	1
22	浊度仪	2	2	2	1
23	生物显微镜	3	2	2	自定
24	恒温室	1 间	1 间	1 间	自定

序号	设备名称	监测站			
		一级监测站	二级监测站	三级监测站	四级监测站
25	BOD 培养箱	2	2	3	1
26	大气采样器	6	8	10	6
27	TSP 采样器	6	8	10	6
28	PM_{10}采样器	6	8	10	自定 2
29	烟尘采样器	3	3	4	1
30	烟尘测试仪	2	2	2	1
31	烟尘采样仪	2	2	2	1
32	极谱仪	—	—	—	1
33	煤含硫量分析仪	1	1	1	—
34	林格曼黑度仪	2	2	4	2
35	水质采样器	4	4	4	2
36	流速仪	2	4	4	2
37	降水采样器	2	3	6	2
38	电冰箱或冷柜	10	10	5～10	2
39	复印机	2	2	1	自定
40	电脑打字机	2	1	1	自定
41	微型计算机	20	10	8	2
42	环境监测车	3	3	2～3	1
43	柴油机排烟黑度监测仪	1	1	1	自定
44	大气自动监测系统/套	自定	自定	自定	—
45	水质自动监测系统/套	自定	自定	自定	—
46	应急监测装备	1	1	1	1
47	汽车尾气监测仪	1	1	2	1
48	传真机	1	1	1	自定
49	远程通信设备	1	1	1	1
50	摄像机	1	1	自定	—
51	TOC 测定仪	1	1	1	—
52	多功能水质测定仪	2	2	3	1
53	元素分析仪	1	1	自定	—
54	采样船（或艇）	—	自定	自定	—
55	轿车	自定	自定	自定	—

2. 仪器设备的管理

环境监测实验室应配备正确进行监测的仪器设备（包括标准物质），并定期对仪器设备进行检定或校准（国家环境保护总局归口管理的强制检定的监测仪器见表 2-5），及时建立齐全有效的仪器档案，以确保各项监测数据的溯源性和准确性，每一台仪器设备（包括标准物质）都应有明显的标识来标明其校准状态（监测仪器设备标识适用范围见表 2-6）。

表 2-5 国家环保总局归口管理的强制检定的监测仪器

类别	仪器
气体采样器	瞬时采样器 大流量环境大气采样器（24 h 连续采样器） 小流量可吸入尘采样器 大流量可吸入尘采样品 小流量总悬浮颗粒采样器 降尘采样器 酸雨采样器
气体监测仪器	烟气采样器及测量仪 烟尘采样器及测量仪 汽车尾气测定仪 柴油车烟度测定仪（机动车排气测定仪） 气溶胶测定仪烟度测量仪（包括林格曼仪） SO_2 测定仪（环境大气、烟道气） NO_x 测定仪（环境大气、烟道气） O_3 测定仪（环境大气、烟道气） CO_2 测定仪（环境大气、烟道气） HC 测定仪（环境大气、烟道气） 氟化物测定仪（环境大气、烟道气）
颗粒物监测仪器	颗粒物速测仪 β-射线式测定仪 压电晶体式测定仪 光散射式测定仪
水质采样器	环境水质采样器 污水采样器 自动连续非比例水质采样器 自动连续比例水质采样器 人工间歇水质采样器
固体废弃物监测仪器	固体废弃物反应性监测仪 固体废弃物采样器 固体废弃物侵蚀性 毒性测试仪

类别	仪器
采样器	表层及岩芯式沉积物采样器 底泥采样器
流量计	旋浆式污水流速计 旋杯式污水流速计 潜水电磁流量计 污水自动流量装置 超声波电脑明渠流量计 电脑明渠流量计
水质监测仪器	污水水质测定仪 油分测定仪 浊度计 水温测定仪 电导仪 pH 计 DO 测定仪 COD 测定仪 BOD_5 测定仪 TOC 测定仪 TOD 测定仪 测氧仪 测酸仪 测汞仪 测氟仪
物理污染监测仪器	声级计 声级校准器 振动测量仪 电磁辐射测量仪 环境放射性监测仪 大气放射性监测仪 水体放射性监测仪
监测系统装置	大气自动监测系统 （大气自动监测车） 水质自动监测系统

表 2-6　监测仪器设备标志适用范围

标志名称	颜色	内容	适用范围
合格证	绿色	证书号、有效时间、检定机构、批准人等	用于经检定或校验合格的仪器设备
准用证	黄、紫色	编号、有效时间、批准人	用于不必检定，经检查其功能正常的设备（如计算机、打印机等）；设备无法检定，经比对或鉴定适用者（如冰箱、空调等）
限用证	粉或橙红色	证书号、有效时间、检定机构、批准人	用于多功能检测设备，某些功能已丧失，但监测工作所用功能正常，且经检定合格者，或测试设备某一量程精度不合格，但监测工作所用量程经检定合格者
禁用证	红色	编号、禁用日期、批准人	检测仪器、设备损坏者，经检定不合格者，性能无法确定者（已报废、准备报废或根本不用的仪器设备不贴标志）

环境监测的主要仪器设备需编制操作规程，使用前，使用人员应认真阅读仪器使用说明书和操作规程，按操作规程的具体要求和注意事项进行操作。贵重、精密、大型仪器设备应摆放在固定位置，非检修需要，不得随意移动。重新安装后，使用人员应对其安装位置、环境、方式进行检查，经重新检定后方能使用。使用人员必须经过培训、考核合格，并取得仪器操作上岗证。初次操作必须在熟悉该仪器的人员或保管人的指导下进行。使用人员应对所有的仪器设备进行正常维护，维护计划可参照表 2-7 进行，如果仪器设备有过载或错误操作，或显示的结果可疑，或其他方式表明有缺陷时，应立即停止使用，并加以明显标识。修复后的仪器设备须验证其功能已恢复后才可投入使用。实验室还应追溯仪器设备的缺陷是否对过去所进行的监测工作质量产生了不利影响，并采取相应的补救措施。

表 2-7　大气采样器的管理基准

管理项目		管理基准	管理周期					管理方法（实施方法）	备注
			固定时间						
对象	项目		起始	周	月	季	年		
采样管（探头）	1．堵塞 2．腐蚀	未堵塞 未腐蚀	○		○		△	采样管内部的清扫	
过滤器（滤头）	1．污染 2．滤孔堵	未污染 未堵塞	○	○			△	若污染应清洗，如清洗不净就更换	
加热保温器	1．温度 2．封线 3．绝缘线	在规定温度导通不漏电	○			○	△	测量加热、保温部分和外壳的绝缘阻抗	
导管	1．污染 2．堵塞 3．气帘	未污染 未堵塞 未漏	○	○				目视用空气逆吹反洗清洗，污染显著的更换之	
流量计	1．动作正常 2．工作平稳	流过规定流量	○	○	○		△	检查有无污染和水分附着，应动作灵活	
计时器	走时均匀	计时准确	○	○	○		△	用秒表校正计时器的全程时间差	

注：○——检查；△——维修；○——大致的点检时间。

（四）方法标准齐全有效

实验室应使用合适的方法和程序进行工作，包括样品采集、处理、运输、存储和准备的整个过程。所有与实验室工作有关的指导书、标准、手册和参考资料应保持现行有效并易于员工取阅。实验室应采用满足客户需求并适用于所进行工作的监测方法。方法选择应优先使用国际、区域或国家标准发布的最新有效版本的方法。无上述标准方法的监测项目，可选用由知名的技术组织或有关科学书籍和期刊公布的或从设备制造商指定的方法中选择合适的方法。实验室制订或采用的方法如能满足预期用途并经过确认，也可使用。所选用的方法应通知客户。在引入监测方法之前，实验室应证实能够正确地运用这些标准方法。如果标准方法发生了变化，应重新进行证实。环境监测方法涉及的专业领域较宽，具体可按以下办法分类。

1．按监测的环境要素分类

按监测的环境要素可将监测测试方法分为：水质监测方法（包括环境水质的监测方法和废水监测方法），大气监测方法（包括空气和废气监测方法），噪声监测方法（包括环境噪声和各类噪声源的监测方法），放射性监测方法以及土壤、固废、生物、振动监测方法等。

2．依环境测量系统分类

（1）化学污染监测法（环境化学测量法）

按照分类法的原则，化学污染监测分析法又可以分为经典法、仪器法和自动监测分析法。

（2）物理污染监测方法

按照物理因素，物理污染监测法又可分为噪声监测法、振动监测法、电磁辐射监测法、电离辐射（放射性）监测法及光、热污染监测法等几大类。

（3）生物监测方法

生物监测是应用生物评价技术和方法，对环境中某一生物系统的质量和状况进行监测，以弥补理化监测的不足，使之形成综合的环境监测手段，以对环境质量和污染情况作出更科学、更全面的解释。

（五）保证采集样品的代表性

环境监测的目的就是获取符合“五性”（污染因子、时间、空间的代表性，准确性，精密性，完整性，可比性）要求的能真实反映环境质量的监测数据。要获得具有时间和空间代表性的监测数据，就要求我们采集的样品必须具有时间和空间代表性，故样品的采集是环境监测工作中一个很重要的环节。我们不仅要掌握监测点的布设、采样时间和频率的确定以及采样方法技术，还应确保样品在运输、接收、处置、存储整个过程中受到严格控制，使样品不混淆、变质。

总的来说，环境监测实验室的技术管理必须满足人（人员）、机（仪器、标准物质）、料（试剂、玻璃仪器等易耗品）、法（监测方法）、环（环境条件）五方面符合《检测和校准实验室能力认可准则》（CNAS—CL01）（ISO/IEC 17025：2005）的要求，同时也应符合环境监测实际工作的需要。并在整个监测过程中进行行之有效的质量保证措施。

二、环境监测实验室管理体系的建立

实验室管理体系是指控制实验室运作的质量、行政和技术体系。环境监测部门为了切实履行科学、准确、公正地对环境质量和污染治理的技术监测和执法监督职责，高质量、高效率地完成各项任务，必须切实加强实验室的正规化、标准化管理。建立良好的管理体系是实现以上目标的有力保障。

（一）组织管理

组织管理主要是明确环境监测实验室的法律地位和合理的组织结构，使其具有行使其职责所需的策划权、组织权、指导权、控制权及承担相应职责的能力。从组织结构上保证工作质量，保证监测数据的“五性”，保证实验室各类设施均符合要求，保证监测人员摆脱可能会对他们的工作质量产生影响的各种不利因素，使机构内的各组成部分的功能明确、协作关系明确，形成整体合力，减少和避免内耗和摩擦。做到责任到人，工作到位，保证监测结果的公正性。环境监测实验室常见的组织机构可参照图 2-3。为了明确工作责任，可依照每个部门的职责，结合质量体系要素（ISO/IEC 17025：2005 中管理要求和技术要求共 24 条），制定责任部门和协作部门分配表（表 2-8）。

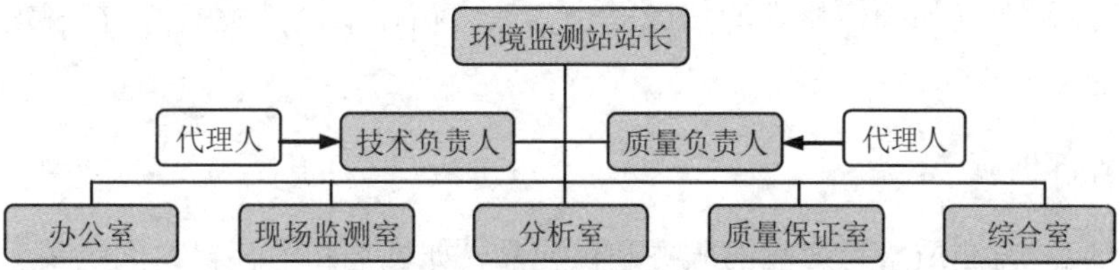

图 2-3　环境监测实验室常见组织机构

表 2-8　质量体系要素的责任部门和协作部门分配

序号	质量体系要素	监测站长	管理室		综合室	监测室		质量负责人	技术负责人
			办公室	质量保证室		分析室	现场监测室		
1	组织	▲	○	○	○	○	○	○	○
2	管理体系	▲	○	▲	○	○	○	▲	○
3	文件控制	○	○	○	▲	○	○	○	○
…	…	…	…	…	…	…	…	…	…
24	结果报告	○	○	○	▲	○	○	○	○

注：▲——责任部门；○——协作部门。

（二）质量体系管理

环境监测实验室应建立、实施和保持与其活动范围相适应的管理体系；应将其政策、制度、计划、程序和指导书制订成文件，并达到确保监测结果质量所需的要求。体系文件应传达至有关人员，并被其理解、获取和执行。

实验室管理体系中与质量有关的政策（包括质量方针声明）应在质量手册中阐明，应制定总体目标并在管理评审时加以评审。

（三）文件、记录管理

1．文件管理

实验室应建立和保持控制构成其管理体系的所有文件（内部制订或来自外部的）的程序，诸如法规、标准、其他规范化文件、监测校准方法，以及图纸、软件、规范、指导书和手册。这里所指的“文件”可以是方针声明、程序、规范、校准表格、图表、教科书、张贴品、通知、备忘录、软件、图纸、计划等。实验室应保证监测人员随时都能方便地得到现时有效的文件。为了保证文件的有效性，实验室制订的管理体系文件应有唯一性标志，文件资料的更改应履行一定的手续，不得随意更改。

2．记录的控制

实验室的记录主要指各种事情发生的记载。实验室应建立和保持识别、收集、索引、存取、存档、存放、维护和清理质量记录和技术记录的程序。质量记录应包括内部审核报告和管理评审报告，以及纠正措施和预防措施的记录。技术记录可包括表格、合同、工作单、工作手册、核查表、工作笔记、控制图、外部和内部的检测报告及校准证书、客户信函、文件和反馈。所有记录应清晰明了，信息充分，在尽可能接近原条件的情况下能够重复，不可随意涂改（如确需修改应修改并由修改人员在修改处签名），在规定的保存期内妥善保存。

（四）外部供应

实验室应对监测质量有影响的服务和供应品，如试剂和消耗材料的购买、接收和存储进行控制。只有在经检查或以其他方式验证了符合有关监测方法中规定的标准规范或要求之后才可投入使用。实验室应对影响监测质量的重要消耗品、供应品和服务的供应商进行评价，并保存这些评价记录和获批准的供应商名单。

（五）其他管理规定

环境监测实验室除需完善以上技术规定和管理要求外，还应注重客户的服务工作，应保持与客户的良好沟通，为客户保守机密。实验室管理体系在运行过程中应不断进行改进，定期进行内审和管理评审，及时采取预防措施和纠正措施，保证整个机构持续进步。

第三节　环境监测实验室管理体系的建立与认可

ISO/IEC17025：2005 中规定：“实验室应建立、实施和保持与其活动范围相适应的管理体系；应将其政策、制度、计划、程序和指导书制定成文件，并达到确保实验室检测和/或校准结果质量所需的要求。”

环境监测实验室的基本职能，是为环境管理提供决策依据，为社会提供有关环境的公证数据。它的产品就是监测数据，监测数据的质量是监测机构的生命，是实验室各项活动的综合结果，在数据形成的过程中受诸多因素的影响和制约。为了确保监测质量，提高实验室的知名度、可信度和权威性、公正性，就必须建立质量体系，对影响监测质量的各项因素进行控制，以减少、消除和预防质量问题。

一、环境监测实验室质量体系建立与运行的理论基础

质量管理八项原则是在总结质量管理实践经验的基础上，用高度概括的语言所表达的最基本、最通用的原则。它可以指导一个实验室在长时期内通过关注顾客的需求和期望而达到改进其总体业绩的目的，既是指导实验室管理者建立、实施、改进本实验室的质量管理体系的理论依据，也是实施质量管理的基本准则。

（一）以顾客为关注焦点

顾客是一个大概念，主要是被测物品的供方和需方，政府也是实验室的顾客。实验室应认识到监测市场是变化的，顾客也是动态的，顾客的需求和期望也是不断变化的。实验室必须时刻关注顾客的动向、顾客的潜在需求和期望，以及对现有监测服务的满意程度，及时调整自己的策略并采取必要的措施，目的是可以根据顾客的要求和期望作出改进，以取得顾客的信任。

（二）领导决策

领导者应建立组织统一的宗旨及方向。他们应当创造并保持使员工能充分参与实现组织目标的内部环境。

实验室最高管理者的领导作用、承诺和积极参与，对建立并保持一个有效和高效的质量管理体系是必不可少的。监测站站长要想指挥和控制好一个监测站，必须先行一步，认真学习理解有关标准，并结合本单位实际进行对照，找出主要问题的关键点，确定方向、策划未来、激励员工、协调活动和营造一个良好的内部环境，还应做到透明、务实和以身作则。

（三）全员参与

各级人员是组织之本。只有他们的充分参与，才能使他们的才干为组织带来收益。

员工是每个实验室的基础。实验室的质量管理不仅需要最高管理者的正确领导，还要依赖于员工的参与。首先要让员工了解他们在实验室中的作用及工作的重要性，明白为完成任务自己应干什么；然后给予机会提高他们的知识、能力和经验，使他们对实验室的成功负有使命感。他们应熟悉本职岗位的任务，也知道该怎样去完成，使其能全身心地投入。

（四）过程方法

将活动和相关的资源作为过程进行管理，可以更高效地得到期望的结果。

任何利用资源并通过管理，将输入转化为输出的活动，都可视为过程。系统地识别和管理实验室所有的过程，特别是这些过程之间的相互作用，就是“过程方法”。

根据环境监测工作的特点，工作过程可用图 2-4 来表示，要通过识别过程，确定输入和输出，确定将输入转为输出所需的各项活动、职责和义务，所需的资源、活动间的接口

等，以实现过程的增值，获得预期的结果。过程方法鼓励实验室要对其所有的过程有一个清晰的理解。过程包含一个或多个将输入转化为输出的活动，通常一个过程的输出直接成为下一个过程的输入，但有时多个过程之间也形成比较复杂的过程网络。在应用过程方法时，必须对每个过程，特别是关键过程的要素进行识别和管理。

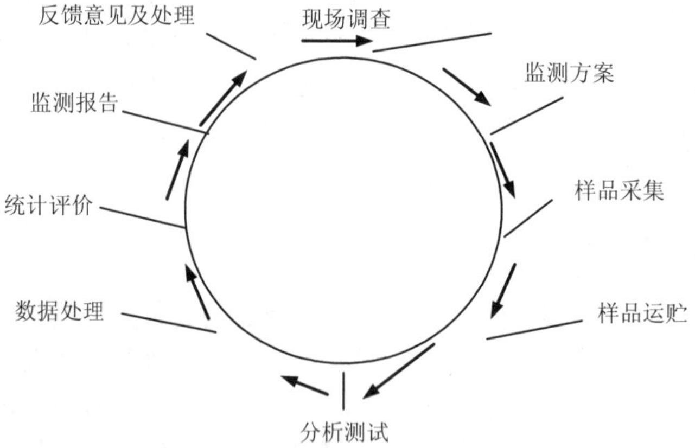

图 2-4　环境监测工作质量环

（五）管理的系统方法

将相互关联的过程作为系统加以识别、理解和管理，有助于组织提高实现目标的有效性和效率。所谓系统，即前述的体系，即相互关联或相互作用的一组要素。系统的特点之一就是通过各分系统（要素）的协同作用，互相促进，使总体的作用大于各分系统作用之和。

实验室应建立一个以过程方法为主体的质量管理体系，明确质量管理过程的顺序和相互作用，使这些过程相互协调；控制并协调质量管理体系各过程的运行，应特别关注体系内某些关键或特定的过程，并应规定其运作的方法和程序；通过对质量管理体系的分析和评审，采取措施以持续改进体系，提高实验室的业绩。

（六）持续改进

持续改进整体业绩应是组织的一个永恒目标。

持续改进是增强满足要求的能力的循环活动。为了改进实验室的整体业绩，应不断改进监测工作质量，提高质量管理体系及过程的有效性和效率。质量管理体系在实施中是通过贯彻方针、目标，利用内审、数据分析、纠正和预防措施，以及管理评审等手段促进质量管理体系的持续改进。最高管理者要对持续改进作出承诺，全体员工也要积极参与持续改进的活动。持续改进是永无止境的，因此持续改进应成为每一个实验室永恒的追求、目标和活动。

（七）基于事实的决策方法

基于事实的决策方法就是指实验室的各级领导在作出决策时要有事实根据，这是减少决策不当和避免决策失误的重要原则。数据是事实的表现形式，信息是有用的数据，实验室要确定所需的信息及其来源、传输途径和用途，确保数据是真实的，对数据要进行分析从而获得信息。分析是有效决策的基础，应对数据和信息进行认真的整理和分析。大量的信息隐含在原始数据之中，不整理便不可能获得有用的信息。实验室领导应能及时得到适用的信息，这些都是做好为“基于事实的决策方法”服务的基础性工作。

（八）与供方的互利关系

组织与供方是相互依存的，互利的关系可增强双方创造价值的能力。

环境监测实验室的供方可以理解为相关方，如供应商、服务方、承包方等。实验室在与他们建立关系时，应考虑到短期利益和长远利益的平衡，要营造一个合作与沟通的氛围，与他们共享必要的信息和利益，确定联合的改进活动。这种“双赢”的思想，可使成本和资源进一步优化，能对变化的市场作出更灵活和快速、一致的反应。

二、质量体系的建立与运行

实验室尽管千差万别，但其质量体系的建立与运行是基本一致的，图 2-5 给出了质量体系建立与运行的框图。由图 2-5 可以看出，一个质量体系的建立和有效运行，通常有八个环节，而监测报告是运行的结果，即各环节的共同目的都是保证监测报告的高质量。

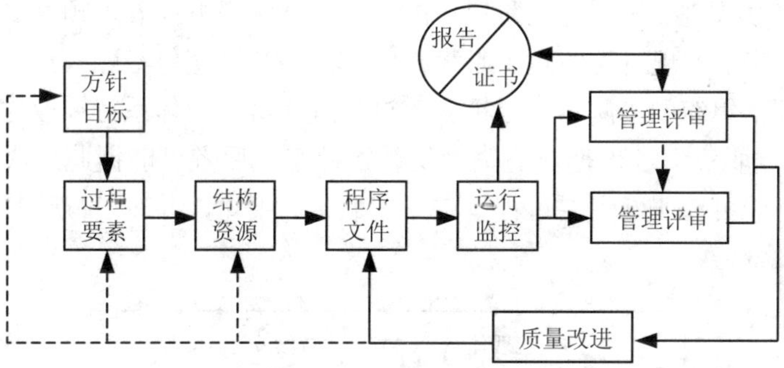

图 2-5　质量体系建立与运行

（一）方针、目标的制定

质量方针是指由组织的最高管理者（如监测站站长）正式颁布的质量宗旨。它是一个比较长远的宗旨。制订质量方针应结合环境监测行业的工作实际，内容简明扼要，具有强烈的号召力。如某室内空气检测公司的质量方针是“测准室内污染，确保顾客人身健康”；某酒厂的质量方针是“点滴做起，瓶瓶一流，锲而不舍，不优不休”。

质量目标应在方针给定的框架内制订并展开，这也是实验室各职能和层次上所追求并加以实现的主要任务。目标是实验室实现“满足客户要求，保证顾客满意”的具体落实，也是评价质量体系有效性的重要判定指标。目标既要先进，又要可行，便于检查。

（二）识别过程（要素）、确定控制对象

方针、目标确定之后，就应该结合实验室的自身特点，明确本实验室的检测/校准流程（质量环），识别报告/证书质量形成的全过程，尤其是关键过程，这是质量体系设计构思及运行的基本依据。

过程是一组将输入转化为输出的相互关联或相互作用的活动。

过程的概念可以用图 2-6 加以说明。

注：●可能的测量点

图 2-6 过程概念

过程有两个特征：

① 任何过程都有输入和输出，输入是实施过程的依据或基础，输出是完成过程的结果。

② 完成过程必须投入适当的资源和活动。

ISO 9000：2000 中给出了一个以过程为基础的质量管理体系模式，其中有四大过程，即“管理职责”、“资源管理”、“产品实现”和“测量、分析和改进”，它们彼此相连，最后通过体系的持续改进而进入更高阶段（图 2-7）。从水平方向看，顾客的要求形成产品实现过程的输入，产品实现过程的输出是最终的产品。产品交付给顾客后，顾客将对其满意程度的意见反馈给组织的“测量、分析和改进”过程，作为体系持续改进的一个依据；在新的阶段，“管理职责”过程把新的决策反馈给顾客，后者可能据此形成新的要求。利用这个模式图，组织可以明确主要过程，进一步展开、细化，并对过程进行连续控制，从而改进体系的有效性。

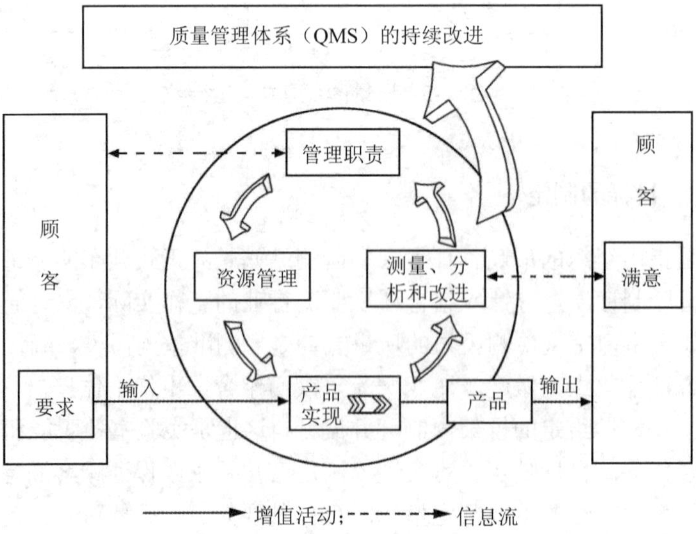

图 2-7 以过程为基础的质量管理体系（QMS）模式

这个质量管理体系模式同样可以运用到环境监测工作中来，因为实验室建立的质量体系与 ISO 9000 标准是相通的，若将图 2-7 运用于 17025 标准，并将相关过程和涉及的要素给出的话，图 2-7 就变成了图 2-8。其中“产品实现”变为“环境监测工作实现”，“产品”变为“监测报告”；检测/校准的输入除了顾客要求之外，还要加上样品（抽样和样品处置）。在这个模式中，“管理职责”、“资源配置”和“分析改进”对每个实验室都是需要的，属共性过程；而检测/校准实现过程，则不同领域、不同行业的实验室各不相同。17025 标准是通用要求，故一些要素、条款可能对某些实验室并不适用，因此也只有在检测/校准实现过程中可以做适当剪裁（必须说明充分理由）。

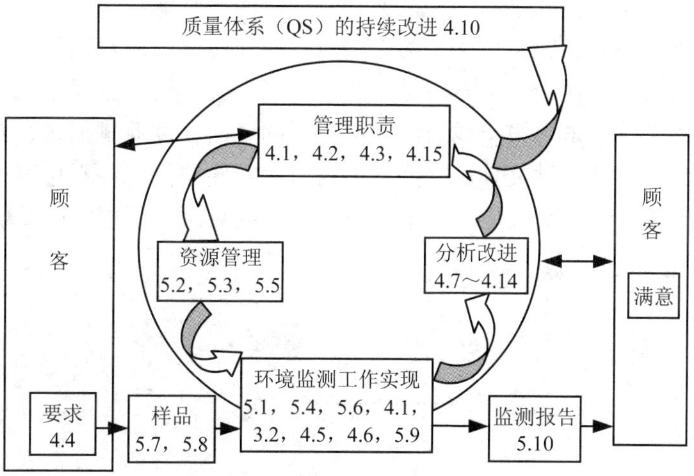

图 2-8　实验室质量体系模式

图 2-8 中每个方框内的数字是 ISO/IEC 17025 标准中需要控制的要素。原则上，实验室的质量体系应覆盖 ISO/IEC 17025 标准中的全部要素。

（三）组织机构及资源配置

建立质量体系时，要合理设计本实验室的组织机构，落实岗位责任制，明确技术、管理、支持服务工作与质量体系的关系。实验室应根据自身监测工作的特点和规模确定需配备的资源（包括人力资源、物质资源和工作环境），并由技术管理层确保实验室运作质量所需的资源。

（四）质量体系的文件化

1．概述

实验室需要建立文件化的质量体系，而不只是编制质量体系文件。建立质量体系文件的作用是沟通意图、统一行动，有利于质量体系的实施、保持和改进。实验室质量体系文件的方式和程度必须结合实验室的类型、范围、规模，监测工作的难易程度和员工的素质等方面综合考虑，不能找个模式照抄硬搬，也不必照抄认可准则的条款。

实验室不论是初次编制质量体系文件，还是为标准更新对体系文件进行转换改版，都应以原有的各类文件为基础，以实施质量体系和符合认可准则要求为依据，进行调整、补充和删减后，纳入质量体系受控范围，并按“文件控制”要求进行控制。在策划质量体系时，应结合实验室的实际需要，策划质量体系文件的结构（层次和数量）、形式（媒体）和表达方式（文字、图表）与详略程度。如一个较小的实验室，过程也比较简单，就可以在手册中对过程和要素作出描述，并不一定再需要其他文件指导操作；而一个大型实验室，监测类型复杂、领域宽、管理层次多，则体系文件必须层次分明，还需要增加一些指导操作的文件。

一般实验室应首先给出质量体系中所用文件的架构，也就是体系文件的层次。图 2-9 给出了通用的体系文件架构。从图中可以看出，质量手册是第一层的文件，是一个将认可准则转化为本实验室具体要求的纲领性文件。手册的精髓就在于有自身的特色，它是为实验室管理层指挥和控制实验室用的。第二层为程序性文件，是实施质量管理和技术活动的文件，主要为相关部门使用。第三层是作业指导书，属于技术性程序，它是指导开展监测工作的更详细的文件，是为第一线监测人员使用的。而各类质量记录、表格、报告等则是质量体系有效运行的证实性文件。显然，不同层次文件的作用各不相同，要求上下层间相互衔接、不能矛盾，上层文件应附有下层支持文件的目录，下层应比上层文件更具体、更可操作。

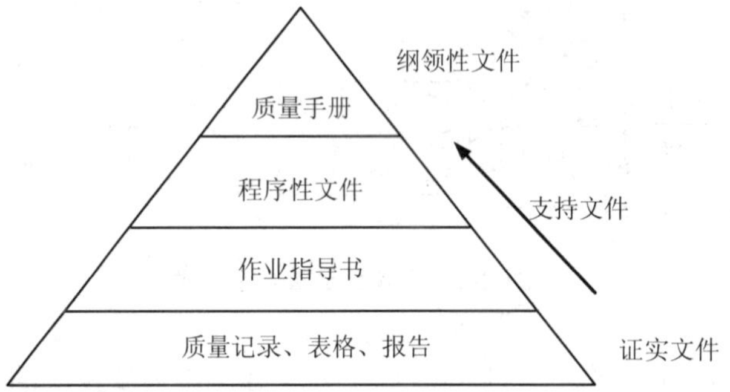

图 2-9　质量体系文件架构

2. 质量手册的编写

质量手册的定义是：规定组织质量管理的文件（ISO 9000：2000）。定义还特别注明：“为适应组织的规模和复杂程度，质量手册在其详略程度和编排格式方面可以不同。”可以看出，质量手册是对实验室的质量体系系统、概要而又纲领性的阐述，能反映出实验室质量体系的总貌。

手册的内容包括：

① 质量体系的范围，包括任何删减的细节与合理性。

② 为质量体系所编制的、形成文件的程序或对其引用。

③ 质量体系过程的相互作用的表述。

质量体系的范围包括两个方面：一方面是体系覆盖的申请认可的项目范围；另一方面是指这些项目的监测实现过程的范围。如果因行业或实验室的特点而对“准则”相关条款不适用，或有删减的话，手册中应作出说明，并证明其合理性。一般可在“前言”中描述删减的理由，使读者一目了然；如果只是个别小条款不适用，可在描述该条款时再表述删减的理由更合适。没有必要在手册中占用一个条款号，写上“本条款不适用，列此条是为了与标准条款对应”即可。

手册是规定实验室质量体系的文件。因此，应是实验室质量体系策划的结果描述。实验室在建立、完善质量体系时，首先应明确顾客是谁，他们的需要又是什么。要把顾客的要求转化为对监测数据的质量特性，确定自己的特色，有针对性地制订质量方针和目标。然后，分析监测报告质量形成过程的各个环节，如何运转及使其受控的方法，包括为其提供支持的辅助性过程，以便达到质量目标的要求。应结合自身的特点画出本实验室的模式图，给本实验室所采取独特措施的具体规定。手册内容要求清楚、准确、全面、适用、易于理解，要求能覆盖《检测和校准实验室认可准则》（CNAS— CL01：2006）的相关要求。

对手册的结构形式没有统一的格式要求，实验室可按最适合自己的方式表达，既可按准则的条款顺序编写，也可按监测过程描述。有些过程还可以进一步细分以便操作，但过程（要素）能分解到什么程度，应取决于实验室的结构和运作方便，而不是准则的条款。

3．程序文件的编写

程序文件是质量手册的支持性文件，是手册中原则性要求的展开与落实。因此，编写程序文件时，必须以手册为依据，要符合手册的规定与要求。程序文件应具有承上启下的功能，上承质量手册，下接作业文件，应能控制作业文件并把手册纲领性的规定具体落实到作业文件中去，从而为实现对监测报告质量的有效控制创造条件。

程序文件应简明、易懂。其结构和内容包括：

① 目的（Why）：为什么要开展这项活动（或过程）。

② 范围（What）：开展此项活动（或过程）所涉及的方面。

③ 职责（Who）：由哪个部门或人员实施此项程序，明确其职责和权限。

④ 列出活动（或过程）顺序和细节，明确各环节的“输入—转换—输出”，即应明确活动（或过程）中资源、人员、信息和环节等方面应具备的条件，与其他活动（或过程）接口处的协调措施；明确每个环节的转换过程中各项因素由谁干（Who），什么时间干（When），什么场合（或地方）干（Where），干什么（What），为什么干（Why），怎样干（How），如何控制，以及所要达到的要求，所需形成的记录、报告及相应签发手续。注明需要注意的任何例外或特殊情况，必要时辅以流程图。

国外形象地称程序文件的内容和结构为 5W+1H。

在质量体系文件中，程序文件是重要的组成部分。根据 ISO/IEC 17025 标准的要求，一般可包括下述内容：

01 保密和保护所有权的程序	（4.1.5.c）
02 监测工作公正性保证与控制程序	（4.1.5.d）
03 文件控制程序	（4.3.1）
04 要求、标书与合同评审程序	（4.4.1）
05 服务与供应品采购程序	（4.6.1）
06 申诉（抱怨）处理程序	（4.8）
07 不符合工作的控制程序	（4.9.1）
08 纠正措施程序	（4.11.1）
09 预防措施程序	（4.12.2）
10 记录控制程序	（4.13.1.1）

11 内部审核程序 （4.14.1）
12 管理评审程序 （4.15.1）
13 人员培训管理程序 （5.2.2）
14 内务管理程序（必要时） （5.3.5）
15 监测程序 （5.4.1）
16 开展新监测方法的评审程序 （5.4.4 注）
17 测量不确定度评定与表示程序 （5.4.6.1，5.4.6.2）
18 监测方法的确认程序 （5.4.5.2）
19 自动监测质量控制程序 （5.4.7.2b）
20 设备维护管理程序 （5.5.6）
21 期间核查程序 （5.5.10，5.6.3.3）
22 量值溯源（包括参考标准和标准物质的使用）程序 （5.6.1，5.6.3.4）
23 采样程序 （5.7.1）
24 被测物品的处置程序 （5.8.1）
25 结果质量的保证控制程序 （5.9）
26 现场监测质量控制程序 （5.3.1，5.5.6 注，5.6.3.4 注）
27 监测报告管理程序 （5.10）

此外，有些要素虽未提出程序要求，但都有控制要求，可能需要结合实验室特点编制相应程序文件，如分包控制程序等。上述所列 27 个程序也可根据实际情况加以删减；也可将几个程序合并，如纠正措施和预防措施程序合并为一个等，只要覆盖了标准的要求，都是可以接受的。

如果一个实验室在按 17025 标准建立体系前已有良好的管理基础，有一套行之有效的管理文件，可以将其纳入体系。为确保过程有效运行，实验室可自行决定所需文件的数量和类别。

4．作业指导书的编写

作业指导书是用以指导某个具体过程、事物所形成的技术性细节描述的可操作性文件。指导书要求制定得合理、详细、明了、可操作。环境监测实验室应关注以下 4 方面的作业指导书：

① 方法类：用以指导监测工作的过程[如标准规程（规范）的实施细则]。

② 设备类：设备的使用、操作规范（如设备制造商提供的技术说明书不够明白、详细等）。

③ 样品类：包括样品的准备、处置和制备规则。

④ 数据类：包括数据的有效位数、修约、异常数值的剔除以及结果测量不确定度的评定表征规范等。

作业指导书是技术性的文件，并不要求必须编写。ISO/IEC 17025 标准 5.4.1 注中明确指出："如果国际的、区域的或国家的标准，或其他公认的规范已包含了如何进行检测/校准的管理和足够信息，并且这些标准是可以被实验室操作人员作为公开文件使用的方式书写时，则不需再进行补充或改写为内部程序。对方法中的可选择步骤，可能有必要制定附加细则或补充文件。"

如前所述，质量手册体现了质量体系策划的结果，内部审核程序能够指导内审的实施，方法确认程序可以保证所用新方法的正确可靠，各种作业指导书更是保证不同操作人员都能在一定的不确定度范围内得到相同的监测结果。

5. 记录

记录是文件的一种，它更多地用于提供监测是否符合要求和体系有效运行的证据。

质量记录：如人员培训记录、承包方的质量记录、服务与供应品的采购记录、纠正和预防措施记录、内部审核与管理评审记录等。

技术记录：如环境控制记录，合同或协议、使用参考标准的控制记录，设备使用维护记录，样品的抽取、接收、制备、传递、留样记录，原始观测记录，监测报告、结果验证活动记录，客户反馈意见等。

总之，凡是有程序要求的都要有记录，实验室的全体员工应养成“凡是执行过的工作必须有记录”的良好习惯。

（五）质量体系的运行

1. 运行的依据

质量体系是根据“认可准则”的要求、结合本单位的实际情况建立的，并将其文件化至确保监测工作质量的程度。所以，质量体系运行的依据主要就是质量体系文件。

质量体系文件是构成质量体系的一整套文件，包括实验室内部制定和来自外部的文件。质量体系文件既是质量体系存在的见证，又是质量体系运行的依据。

2. 运行的阶段

质量体系的运行，一般要经过如下阶段。

（1）宣贯

质量体系的文件化，主要是为了贯彻执行，确保监测工作的质量，使客户满意，实现实验室的质量目标。宣贯可根据实验室的具体情况，应针对全体人员，分层次地进行。手册的主要精神、构成的基本要素，尤其是质量方针和目标，每个人都应清楚，以便贯彻执行。

程序文件的宣贯，可根据质量体系要素的职能分配，针对有关部门和人员分别进行，因为程序文件是“为进行某项活动或过程所规定的途径”，只要涉及的部门和人员明确就可以了。

作业指导书的宣贯，则主要是针对与相应的具体工作有关的人员，特别是直接操作者，分别进行，因为作业指导书是描述某项活动或过程的技术细节、直接指导作业的文件。

至于质量体系文件中的记录、报告等的宣贯，一般可结合上述文件的宣贯进行，因为它们都属于已完成的实际活动或所取得结果的证实性文件。

（2）试运行

实验室的质量体系建立后能否满足实际需要、是否能达到预期的效果，必须通过实践的考核、验证，这就是所谓的质量体系的试运行。根据实验室认可的实际情况，CNAS 规定，实验室质量体系试运行的期限为半年。

（3）内部审核和管理评审

质量体系试运行之后，便应进行一次集中的内部审核与管理评审，对质量体系的符合性、适应性和有效性作出客观的自我评价，以肯定成绩、发现存在的问题和潜在的问题，进而采取必要的纠正措施与预防措施，初步改进和完善质量体系、修订质量体系文件，为正式运行奠定基础。

应当指出，准则中要求的内审周期通常为一年、管理评审的典型周期为 12 个月，是针对质量体系正常运行而言的。所以，质量体系试运行之后的内审与管理评审，可以说是一次必要的、全面的附加审核与评审。这也是 CNAS 为保证认可的质量而对申请认可实验室的一项要求。

（4）正式运行

经过上述各阶段之后，实验室的质量体系便可正式运行。如欲通过实验室认可，此时便可向 CNAS 正式提交申报材料，并在 3 个月内接受 CNAS 的现场评审。

质量体系的正式运行，是实验室质量管理和技术运作的新起点，进而在实践中持续改进和完善，以满足客户的需求以及法定管理机构、认可准则和认可机构的要求，实现实验室的质量目标。

3．有效运行的标志

需要指出，建立、健全符合认可准则要求、适合本单位实际情况的质量体系，是其有效运行的重要前提。

质量体系有效运行的标志如图 2-10 所示。

图 2-10　质量体系有效运行的标志

（1）领导重视

领导重视是关键。领导必须以身作则，带头切实执行质量体系文件的规定，履行自己的职责，关注、监督、检查和改进质量体系的运行情况，指挥、控制、协调各项活动，营造一个良好的工作氛围，充分调动全体员工的积极性，为贯彻质量方针、实现质量目标而努力奋斗。

（2）全员参与

全员参与是基础。实验室全体员工是贯彻质量方针、实现质量目标的主体。只有全员参与、充分发挥所有成员的作用，使每个人的本职工作成为自觉自愿的行动，才能使人们的才干为实验室创造更大的收益、获得更佳的效果。

（3）严格遵循文件并有完整记录

质量体系文件是一切活动的规范，必须严格遵照执行。也就是说，实验室的任何部门乃至任何人，都必须遵循质量体系文件的规定进行工作。换句话说，任何部门、任何人都必须“照章办事”，而完成的活动、取得的结果，都必须有完整的记录。正所谓：一切活动都要有文件依据，有文件就要切实执行，执行就要有完整记录。

（4）所有影响质量的因素（过程）都处于受控状态

监测工作的质量，关系到实验室的生存和发展，涉及管理、技术和支持服务等多种因素（过程），只有予以全面控制，才能确保质量。如果所有影响监测质量的过程均处于受控状态，则可减少乃至消除可能出现的质量问题，达到所预期的最佳效果。

（5）快捷高效的反馈机制

一旦出现或可能出现质量问题，能迅速反馈、及时处理，必要时采取相应的纠正措施或预防措施，防止已发生的问题再次发生或可能发生的不致发生。可以说，体现了预防为主的思想。

（6）适时开展内部审核与管理评审，持续改进

质量体系的内部审核与管理评审是质量体系不断改进、自我完善的重要举措。时代在前进、科技在发展、条件在改变，任何一个质量体系都不可能一成不变，都必须根据形势的变化而不断加以改进和完善，以适应内外环境、持续有效地运行。

第四节 实验室认可

一、实验室认可条件

根据国家有关法律法规和国际规范，认可是自愿的，CNAS 仅对申请人申请的认可范围，依据有关认可准则等要求，实施评审并作出认可决定。但申请人必须满足下列条件方可获得认可：

① 具有明确的法律地位，具备承担法律责任的能力。

② 按认可规则、认可准则及其应用说明建立质量管理体系，并运行至少 6 个月，进行了完整的内部审核和管理评审，并可以在 3 个月内接受现场评审。

③ 遵守 CNAS 认可规则、认可政策的有关规定，履行相关义务。

④ 在申请范围内具有检测/校准能力。

⑤ 具有支配所需资源的权力。

二、实验室认可流程

按照 CNAS 实验室认可工作流程，实验室认可过程分为申请、现场评审和评定批准三个阶段（图 2-11）。

（一）申请

1. 意向申请

申请人可以用任何方式向 CNAS 秘书处表示认可意向，如来访、电话、传真以及其他电子通信方式。CNAS 向申请方提供最新版本的实验室认可规则、准则及其在特殊领域的

应用说明和申请书等有关文件。

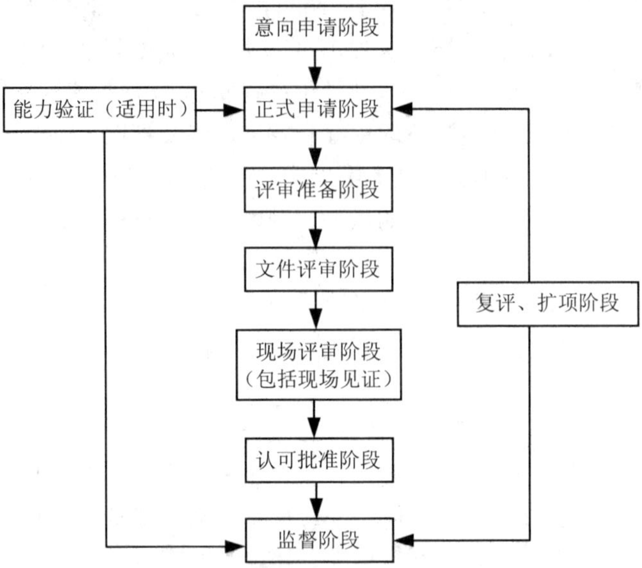

图 2-11　实验室认可流程

2．正式申请

（1）申请人应按 CNAS 秘书处的要求提供申请资料，并交纳申请费用。申请认可的实验室应提交的资料包括：①《实验室认可申请书》、申请机构法律地位的证明文件和组织机构图；② 实验室最新版本的质量手册和程序文件；③ 实验室参加能力验证的情况；④ 典型报告；⑤ 实验室量值溯源描述；⑥ 实验室平面图和其他有关资料（图 2-12）。

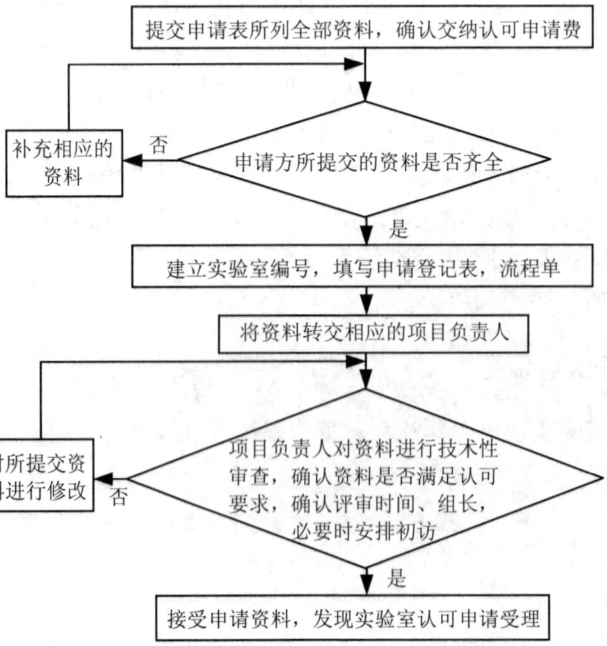

图 2-12　实验室认可申请流程

（2）CNAS 秘书处审查申请人正式提交的申请资料，若申请人提交的资料齐全、填写清楚、正确，对 CNAS 的相关要求基本了解，质量管理体系正式运行超过 6 个月，且进行了完整的内审和管理评审，申请人的质量管理体系和技术活动运作处于稳定运行状态，聘用的工作人员符合有关法律法规的要求，则可予以正式受理，并在 3 个月内安排现场评审（申请人造成延误除外）。否则，应进一步了解情况，需要时，征得申请人同意后可进行初访（费用由申请人负担），以确定申请人是否具备在 3 个月内接受评审的条件。如申请人不能在 3 个月内接受评审，则应暂缓正式受理申请。

（3）在资料审查、走访过程中 CNAS 秘书处应将所发现的与认可条件不符合之处通知申请人，不做咨询。

（4）当申请人申请进行检测、校准或其他能力的认可时，必须提供参加了至少一项适宜的能力验证计划、比对计划或测量审核的证明。只有在申请人证明参加了能力验证活动且表现令人满意时，CNAS 方才予以受理。

3．评审准备

（1）CNAS 秘书处以公正性和非歧视性的原则指定评审组，并征得申请人同意，如申请人基于公正性理由对评审组的任何成员表示拒绝时，秘书处经核实后应给予调整。

（2）评审组审查申请人提交的质量管理体系文件和相关资料，当发现文件不符合要求时，秘书处或评审组应以书面方式通知申请人采取纠正措施。秘书处根据评审组长的提议，认为需要时，可与申请人协商进行预评审。预评审只对资料审查中发现的需要澄清的问题进行核实或做进一步了解，不做咨询，但须向秘书处提交书面的预评审报告。在申请人采取有效纠正措施解决发现的主要问题后，评审组长方可进行现场评审。

（3）文件审查通过后，评审组长与申请人商定现场评审的具体时间安排和评审计划，报 CNAS 秘书处批准后实施。

（4）需要时，CNAS 可在评审组中委派观察员。

（二）现场评审

（1）评审组依据 CNAS 的认可准则、规则和要求及有关技术标准对申请人申请范围内的技术能力和质量管理活动进行现场评审。现场评审时，要评审申请机构申请范围覆盖的、开展一项或多项关键活动的所有场所（图 2-13）。

（2）在对申请人的检测、校准、检查或其他能力进行现场评审时，应参考、利用申请人参与能力验证活动的情况及结果，必要时安排测量审核。CNAS 将把申请人在能力验证中的表现作为是否给予认可的重要依据。对参加了 CNAS 及其承认的能力验证和比对计划且结果满意的机构，在 CNAS 的各类评审中可适当地考虑简化相关项目的能力确认，但在国家有明确规定、专业上有特定要求、客户有投诉、发生了质量事故或人员、机构发生重大变化等情况下除外。

（3）评审组还要对申请人的授权签字人进行考核。CNAS 要求授权签字人必须具备以下资格条件：

① 有必要的专业知识和相应的工作经历，熟悉授权签字范围内有关检测、校准和检测、校准方法及检测、校准程序，能对检测、校准结果作出正确的评价，了解检测结果的不确定度。

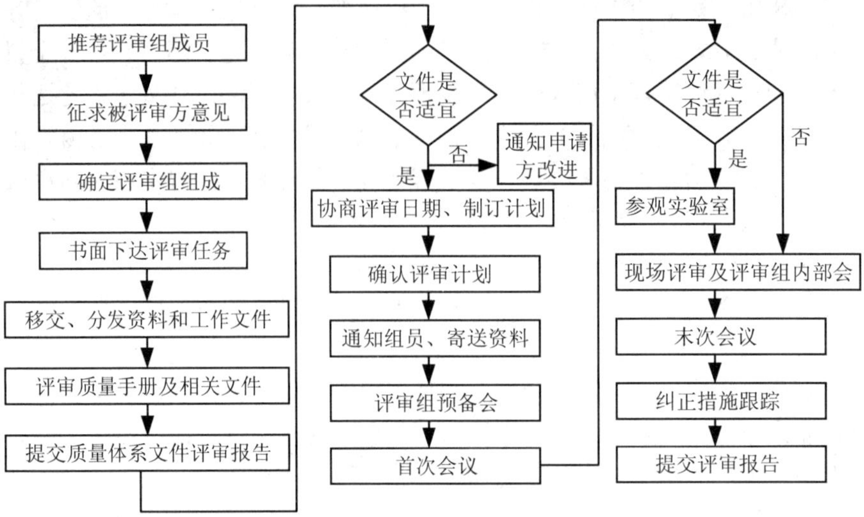

图 2-13 实验室认可评审流程

② 熟悉认可规则和政策、认可条件，特别是获准认可机构义务，以及带认可标志检测、校准报告或证书的使用规定。

③ 在对检测、校准结果的正确性负责的岗位上任职，并有相应的管理职权。

（4）评审组现场评审时，如发现被评审方在相关活动中存在违反国家有关法律法规或其他明显有损于 CNAS 声誉和权益的情况，应及时报告 CNAS。如被评审方存在上述问题或未履行规定的义务，情况严重时，CANS 有权中止认可过程，并采取相应处理措施。

（5）现场评审结论分：符合、基本符合（需对不符合的纠正措施进行跟踪）、不符合三种，由评审组在现场评审结束时给出。

（6）评审组长应在现场评审末次会议上，将现场评审报告复印件提交给被评审方。

（7）被评审方在明确整改要求后应拟订纠正措施计划，并在 3 个月内完成，对监督、复评审的，在一个月或两个月内完成，提交给评审组。评审组应对纠正措施的有效性进行验证。

（8）待纠正措施验证后，评审组长将整改验收意见连同现场评审资料报 CNAS 秘书处。

（三）认可评定

（1）CNAS 秘书处负责将评审资料及所有其他相关信息（如能力验证、投诉、争议等）提交给评定委员会，评定委员会对申请人与认可要求的符合性进行评价并作出决定。评定结果可以是以下 4 种类型之一：

① 同意认可。

② 部分认可。

③ 不予认可。

④ 补充证据或信息，再行评定。

（2）经评定后，由秘书处办理相关手续。

（3）批准发证。

（4）CNAS 向获准认可机构颁发有 CNAS 授权人签章的认可证书，以及认可决定通知书和认可标志章，阐明批准的认可范围和授权签字人。认可证书有效期为 5 年。

（5）CNAS 秘书处负责将获得认可的机构及其被认可范围列入获准认可机构名录，予以公布。

三、监督评审和复评审

获准认可机构应在认可有效期内接受 CNAS 安排定期监督评审和不定期监督评审。

并应在认可有效期（5 年）到期前 6 个月向 CNAS 提出复评审申请。CNAS 在认可有效期到期前应根据获准认可机构的申请组织复评审，以决定是否延续认可至下一个有效期。

思考题

1. 比较计量认证和实验室认可的异同。
2. 简述建立环境监测实验室的技术要求。
3. 简述建立环境监测实验室的管理要求。
4. 试用过程方法模式描述 ISO/IEC 17025 标准。
5. 什么是质量手册？质量手册一般包含哪些内容？
6. 什么是程序文件？程序文件一般包含哪些内容？
7. 环境监测实验室质量管理体系有效运行的标志是什么？
8. 环境监测实验室申请认可必须满足什么条件？

第三章 环境监测实训基本知识

【实训要点】

通过本章的学习和实训，掌握实训室常用溶液浓度的表示及配制方法；能够正确选用和配制洗涤液清洗不同的玻璃器皿；了解各类实训用水的制备及检验，掌握一些特殊要求用水的制备；学会设计各类实训数据记录表格，正确绘制校准曲线；掌握实训室用气及安全管理方法。

第一节　环境监测常用溶液浓度的表示方法

在环境监测实训的项目测定过程中，需要将分析测试使用的试剂配制成溶液。通过标准溶液的浓度和用量来计算待测组分的含量，因此正确地配制、表述标准溶液的浓度，对于提高分析测试结果的准确度有重大意义。

环境监测实训中常用的溶液浓度的表示方法有以下几种。

一、物质的量浓度

（1）定义：物质的量浓度是以单位体积溶液所含溶质 B 的物质的量来表示溶液组成的物理量，叫做溶质 B 的物质的量浓度。

“物质的量浓度”可简称为“浓度”。浓度一词在国标 GB 31028—93 中已专指，只有物质的量浓度才能简称为浓度（c_B）。

（2）符号：c_B。

（3）单位：mol/L。

（4）公式：

$$c_B = \frac{n_B}{V} \tag{3-1}$$

式中：c_B —— 物质的量浓度，mol/L；

n_B —— 溶质 B 的物质的量，mol；

V —— 溶液的体积，L。

（5）注意问题：

① 体积是指溶液的体积，而不是溶剂的体积。

② 在一定物质的量浓度溶液中取出任意体积的溶液，其浓度不变，但所含溶质的物质的量或质量因体积的不同而不同。

③ 因为溶质可以是单质、化合物，也可以是离子或其他特定组合，所以在使用浓度时必须指明基本单元。基本单元可以是原子、分子、离子、电子及其他粒子，或是这些粒子的特定组合。

例如：H_2SO_4的基本单元可以是H_2SO_4，也可以是$1/2H_2SO_4$。当H_2SO_4分别以H_2SO_4和$1/2H_2SO_4$为基本单元时，若H_2SO_4溶液的$c(H_2SO_4)$等于1 mol/L，则表示每升溶液中含有H_2SO_4为98.08 g；而$c(1/2H_2SO_4)$等于1 mol/L，则表示每升溶液中含有H_2SO_4为49.04 g。

（6）n_B，m_B，M_B和c_B之间的关系：

若溶质B的质量为m_B，其摩尔质量为M_B，则 $n_B = \dfrac{m_B}{M_B}$。

又由$c_B = \dfrac{n_B}{V}$，可知：$c_B = \dfrac{m_B}{M_B V}$ 或 $m_B = c_B \cdot V_B \cdot M_B$。

二、质量浓度

（1）定义：某物质的质量除以该混合物的体积，即溶质B的质量除以该混合溶液的体积，称为质量浓度。

（2）符号：ρ_B。

（3）单位：g/L（注：在微量分析中标准使用液用质量浓度常用单位为mg/L或μg/L）。

（4）公式：

$$\rho_B = \frac{m_B}{V_{混}} \tag{3-2}$$

式中：ρ_B —— 质量浓度，g/L；

m_B —— 溶质B的质量，g；

$V_{混}$ —— 混合溶液的体积，L。

例如：ρ_{NaOH}=20 g/L表示1 L NaOH溶液中含NaOH溶质20 g。

（5）注意问题：

现在质量浓度不能称为浓度或比重，也不能将质量浓度用“%”或“%（W/V）”表示。表3-1列出了在监测分析中常见的标准化量名称，并列出了常见单位名称符号的正确写法。

表3-1　常见标准化量名称与废弃名称的对照例表

标准化名称	废弃的名称	说明
质量	重量	重量表示的是力的概念，单位为N； 而质量的单位为kg，二者不可混淆
体积质量，密度	比重	以往“比重”有多种含义。当单位为kg/m^3时，应称为体积质量；当单位为1，表示某一物质的体积质量与另一参考物质的体积质量之比，应称为相对体积质量
相对体积质量，相对密度		
电流	电流强度	单位为A
相对原子质量	原子量	单位为1
相对分子质量	分子量	单位为1

标准化名称	废弃的名称	说明
物质的量	摩尔数	单位为 mol，必须指明基本单元，“摩尔数”作为量名称是错误的
质量分数（ω）	重量百分数，重量百分浓度，质量百分比浓度，浓度，%（w/w）	单位为 1，是某物质的质量与混合物的质量之比，%，kg/kg
体积分数（φ）	体积百分比浓度，体积百分含量，浓度，%（v/v）	单位为 1，是某物质的体积与混合物的体积之比，%，m^3/m^3，L/L
摩尔分数（x）	摩尔百分数，mol%	%，mol/mol
质量浓度（ρ）	浓度，%（W/V）	单位为 kg/m^3，g/100 mL 或 g/L，是某物质的质量除以混合物的体积
物质的量浓度，浓度	摩尔浓度，当量浓度，体积克分子浓度	常用单位 mol/L。是某物质的量除以混合物的体积
放射性活度	放射性强度，放射性	单位为 Bq

三、质量分数浓度

（1）定义：溶质的质量与溶液的质量之比，即溶质 B 的质量与该溶液的质量之比叫做溶质 B 的质量分数，也称质量含量。“含量”未做特殊说明时，一般指质量含量。

例如：市售的酸碱常用质量分数浓度表示。98% H_2SO_4 指在 100 g H_2SO_4 溶液中含有 98 g H_2SO_4，2 g 水。

（2）符号：w。

（3）单位：1。

（4）公式：

$$w=\frac{m_{溶质}}{m_{溶液}}\times 100\% \quad =\frac{m_{溶质}}{m_{溶质}+m_{溶剂}}\times 100\% \tag{3-3}$$

式中：w—— 质量分数浓度，1；

$m_{溶质}$—— 溶质的质量，g；

$m_{溶液}$—— 溶液的质量，g；

$m_{溶剂}$—— 溶液中的溶剂质量，g。

（5）注意问题：

① 质量分数浓度中溶液的质量（$m_{溶液}$）指的是该溶液的全部质量，即 $m_{溶液}=m_{溶质}+m_{溶剂}$。

例如：w(NaCl)=10%的 NaCl 溶液就是指 100 g（$m_{溶液}=m_{NaCl}+m_{溶剂}$=10 g+90 g=100 g）溶液中含 NaCl 10 g。

② 化学物质 B 的质量分数应表示为：w（B）=20%，若写成 B=20%是错误的。

③ 现在质量分数浓度不再用质量百分数或质量百分率这样的名称。注意查看表 3-1。

四、体积分数浓度

（1）定义：某物质的体积与混合物的体积之比叫做体积分数。

（2）符号：φ。

（3）单位：1。

（4）公式：

$$\varphi_B = \frac{V_B}{V_{混}} \times 100\% = \frac{V_B}{V_B + V_{溶剂}} \times 100\% \quad (3-4)$$

式中：φ —— 体积分数浓度，1；

V_B —— 物质 B 的体积，L；

$V_{混}$ —— 混合溶液的体积，L；

$V_{溶剂}$ —— 溶液中溶剂的体积，L。

（5）注意问题：

① 体积百分比浓度，体积百分含量名称现在均停止使用，统一用体积分数。也不能用“%（v/v）”表示体积分数浓度。

② 化学物质的体积分数具体表示法如：φ_B=20%，不能写成 B=20%。

五、以 V_1+V_2 表示的浓度

（1）定义：配制试剂常用试剂与溶剂（或一种试剂与另一种试剂）体积加和的形式表示溶液的含量。

例如：①（1+5）H_2SO_4，即配制溶液中浓 H_2SO_4 占 1 体积，水（溶剂）占 5 体积。

②（1+3）王水，即配制溶液中取 1 份浓 HNO_3 和 3 份浓 HCl 混合。

（2）单位：L。

（3）公式：

$$V_1+V_2 \quad (3-5)$$

式中：V_1 —— 试剂的体积，L；

V_2 —— 溶剂或试剂的体积，L。

（4）注意问题：

① 加号前的数字表示的是试剂体积 V_1。

② 加号后的数字表示是溶剂（未做说明时溶剂常为水）或试剂体积。

六、溶液配制常用的仪器及步骤

1. 仪器

配制溶液常用到的仪器有：分析天平、称量瓶、容量瓶、烧杯、托盘天平、移液管、量筒、洗瓶、吸耳球、药匙、玻璃棒、电热板等。

2. 配制步骤

计算 ⟶ 称量 ⟶ 溶解 ⟶ 转移 ⟶ 定容 ⟶ 摇匀 ⟶ 保存

（1）计算：计算配制所需固体溶质的质量或液体浓溶液的体积。

（2）称量：用分析天平或托盘天平称量固体溶质的质量（用移液管或量筒量取液体浓溶液的体积）。

（3）溶解：在烧杯中溶解或稀释溶质，冷却至室温（如不能完全溶解可适当加热）。

（4）转移：将烧杯内冷却后的溶液沿玻璃棒小心转入一定体积的容量瓶中。用蒸馏水洗涤烧杯和玻璃棒2～3次，并将洗涤液转入容器中，振荡，使溶液混合均匀。

（5）定容：向容量瓶中加水至刻度线，使溶液凹面最低处恰好与容量瓶刻度线上缘相切。

（6）摇匀：盖好瓶塞（旋转瓶塞），上下颠倒容量瓶，使溶液混合均匀。

（7）保存：将配制好的溶液倒入干净的试剂瓶中，贴好标签，保存待用。

思考题

1. 常用溶液浓度的表示方法有哪些？在什么情况下用物质的量浓度表示溶液的浓度？
2. 配制一定物质的量浓度溶液的基本操作步骤是什么？

第二节　校准曲线及数据表格绘制

一、校准曲线

1. 定义

校准曲线是用于描述待测物质的浓度或量与相应的测量仪器的响应量或其他指示量之间的定量关系的曲线。

校准曲线包括通常所说的“工作曲线”和“标准曲线”，两者有所不同。在绘制工作曲线时，所使用的标准系列溶液经过了与水样完全相同的消解、净化、测量等操作；在绘制标准曲线时，使用的标准系列溶液没有经过与水样完全相同的消解、净化等预处理操作，而直接进行与水样相同的测量操作。当水样为废水样品或基体复杂的样品时，后者往往造成较大的误差。

2. 绘图一般步骤

（1）选择适宜的坐标纸。实训室常用的坐标纸有直角坐标纸和对数坐标纸。

（2）确定坐标轴。一般用直角坐标纸，以横坐标为自变量，纵坐标为因变量，画上坐标轴并注明轴表示的变量名称和单位。纵、横坐标不一定由“0”开始。绘制的图像应在选定的全部坐标纸面积中分布均匀合理。

（3）选定比例尺。确定图纸中每一小格所代表的数值并标出应有的数值（为了便于作图和读数，一般采用 1，2，3…或 5，10，15…及其倍数）。

（4）绘代表点。将测定的数据各点用“●”符号绘于图上。

（5）作曲线。曲线尽量采用曲线板绘制，曲线最好能通过尽可能多的实验点，但不必通过所有的点，并使曲线以外的实验点尽可能均匀、对称地分布在曲线两侧。曲线应平滑、均匀、清晰，切忌为了让曲线全部通过实验点而做“折线”。

目前随着计算机的普及应用，也可采用计算机软件进行模拟作图。

3. 校准曲线的绘制

（1）配制在测量范围内的一系列已知浓度的标准溶液。与样品的测定步骤相同，测定各浓度的标准溶液响应值。

（2）在直角坐标纸上，以响应值为纵坐标，以浓度（或量）为横坐标，将测量数据标在直角坐标纸上。

（3）将各点连成一条适当的曲线（图 3-1）。在环境水质监测中，通常选用校准曲线的直线部分（校准曲线也可根据最小二乘法求出其方程式，在直角坐标纸上绘制曲线）。

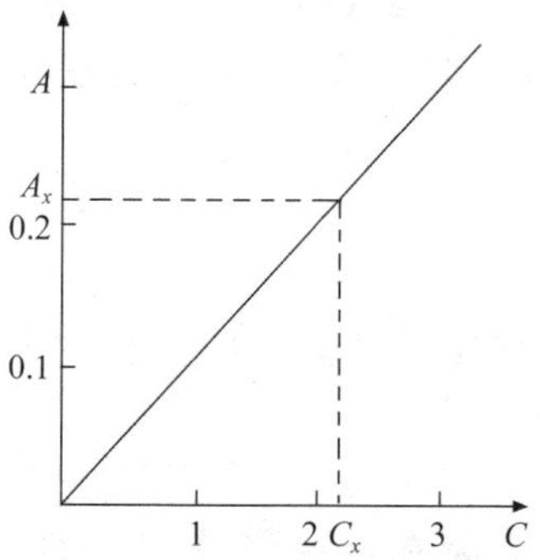

图 3-1　标准曲线

4．绘制校准曲线时应注意的问题

（1）配制的标准系列应在方法的线性范围以内，不得少于 5 个浓度点，其中两点必须接近该分析方法的上限和下限浓度点（线性范围是指某一方法的校准曲线的直线部分所对应的待测物质的浓度或量的变化范围）。

（2）严格地说，绘制校准曲线时应对标准溶液进行与样品完全相同的分析处理，包括样品的前处理操作。只有经过充分的验证，确认省略某些操作对校准曲线无显著影响时，方可免去这些操作。

（3）校准曲线应作空白校正后进行回归，相关系数一般应达到 0.999，其截距在无特殊规定时，一般控制在±0.005，截距不能过大。

（4）校准曲线的斜率常随实验条件（试剂批号、环境温度、测量仪器的稳定性等）的改变而变动。因此，在每次分析样品的同时绘制校准曲线。否则在每次分析样品时，平行测定零点浓度和中等浓度标准溶液各两份取其均值相减后与原校准曲线上相应点核对，其相对差值根据方法精密度不得大于 5%～10%，否则应重新绘制校准曲线。

（5）绘制校准曲线时，通常没有考虑样品的基体效应。然而，这对某些分析方法却至关重要。在这种情况下，可使用含有与实际样品类似基体的工作标准系列进行校准曲线的绘制。

（6）利用经过验证的标准方法绘制线性范围内的校准曲线时，如出现各点分散较大或不在一条直线上的现象，则应检查试剂、量器及操作步骤是否有误，并做必要的纠正。此后如果仍不能得到满意的结果，应根据专业知识和实际经验，对校准曲线做必要的回归计算，再重新绘图。

（7）利用校准曲线的响应值推测样品的浓度值时，其浓度应在所做校准曲线的浓度范围以内，不得将校准曲线任意外延。

二、数据图表绘制

（1）实验数据用列表法记录。表中每一行的开始标明变量的名称和计量单位，不要和数字写在一起。正确使用有效数字（记录的数字与测量精度一致），小数点应对齐。

（2）在专用的记录本上及时、准确地记录实验过程中的各种数据（如测量数据、标准溶液浓度等）及有关现象，不允许随意记在其他任何地方。

（3）实事求是，绝不能拼凑和编造数据。重复观测时，数据完全相同时也要记录下来。

（4）改动数据时，在该数据上画一条短横线，并在其上方写出正确的数据。不许涂改或掩盖错误的数据。

思考题

1. 什么是校准曲线？校准曲线绘制应注意哪些问题？
2. 记录实验数据有哪些要求？

第三节　环境监测实训中常用玻璃仪器的洗涤及校准

一、洗涤液的配制及使用

洗涤玻璃仪器时，应选择合适的洗涤剂。一般情况下，选用市售的合成洗涤剂清洗玻璃仪器。若仪器内壁附着物难以用合成洗涤剂清洗干净时，应根据附着物的性质，配制合适的洗涤液。切不可盲目地将各种试剂混合使用，也不可任意使用各种试剂来洗涤玻璃仪器。这样不仅浪费药品，而且容易出现危险。表 3-2 列出了常用洗涤液的配制及使用情况。

表 3-2　洗涤液的配制及使用

洗液名称	配制方法	适用洗涤的仪器	注意事项
合成洗涤剂	选用合适的洗涤剂或洗衣粉溶于温水中，配成浓溶液	洗涤玻璃器皿安全方便，不腐蚀衣物	该洗液使用后，最好再用 6 mol/L 硝酸浸泡片刻
铬酸洗液	将 20 g 研细的重铬酸钾（工业纯）溶于 40 mL 水中，在搅拌下徐徐加入 360 mL 浓的工业硫酸，放冷，装入试剂瓶中盖紧瓶塞备用	用于去除器壁残留油污，用少量洗液刷洗或浸泡一夜，洗液可回收重复使用	① 配制时注意操作安全； ② 新配的洗液呈暗红色，反复使用后，可加入适量浓硫酸恢复酸的强度； ③ 如液体变为绿色，此时洗液就不宜再用； ④ 废液应集中回收处理
碱性高锰酸钾洗液	① 4 g $KMnO_4$ 溶于少量水，加 10%的 NaOH 溶液至 100 mL； ② 4 g $KMnO_4$ 溶于 80 mL 水，加 50%的 NaOH 溶液至 100 mL。 后者更利于高锰酸钾快速溶解	此洗液作用缓慢温和，用于洗涤被油或有机物玷污的器皿上	① 玻璃器皿上沾有褐色氧化锰可用盐酸羟胺或草酸洗液洗除之； ② 洗液不应在所洗的玻璃器皿中长期存留
草酸洗液	5～10 g 草酸溶于 100 mL 水中，加入少量浓盐酸	用于洗涤使用高锰酸钾洗液后器皿产生的二氧化锰	必要时加热使用
纯酸洗液	①（1+1）HCl； ②（1+1）H_2SO_4； ③（1+1）HNO_3； ④ H_2SO_4+HNO_3 等体积混合液	浸泡或浸煮器皿，洗去碱性物质及大多数无机物残渣	使用需加热时，温度不宜太高，以免浓酸挥发或分解

洗液名称	配制方法	适用洗涤的仪器	注意事项
纯碱洗液	多采用 10%以上的浓氢氧化钠、氢氧化钾或碳酸钠水溶液	用于浸泡或浸煮玻璃器皿	煮沸可加强洗涤效果，在容器中停留不得超过 20 min，以免腐蚀玻璃
碱性乙醇洗液	25 g 氢氧化钾溶于少量水中，再用工业纯乙醇稀释至 1 L	此洗液适于洗涤玻璃器皿上的油污	不要加热
有机溶剂	汽油、甲苯、二甲苯、丙酮、酒精、氯仿等有机溶剂	黏有较多油脂性污物、小件和形状复杂的玻璃仪器，如活塞内孔，吸管和滴定管尖头等	① 使用时要注意其毒性及可燃性，注意通风；② 废液回收
碘-碘化钾洗液	1 g 碘和 2 g 碘化钾溶于水中，用水稀释至 100 mL	洗涤滴定管沾有氧化银的污物	洗液应避光保存

二、常用玻璃仪器的洗涤

在环境监测实训工作中，洗涤玻璃仪器是一项技术性工作。目前，监测检验多采用微量或超微量法，虽然在测定中有精密的测量仪器和熟练的操作技术，但是仪器洗涤不符合要求，将直接影响实验结果的准确性与精密度，使测定失去意义。因此，必须重视玻璃仪器的清洗工作。表 3-3 列出了常见污染物洗涤方法。下面介绍一般定量分析中常用玻璃仪器的洗涤方法。

表 3-3 常见污染物洗涤方法

污染物	洗涤方法
可溶于水的污物、灰尘等	自来水清洗
不溶于水的污物	合成洗涤剂
油污、有机物	铬酸洗液，碱性高锰酸钾洗液，有机溶剂
氧化性污物（如 MnO_2、铁锈等）	浓盐酸、草酸洗液
瓷研钵内的污迹	在研钵内加少量食盐研磨后倒掉，再用水洗
坩埚内壁黏附的硫黄	煮沸的石灰水
被有机物染色的比色皿	用体积比为 1∶2 的盐酸+酒精液处理
碘的污物	用 KI 溶液浸泡，温热的稀 NaOH 或 Na_2SO_3 溶液处理

1. 常规洗涤法

一般的玻璃仪器，先用自来水冲洗除去灰尘后。用毛刷蘸取热肥皂液、洗涤剂或去污粉等，仔细刷净内外表面，尤其应注意容器磨砂部分。必要时可将洗液温热或短时间浸泡，然后用自来水冲洗 3～5 次，倒置洗涤的仪器，器壁应不挂水珠。再用纯水充分润湿 2～3 次，即可使用。若有水珠附着器壁，必须重新洗涤。

2. 不便刷洗的玻璃仪器的洗涤法

度量仪器（如容量瓶、刻度吸管等）和形状特殊的仪器，不能用毛刷刷洗。应先用自来水冲洗，沥干，再根据污垢的性质选择不同的洗涤液进行浸泡，再按常规洗涤方法用水冲净。

3. 水蒸气洗涤法

有的玻璃仪器，主要是成套的组合仪器，除按上述要求洗涤之外，还要安装起来用水蒸气蒸馏法洗涤一定的时间。如凯氏微量定氮仪，每次使用前应将整个装置连同接收瓶用热蒸汽处理 5 min，以便去除装置中的空气和前次实验所遗留的玷污物，从而减少实验误差。

4. 特殊清洁要求的器皿洗涤

在某些实验中对玻璃仪器洗涤有特殊的清洁要求。现举例说明。

（1）比色皿盛有机物后，要用有机溶剂洗涤，必要时可用硝酸浸洗。用酸浸后，先用水冲净，再以去离子水或蒸馏水洗净晾干，不宜在较高温度的烘箱中烘干。不能用重铬酸钾洗液洗涤，防止附着重铬酸盐。如急用，可先控干大部分水分后，再用无水乙醇或丙酮洗涤除尽残存水分，晾干即可使用。

（2）测定痕量金属元素后的仪器，应先用稀硝酸浸泡 24 h 左右，再用水冲洗干净。如测定痕量铬的玻璃器皿，不用铬酸洗液。用（1+1）硝酸或等容积的浓硝酸—硫酸混合液来清洗。

（3）用于测磷酸盐的玻璃仪器，不得使用含磷的洗涤剂。对测氨和凯氏总氮的玻璃仪器，应以无氨水洗涤。测定水中痕量有机物，如有机氯杀虫剂类时，其玻璃仪器需用铬酸洗液浸泡 15 min 以上，再用自来水、蒸馏水洗净。用于有机物分析的采样瓶，应用铬酸洗涤、自来水、蒸馏水依次洗净，最后以重蒸的丙酮、乙烷或氯仿洗涤数次，瓶盖也用同样方法处理。

注意：① 仪器用后应立即清洗，以免以后不好清洗，造成测定误差。

② 用刷子刷洗玻璃仪器时，不能用力过猛，防止使擦洗的容器内壁粗糙，影响测定结果或更难清洗。

③ 新启用的硬质玻璃瓶和聚乙烯塑料瓶，先用（1+1）硝酸溶液浸泡 24 h，再选用不同的洗涤方法清洗。

三、玻璃仪器的干燥

干燥方法有：晾干；烘干（温度控制在 105～110℃）；吹干；烤干（将外壁擦干后，用小火烤干，同时不断摇动使其受热均匀）；气流烘干。

（1）晾干：不着急等用的仪器，可倒置控去水分，然后放于无尘处自然晾干。

（2）烘干：最常用的方法，快速、省时。将洗净的玻璃仪器置于 105～110℃的清洁烘箱内烘烤 1 h 左右。烘干后一般在空气中冷却，但用于精确称量的仪器（如称量瓶等），先在空气中冷却 5 min，然后放入干燥器中冷却保存。任何度量仪器均不得用烘干法干燥。

（3）吹干：急需使用又不便于烘干的玻璃仪器，可先用少量乙醇、丙酮、乙醚等有机溶剂冲洗一下，然后先用冷风再用热风吹至干燥。如容量瓶、吸管、滴定管、比色管、离心管、锥形瓶、烧杯等均可用此法迅速吹干。

注意通风，防止中毒和爆炸！

（4）烤干：用酒精灯或红外线灯加热烤干。此法只适于硬质玻璃仪器干燥，不适于比色皿、比色管、称量瓶、试剂瓶等仪器的干燥。

四、常用容量仪器的校准

1. 容量仪器校准的意义

容量仪器上标出的标线和刻度值，是仪器在20℃时的标称容量。而在实际应用中，容量仪器实际量取的容积与标称容量的大小并不完全相符，这样可能给实验结果引入误差。因此，在进行实验前，应该对所用的容量仪器做到心中有数，保证其精度达到实验结果准确的要求。尤其对准确度要求较高的实验，应使用校准过的仪器。由此可见，容量仪器的校准是一项不容忽视的技术性工作。

2. 校准应满足的基本要求

（1）在校准室内进行校准，它应满足实验室要求的温度[室温最好控制在（20±5）℃]、湿度等规定。如在现场进行校准，则应满足仪表现场使用的条件为准。

（2）作为校准用的标准仪器其误差限值应是被校仪器误差限值的1/10～1/3。如天平的称量误差应小于量器允差的1/10。

（3）进行校准的人员也应经过相应专业资格考核。因只有持证人员出具的校准证书和校准报告才是有效的。

3. 校准的方法及常用容量仪器的校准

校准的方法有称量法和相对校准法。称量法是用分析天平称量被校准容量仪器量入或量出的纯水质量，再根据该温度下纯水在空气中的密度，计算出被校量器的实际体积。计算公式为：

$$V_{实际}=\frac{m}{\rho_t} \tag{3-6}$$

式中：$V_{实际}$ —— 校准温度时量器的实际体积，mL；

m —— 纯水的质量，g；

ρ_t —— 校准温度下纯水的密度，g/mL。

相对校准法是用一个已经校准的量器间接地校准另一个量器。滴定管、移液管、容量瓶等的校准可用称量法，容量瓶的校准还可用相对校准法。

常用容量仪器的校准具体介绍如下。

（1）滴定管校准

① 取一个 50 mL 具塞锥形瓶，洗净擦干外壁，在天平上准确称取其质量至 0.01 g，并作记录。

② 取一支 50 mL 滴定管试漏后洗净，加入纯水调节液面至滴定管“零”刻度处，并作记录。

③ 以 10 mL/min 的速度从滴定管向锥形瓶中放水约 10 mL（10 mL±0.1 mL），迅速盖好瓶塞，称量其质量并作记录。

④ 重复③的操作，将滴定管中 10～20 mL、20～30 mL、30～40 mL、40～50 mL 间隔的纯水依次加入到上述具塞锥形瓶中，分别称其质量并作记录。滴定管重复校准一次。

⑤ 将温度计插入使用的纯水 5～10 min，测量水温并作记录。查表 3-4 得该温度下纯水的密度ρ_t，根据式（3-6）计算滴定管各间隔容积的实际体积。则容积误差（即校正体积）为：

$$\Delta V=V_{实际}-V_{标称} \quad (3\text{-}7)$$

式中：ΔV—— 校正体积，mL；

$V_{实际}$—— 校准温度时量器的实际体积，mL；

$V_{标称}$—— 从滴定管读取的标称体积，mL。

表 3-4 纯水的表观密度

温度/℃	表观密度/（g/mL）	温度/℃	表观密度/（g/mL）	温度/℃	表观密度/（g/mL）
8	0.998 6	16	0.997 8	24	0.996 3
9	0.998 5	17	0.997 6	25	0.996 2
10	0.998 4	18	0.997 5	26	0.995 9
11	0.998 3	19	0.997 3	27	0.995 6
12	0.998 2	20	0.997 2	28	0.995 4
13	0.998 1	21	0.997 0	29	0.995 1
14	0.998 0	22	0.996 8	30	0.994 8
15	0.997 9	23	0.996 6		

例如，在 25℃时，从滴定管中放出 10.10 mL 水，称量质量为 10.08 g。查表知 25℃时水的密度为 0.996 2 g/mL。

$$V_{实际}=\frac{m}{\rho_t}=\frac{10.08\ \text{g}}{0.996\,2\ \text{g/mL}}=10.12\ \text{mL}$$

则其校正体积：$\Delta V=V_{实际}-V_{标称}=10.12-10.10=+0.02$ mL

⑥ 以滴定管被校分度线体积 $V_{标称}$（如 0.00 mL、20.00 mL、30.00 mL……）为横坐标，以相应的校正值ΔV 为纵坐标，绘出 $V_{标称}\sim\Delta V$ 校准曲线（此校准曲线是将 $V_{标称}$和ΔV 对应的值在直角坐标纸中用直线依次连接成一条折线）。

根据校准曲线可以查取该滴定体积 $V_{标称}$对应的校正体积ΔV，然后查表 3-5 常见滴定管允许误差，若ΔV 在允许误差范围内，不用进行标称体积的补差校正；若ΔV 不在允许误差范围内，就需要对标称体积 $V_{标称}$进行校正，即 $V_{标称}=V_{实际}+\Delta V$。

表 3-5 常用滴定管允许误差 单位：mL

标称总容量		5	10	25	50	100
分度值		0.02	0.05	0.1	0.1	0.2
容量允差	A 级	±0.010	±0.025	±0.04	±0.05	±0.10
	B 级	±0.020	±0.050	±0.08	±0.10	±0.20

（2）移液管校准

① 取一个 50 mL 具塞锥形瓶，洗净擦干外壁，在天平上准确称取其质量至 0.01 g，并作记录。

② 再取一支 50 mL 洗净的移液管，吸取纯水调节液面至刻度线。

③ 然后放入具塞锥形瓶中，迅速盖好瓶塞，称量并记录其质量。同时测量水温并作记录。重复操作三次，称量的质量相差应不超过 0.02 g，否则需增加测定次数，直到有三次称量的质量符合要求。

④ 取三次质量的平均值，根据式（3-6）和式（3-7）计算移液管的实际体积和校正体积。然后与表 3-6 允许误差值比较来确定移液管体积校正。

表 3-6　常用移液管允许误差　　单位：mL

标称总容量	分度值	容量允差		
		A 级	B 级	吹出式
0.1	0.001 0.005	—	±0.003	
0.5	0.005 0.01 0.02	—	±0.010	±0.004
1	0.01	±0.008	±0.015	±0.010
2	0.02	±0.012	±0.025	±0.015
5	0.05	±0.025	±0.050	±0.025
10	0.1	±0.05	±0.10	±0.050
25	0.2	±0.10	±0.20	±0.10
50	0.2	±0.10	±0.20	—

（3）容量瓶校准

① 提前洗净晾干一支 250 mL 容量瓶，在天平上称取其质量准确至 0.01 g，并作记录。

② 取下容量瓶注水至刻度线，再次称取其质量准确至 0.01 g，然后插入温度计测量水温，并作记录。

③ 两次所称的质量之差即为该瓶所容纳纯水的质量，最后用式（3-6）和式（3-7）计算该容量瓶的实际体积。然后与表 3-7 允许误差值比较来确定移液管体积校正。

表 3-7　常用容量瓶的允许误差　　单位：mL

标称总容量		10	25	50	100	200	250	500	1 000	2 000
容量允差	A 级	±0.002	±0.03	±0.05	±0.10	±0.15	±0.15	±0.25	±0.40	±0.60
	B 级	±0.04	±0.06	±0.20	±0.20	±0.30	±0.30	±0.50	±0.80	±1.20

（4）容量瓶与移液管的相对校准

容量瓶与移液管经常配合使用，二者的容积比有可能发生变化，会给测定结果带来一定的误差。因此在有些分析测试中，要求做容量瓶与配合使用的移液管相对校准的测定。下面以 200 mL 容量瓶和 20 mL 移液管为例说明其具体校准步骤。

① 提前洗净晾干 1 支 200 mL 容量瓶，用已经校准好的 20 mL 移液管准确吸取纯水 10 次至容量瓶中。

② 观察溶液底部凹液面是否与容量瓶刻度线上边缘相切。若液面最低点不与刻度线上边缘相切，其间距超过 1 mm，应在容量瓶上重新做一标记。此容量瓶以新标记为准配

合该移液管使用。

思考题

1. 容量仪器为什么要校准?
2. 称量纯水所用的具塞锥形瓶为什么要避免将磨口部分和瓶塞沾湿?

第四节 环境监测实训用水及检验

随着检验设备和检验技术的提高，分析测试中其他误差因素逐渐减小和消除，实验用水对实验结果影响就显得尤为突出。特别是近年来检验技术的发展，水质不仅成了提高质量的“瓶颈”，更成了某些实验成败与否的关键。同时，水质好坏是一些大型自动化仪器维护保养的关键，且有些仪器对分析用水要求较高。因此，在开展分析监测之前，实验用水必须进行纯水化处理和检验，才可作为环境监测实训用水。

一、纯水的等级、用途及处理

纯水的等级、用途及处理方法见表 3-8。

表 3-8 纯水的等级、用途及处理方法

等级	用途	处理方法	备注
一级水	一级水用于有严格要求的分析实验。制备标准水样或超痕量物质分析。如液相色谱分析用水等	二级水经再蒸馏、离子交换混合床和 0.2 μm 滤膜过滤等方法处理，或用石英蒸馏装置将二级水作进一步处理	不含溶解杂质或胶态有机物
二级水	用于精确分析和研究工作。如原子吸收光谱分析用水	将蒸馏、电渗析或离子交换法制得的水再进行蒸馏处理	常含有微量的无机物、有机物或胶态杂质
三级水	用于一般化学分析实验	用蒸馏、电渗析或离子交换等方法制备	

注：实验时纯水的原料水应当是饮用水或比较干净的水，如原料水有污染或空白达不到要求，必须进行纯化处理。

二、实验室各级用水的质量标准

无机离子、还原性物质、尘埃粒子的含量是实验室用水中主要控制的纯度指标。故实验室用水应符合表 3-9 的规定。

表 3-9 实验室用水的国家质量标准（GB 6682—2000）

名　称	一级	二级	三级
pH 值范围（25℃）	—	—	5.0～7.5
电导率（25℃）/（μS/cm）	≤0.1	≤1.0	≤5.0
可氧化物质（以 O 计）/（mg/L）	—	0.08	0.4
吸光度（254 nm，1 cm 光程）	≤0.001	≤0.01	—
蒸发残渣（105℃±2℃）/（mg/L）	—	≤1.0	≤2.0
可溶性硅（以 SiO_2 计）/（mg/L）	≤0.01	≤0.02	—

三、实验用水的制备

纯水的制备就是将原水（可以是自来水、普通蒸馏水或普通去离子水）中可溶性和非可溶性杂质全部除去的水处理方法。制备纯水的方法主要有蒸馏法、离子交换法、电渗析法、反渗透法等。实验室常用蒸馏法、离子交换法制备实验用水。下面简单介绍实验室如何制备实验用纯水。

1．蒸馏法

蒸馏法就是将原水进行加热蒸发，除去杂质达到纯化的技术。蒸馏法的制备原理、特点等如下所述。

（1）原理

利用不同物质其沸点不同的特点，把原水进行加热，杂质不随水蒸气一同蒸发，从而达到分离杂质将水纯化的目的。这就是蒸馏法制备纯水的理论依据。

（2）特点

此法操作简单，能除去原水中的离子杂质和非离子杂质。但是蒸馏设备对密闭性要求较高，产量低而成本高。

（3）杂质

水中杂质分为难挥发性杂质和挥发性杂质两类。难挥发性杂质大多数是无机盐、碱和某些有机化合物；挥发性杂质指溶解于水中的气体、多种酸、有机物及完全或部分转入馏出液中的某些盐的分解产物。难挥发性杂质的除去方法是把水进行蒸馏，此时应注意水蒸气不能把液沫带走。冷凝器和接收器能防止水侵蚀。而要除去有机物通常是加高锰酸钾与水煮沸，使有机物氧化成二氧化碳和水。除去挥发酸和溶解酸性气体，可加入在水溶解后能变成碱的物质（如 BaO、Na_2O_2 等），使其与水中的酸性物质（HNO_3、CO_2 和 H_2S 等）在蒸馏前化合。除去水中的氨和胺时，可加入铬酸酐或磷酐与之化合。

（4）蒸馏器材质对制备纯水质量的影响

制作蒸馏器常用的材料主要有三种，分别是铜（或其他金属）、化学玻璃和石英玻璃。要根据不同的实验测试条件来选用合适材质的蒸馏器，这样制备的纯水才符合分析测试要求。不同材质蒸馏器制备纯水的质量比较如表 3-10 所示。

表 3-10　不同材质蒸馏器制备纯水的质量比较

蒸馏器材质	杂质	备注
铜或其他金属	金属杂质较高，常多于原水	不适合痕量元素分析
化学玻璃	比较纯净	适用于一般分析
石英玻璃	更为纯净	适于所有痕量元素的测定。但仪器价格昂贵，出水率低，应限制使用

在用蒸馏法制备纯水时，一次蒸馏的效果较差，有时需要多次蒸馏才能得到符合标准的实验用水。例如，第一次蒸馏时加入几滴硫酸，能除去重金属，第二次蒸馏时加少许碱溶液，能中和水中可能存在的酸，第三次蒸馏时不加入酸或碱。按蒸馏次数可分为一次、二次和多次蒸馏法，这样制得的蒸馏水可以满足普通分析实验室的用水要求，但很难排除

二氧化碳的溶入，所以水的电阻率比较低，达不到兆欧级，不能满足许多新的分析技术的需要。那么这就需要利用下面介绍的离子交换法来制备去离子水。

2. 离子交换法

用离子交换法制得的水就是通常所说的去离子水。该方法的特点及制备机理等如下所述。

（1）优点

操作简便，设备简单，出水量大，成本低，在一般情况下有代替蒸馏法制备纯水的趋势，尤其是大量用水的场合。

（2）特点

离子交换树脂是一种不溶于水、酸、碱，对有机溶剂、氧化剂、还原剂和其他化学试剂有一定的稳定性，对热也较稳定的高分子化合物。它具有交换容量大、耐磨、膨胀性小、可长时间使用等特点。离子交换树脂之所以能够对水进行纯化，主要因为在它网状结构的骨架上有许多可以与溶液中离子起交换作用的活性基团。根据其活性基团的不同，分为阳离子交换树脂（又分强酸性和弱酸性）和阴离子交换树脂（又分强碱性和弱碱性）。为了杜绝非电解质杂质和减少离子交换树脂的再生处理，以便提高离子交换树脂的利用率，就应该用普通（市售）蒸馏水或电渗析水代替原水进行离子交换处理。

（3）制备机理

离子交换法制备去离子水，就是利用离子交换树脂中可游离交换的离子与水中同性离子通过相互交换，把水中各种离子除去或减少到一定程度。当需要制备无电解质又无微生物等杂质的纯水时，可把去离子水再进行蒸馏一次即可。以单级复合床为例，假定原水中含有 Na^+、K^+、Ca^+、Mg^+等阳离子和 Cl^-、HCO_3^-、$HSiO_3^-$、SO_4^{2-}等阴离子，当原水通过磺酸型阳离子交换树脂时，水中的阳离子被树脂所吸附，树脂上可交换的阳离子 H^+被置换到水中，并与水中的阴离子组成无机酸。接着将处理后含有无机酸的水再通过季铵型的阴离子树脂层时，水中的阴离子被树脂吸附，树脂上可交换阴离子 OH^-被置换到水中，并与水中的 H^+离子结合成水。通过上述的离子交换过程，即可制得纯度较高的去离子水。

（4）离子交换树脂的选择原则

① 一般选择交换容量最大的。弱酸（或弱碱）性树脂比强酸（或强碱）性树脂交换容量大；② 只除去水中交换吸附性强的离子时，尽量选用弱酸（或弱碱）性树脂，如游离酸（或碱）型树脂；③ 还要除去水中交换吸附性弱的离子时，必须选用强酸（或强碱）性树脂。

所以，实验室在制备去离子水时，在遵循上述原则的基础上常选用含水率 50%左右、球状、粒度为 20～40 目、交换能力强、机械强度较好的强酸性阳离子（或强碱性阴离子）交换树脂来制备。

（5）离子交换装置

成套的离子交换纯水器市场上已有出售，实验室也可用简易的离子交换柱制备纯水，柱子常以玻璃、有机玻璃或聚乙烯管材料制成，出水管、进水管和阀门最好也用聚乙烯制成。理想的交换柱应当有合适的内径与长度，树脂层高度一般不超过 60 cm。根据离子柱中装的树脂不同，分阳离子、阴离子和混合床式，其中混合床式适用于制备高纯度去离子水，但再生时操作较繁杂。

（6）新树脂的处理

市售的离子树脂常混有一些有机杂质（磺酸、胺类等）和无机杂质（铁、铅、铜、铝、钙、镁等）。其离子形式也不符合氢型阳离子交换树脂和氢氧型阴离子交换树脂的要求。所以，新树脂要进行预处理后才能使用。

先将潮湿的新树脂在空气中晾干。筛分选取粒度20～40目的树脂。用95%乙醇浸泡4 h并不断搅拌，用蒸馏水漂洗至无乙醇气味，再漂洗 1～2 次。然后将阴、阳离子树脂分别进行如下处理。

① 强酸性阳离子交换树脂 $\xrightarrow[12\ h]{5\%\sim10\%\mathrm{HCl}}$ 浸泡并搅拌 $\xrightarrow[\text{倾泻法}]{\text{蒸馏水}}$ 洗涤至洗液无色 $\longrightarrow$ 树脂带水装柱（注意防止树脂层中有气泡） $\xrightarrow{5\%\sim10\%\mathrm{HCl}}$ 淋洗到流出液检不出 Fe^{3+} $\xrightarrow{\text{蒸馏水或去离子水}}$ 洗到流出液pH值为6.6～7.0即可使用。

② 强碱性阴离子交换树脂 $\xrightarrow[12\ h]{\text{蒸馏水}}$ 浸泡并搅拌 $\longrightarrow$ 树脂带水装柱（注意防止树脂层中有气泡） $\xrightarrow{5\%\mathrm{HCl}}$ 淋洗至流出液检不出 Fe^{3+} $\xrightarrow{\text{蒸馏水或去离子水}}$ 洗到中性 $\xrightarrow{4\%\sim6\%\mathrm{NaOH}}$ 淋洗至流出液检不出 Cl^- $\xrightarrow{\text{蒸馏水或去离子水}}$ 洗至 pH≈7 即可使用。

（7）离子交换树脂的再生

在制备离子交换水的过程中，当阳（或阴）离子交换树脂上的 H^+（或 OH^-）离子已被交换完了以后，树脂即失去继续交换水中阳（或阴）离子的能力，此时流出的离子交换水就不合格。为了使树脂能重新获得交换水中阴、阳离子的能力，必须使树脂再生。再生方法主要有化学再生法和电解再生法。实验室中常采用化学再生法中的酸、碱再生法，其基本原理是将一定浓度的酸、碱溶液加入失效的树脂中，利用酸、碱液中的 H^+和 OH^-离子，分别将失效树脂上吸附的阳（阴）离子置换下来，使阴（阳）离子交换树脂重新获得交换水中阴（阳）离子的能力。这种使失效树脂重新获得交换能力的酸、碱溶液，称为再生剂。

树脂的再生过程，实际上是离子交换反应的逆过程。再生操作要分柱进行。

① 强酸性阳离子交换树脂的再生，反应式如下：

$$R-SO_3^-Na^+ + HCl \xrightarrow{\text{再生}} R-SO_3^-H^+ + NaCl$$

将5%～10% HCl（化学纯以上）溶液，控制流速20～30 mL/min通过需要再生的阳离子交换树脂柱。酸液用量一般是树脂体积的 1～2 倍，检查流出液至无 Ca^{2+}，然后用离子交换水或蒸馏水以同样速度洗至pH值为6.5～7.5，则再生过的树脂即可继续使用。

② 强碱性阴离子交换树脂的再生，反应式如下：

$$R\equiv NCl^- + NaOH \xrightarrow{\text{再生}} R\equiv N^+OH^- + NaCl$$

用4%～6%NaOH溶液以20～30 mL/min的流速通过阴离子交换树脂柱，碱液用量一般为树脂体积的3～4倍，检查流出液至无 Cl^-，然后用离子交换水或蒸馏水以同样速度淋洗至pH值为7，则经再生后的树脂可继续使用。

注意：操作过程应连续，不得停歇（以防再生剂与某些阳离子生成沉淀，造成柱内树脂堵塞）。此外在去除多余再生剂时，要用蒸馏水或离子交换水淋洗，不能用自来水淋洗以防树脂受到污染。

③ 混合树脂的再生。混合床就是将强酸性阳离子交换树脂和强碱性阴离子交换按 1∶1.5 比例混合，放入同一个树脂柱中。它的再生方法就是先把阳、阴树脂分开。从柱取出树脂，加入饱和 NaCl 溶液，充分搅拌，浮在上面的是阴离子树脂，沉在下面的是阳离子树脂。然后分别装柱，用自来水洗去 NaCl，再按上述处理与阴、阳离子树脂的再生方法操作，最后将两柱再生好的树脂混匀，装入混合床，即可继续使用。

3. 电渗析法

电渗析法与离子交换法相比，其使用的设备和操作管理简单，也不需要用酸、碱再生等，所以也有较大的使用价值。电渗析的原理就是利用外加直流电场作用，利用阴、阳离子交换膜分别选择性地允许阴、阳离子透过。使一部分离子透过离子交换膜迁移到另一部分水中去，从而使一部分水纯化，另一部分水浓缩。电渗析是常用的脱盐技术之一。产出水的纯度能满足一些工业用水的需要。它常作为离子交换法的前处理步骤。

4. 反渗透法

目前应用最广的一种脱盐技术。反渗透膜在 1977 年就诞生了，但其规模化生产和广泛应用却是近几年的事情。反渗透膜可以除去无机盐、有机物（相对分子量＞500）、细菌、热源、病毒、悬浊物（粒径＞0.1 μm）等。常用的反渗透膜有：醋酸纤维素膜、聚酰胺膜和聚砜膜等。膜的孔径为 0.000 1～0.001 μm。反渗透的动力依赖于压力差（10～100 个大气压）。去除杂质的能力由膜的性能好坏和进出水比例决定。进出水的比例一般控制为 10∶6 或 10∶7。这样杂质的去除率应在 95%～99.7%。

5. 特殊要求的纯水

有些实验对实验用的纯水有特殊的要求。如测定氨氮时需用无氨水，测定酚时要用无酚水等。表 3-11 列举了实验中用到的一些特殊要求的纯水的制备方法。

表 3-11　特殊要求的纯水制备方法

名　称	制备方法	备　注
无氨水	取 1 000 mL 蒸馏水于全玻璃蒸馏器，加 H_2SO_4 至 pH<2 后重蒸馏，先弃去 100 mL 初馏液，收集后面的馏出液，密封保存在具塞玻璃容器中	蒸馏无氨水应在无氨气的环境中进行
无酚水	方法一：在 1 L 蒸馏水中加 0.2 g 经 200℃活化 30 min 的活性炭粉末，充分振摇放置过夜，用双层中速滤纸过滤； 方法二：加氢氧化钠使水呈强碱性（pH 值大于 11），并滴加高锰酸钾溶液至紫红色，移入全玻璃蒸馏器中加热蒸馏，收取馏出液供使用	贮于玻璃瓶中，取用应避免与橡皮塞或乳胶管等橡胶制品接触
无二氧化碳水	方法一：将蒸馏水或去离子水煮沸，水多时至少 10 min，水少时水蒸发量要达到 10%以上，加盖冷却； 方法二：将惰性气体或纯氮气通入蒸馏水或去离子水中至饱和即得	制得的无二氧化碳水应贮于附有碱石灰管的橡皮塞盖瓶中

名　称	制备方法	备　注
无铅水	将普通蒸馏水用全玻璃蒸馏器再蒸馏，或通过强酸性阳离子交换树脂除铅	贮水器先用 6 mol/L HNO_3 浸洗处理方可使用
无氯水	加入亚硫酸钠等还原剂（将自来水中的余氯还原为 Cl^-），用全玻璃蒸馏器进行蒸馏制备无氯水	处理后的水用（1+1）HNO_3 和 6 mol/L $AgNO_3$ 检验，不得有白色混浊现象出现
无有机物水	向原水中加入碱性高锰酸钾溶液，用全玻璃蒸馏器再蒸馏	在蒸馏过程中，被蒸溶液应始终保持紫红色，否则应及时补加碱性高锰酸钾溶液
无砷水	对砷进行痕量分析，可用石英蒸馏器制备不含砷的实验用水	贮水器、蒸馏器等不得使用软玻璃。普通蒸馏水通常不含砷
无铁水	在原水中滴加磷酸则可达到除铁。也可用超纯水器制备无铁纯水	贮水器可以是玻璃或聚乙烯材料制成的容器
无浊水	蒸馏水通过 0.2 μm 滤膜过滤	储存在用新制备的无浊水荡洗两次的具塞玻璃瓶中
光学纯水	先将 0.2 μm 滤膜在 100 mL 蒸馏水或去离子水中浸泡 1 h，然后用过滤蒸馏水或去离子水，弃去初液 250 mL	贮水器为无色玻璃试剂瓶，使用前应先用光学纯水润洗两次

四、水的贮存

制备好的纯水妥善保存是很重要的。否则会再次受到污染。所以贮存纯水时，不要暴露于空气中，因为空气中的二氧化碳、氨、尘埃，以及其他杂质的污染会使水质下降。另外，贮存在硬质或涂有石蜡的玻璃瓶中也会使纯水中的金属离子含量增加，所以最好用聚乙烯或衬有聚乙烯膜的瓶贮存。用石英或高纯聚四氟乙烯容器贮存更好。

五、纯水质量的检查

实验用水只有通过检验，才能确定是否符合实验用水标准。只有实验用水符合标准，才能作为分析实验测试用水。纯水质量检查的包括以下几个方面。

1．纯水质量检查的基本要求

（1）首先，被检测的纯水样品至少有 2 L，充满干净的密闭聚乙烯容器中。

（2）其次，操作环境必须洁净，防止取样时造成玷污。

（3）未注明特殊要求的，检测时均使用分析纯试剂和相应纯度的水。

2．纯水质量检验项目

（1）pH 值的检验

用 pH 计检测。去离子水的 pH 值一般为 6.5～7.5。

（2）电导率的测定

因实验室纯水的质量指标中给出的标准是 25℃时纯水的电导率。故在检测时，应测定出 25℃下纯水电导率，若不是该温度下的电导率，应当进行计算处理。具体测定过程如下：

① 当使用的电导仪有温度补偿功能时，可根据仪器操作说明直接测定出 25℃下纯水电导率，与表 3-9 中的实验用水质量指标进行比较。

② 若使用的电导仪不具备温度补偿功能，可根据仪器操作说明先测定纯水在当时测定温度下的电导率。然后根据式（3-8）计算出 25℃纯水的电导率后，再与表 3-10 中的质量

指标进行比较。

$$K_{25} = \alpha(K_t - K_p) + 0.0548 \quad (3\text{-}8)$$

式中：K_{25} —— 25℃纯水的电导率，μS/cm；

α —— t℃（测定温度）电导率的换算系数（表 3-12）；

K_t —— t℃测定的纯水电导率，μS/cm；

K_p —— t℃理论纯水电导率（表 3-12），μS/cm；

0.054 8 —— 25℃理论纯水电导率，μS/cm。

表 3-12 在 0～35℃ α和 K_p 相应的值

t/℃	α	K_p/（μS/cm）	t/℃	α	K_p/（μS/cm）
0	1.873	0.011 1	20	1.111	0.041 4
5	1.625	0.016 0	25	1.000	0.054 8
10	1.413	0.022 4	30	0.903	0.071 0
15	1.250	0.030 8	35	0.822	0.090 8

（3）可氧化物测定

取二级水 1 000 mL（或三级水 100 mL）于烧杯中 $\xrightarrow[\text{加1.0 mL(1/5KMnO}_4\text{ 0.01 mol/L)}]{\text{加10.0 mL H}_2\text{SO}_4}$ 盖上表面皿 $\xrightarrow{\text{煮沸5 min}}$ 溶液呈淡红色，即符合标准。

（4）吸光度（254 nm，1 cm）测定

将检测水样和符合标准的纯水分别注入 1 cm 的石英比色皿中，用紫外分光光度计在 254 nm 处，用符合标准的纯水作参比，测定该被检测水样的吸光度，与表 3-10 中的实验用水质量指标进行比较。

（5）二氧化硅测定

取纯水 10 mL 于试管中 $\xrightarrow[\text{加8滴(1+3)草酸(4\%)-硫酸(4mol/L)混酸}]{\text{加15滴1\%钼酸铵}}$ 摇匀。放置 10 min $\xrightarrow[\text{新配制}]{\text{5滴1\%硫酸亚铁铵}}$ 摇匀，若溶液呈蓝色，则表示有可溶性硅；若不呈蓝色，可认为无可溶性硅。

（6）阳离子定性检查

取纯水 10 mL 于试管中，加 3～5 滴氯化铵-氢氧化铵缓冲溶液（pH=10），加少许铬黑 T 粉状指示剂[铬黑 T+氯化钠（1+100）研磨混匀]，搅拌待溶解后，若溶液呈天蓝色表示无阳离子存在，若呈紫红色表示有阳离子存在。

思考题

1. 控制实验室用水的质量有何意义？
2. 实验室用水的质量检验项目有哪些？如何检验？
3. 实验室制备纯水常用哪些方法？
4. 什么是去离子水？离子交换法制备去离子水的机理是什么？

第五节 环境监测实训用气

一、压缩气体、液化气体的分类及特性

（一）分类

我国国家技术监督局将危险物品分为九大类，压缩气体和液化气体属于第二类。压缩气体和液化气体是指储存于耐压容器中的压缩、液化或加压溶解的气体。在钢瓶中处于气体状态的气体称为压缩气体，处于液体状态的气体称为液化气体。按充装介质的性质可将气体分为压缩气体气和液化气体气。

（1）压缩气体气（永久气体气）：因其临界温度小于−10℃，常温下呈气态，所以称为永久气体或压缩气体。如氢、氧、氮、空气、煤气及氩、氦、氖、氪等。常见的充装压力为 15 MPa。

（2）液化气体气：液化气体充装时都以低温液态灌装。有些液化气体的临界温度较低，装入瓶内以后，受环境温度的影响而全部气化。有些液化气体的临界温度较高，装瓶后在瓶内始终保持气液平衡状态。因此它又分为高压液化气体和低压液化气体：① 高压液化气体。常见的充装压力有 15 MPa 和 12.5 MPa 等。② 低压液化气体。充装压力都不高于 10 MPa。如乙炔气体极不稳定，故必须把它溶解在溶剂（常见的为丙酮）中，盛装于专用乙炔气瓶中的溶解性高压液化气体。

（二）特性

压缩气体和液化气体有以下几点特性。了解这些特性对我们的安全生产非常重要。

（1）易燃易爆性。压缩气体和液化气体，超过半数是易燃气体，其主要危险特性就是易燃易爆。处于燃烧浓度范围内的易燃气体，遇着火源都能着火或爆炸，有的甚至只需极微小能量就可燃爆。另外，由于充装容器为压力容器，受热或在火场上受热辐射时还易发生物理性爆炸。

（2）扩散性。由于气体的分子间距大，相互作用力小，所以非常容易扩散，能自发地充满任何容器。比空气轻的气体在空气中无限制地扩散，易与空气形成爆炸性混合物；比空气重的气体扩散后，往往聚集在地表、房屋死角等处，长时间不散，遇火源发生燃烧或爆炸。

（3）胀缩性。气体的热胀冷缩比液体、固体大得多，其体积随温度升降而胀缩，另外在储存、运输和使用时，要防火、防晒、隔热等以防灾害的发生。

（4）静电性。压缩气体和液化气体从管口或破损处高速喷出时，由于强烈的摩擦作用，会产生静电，带电性也是评定压缩气体和液化气体火灾危险性的参数之一。

（5）腐蚀毒害性。主要是一些含氢、硫元素的气体具有腐蚀作用。如氢、氨、硫化氢等都能腐蚀设备，严重时可导致设备裂缝、漏气。

（6）窒息性。压缩气体和液化气体都有一定的窒息性（氧气和压缩空气除外）。

（7）氧化性。主要有两种情况：一是助燃气体（如氧气接触油脂能自燃）；二是有毒

气体（如氯、氟气），自身不燃，但是氧化性很强，与可燃气体（如乙炔、氢气）混合后能发生燃烧或爆炸。

二、高压气瓶的使用和管理

由于高压气瓶是经常使用的一种移动式压力容器。而所有压缩气体都有危害性，因为它们是在高压之下，有些气体具有易燃、易爆、助燃、剧毒等性质。在受热、撞击等情况下，易引起燃烧、爆炸或中毒事故。所以他们的使用安全应引起大家的重视。但是一般只要对气瓶充装合理，正确使用，就不会发生危险。

1. 高压气瓶的安全使用规则

（1）必须分类保管，直立存放，储存室要具备良好的通风和降温条件，远离明火、热源或普通电气设备，间距不应小于 10 m，且库房严禁储存其他易燃物品。

（2）气瓶充装合理，装安全帽，搬运应有专用小车轻装轻卸，严禁抛、甩、滚、撞。气瓶专用，不得擅自改装其他气体。保持漆色完整、清晰，气瓶漆色由气瓶安全监察规程规定（表 3-13）。

表 3-13 充装常用气体气瓶颜色标志

编号	气瓶名称	化学式	外表面颜色	标注字样	字样颜色
1	乙炔	CH≡CH	白	乙炔不可近火	大红
2	氧	O_2	天蓝	氧	黑
3	氢	H_2	深绿	氢	红
4	氮	N_2	黑	氮	黄
5	空气		黑	空气	白
6	二氧化碳	CO_2	铝白	液化二氧化碳	黑
7	二氧化氮	NO_2	白	液化二氧化氮	黑
8	一氧化氮	NO	白	一氧化氮	黑
9	氨	NH_3	黄	液氨	黑
10	氯	Cl_2	草绿	液氯	白
11	硫化氢	H_2S	白	液化硫化氢	红
12	甲烷	CH_4	褐	甲烷	白
13	丙烷	C_3H_8	褐	液化丙烷	白
14	煤气		灰	煤气	红
15	氩	Ar	灰	氩	绿
16	氦	He	灰	氦	绿
17	氖	Ne	灰	氖	绿
18	氪	Kr	灰	氪	绿
19	乙烯	C_2H_4	褐	液化乙烯	黄
20	氯乙烯	CH_2CHCl	灰	液化氯乙烯	红
21	液化石油气	工业用	棕	液化石油气	白
		民用	银灰	液化石油气	大红

（3）气瓶要使用专用的减压器，在装减压器前先清除开关阀接口处的污垢。

（4）操作者应站在阀口的侧后方，以免气流射伤人体。用手先开气瓶总阀门，观察减压阀高压端压力表指针稳定后，再缓慢开启放气减压阀，直至低压端压力表指针到需要的压力时为止（注意检漏）。使用后用手先关气瓶总阀门，待气瓶低压端压力表指针回零后，再将减压阀螺杆恢复原位。

（5）除检查气瓶的泄漏情况外（不能用工具硬扳阀门，阀门或减压器泄漏时，不得继续使用并且严禁在瓶内有压力的情况下更换阀门），必须定期对气瓶进行技术检验。气瓶定期检查年限及简易检查方法见表 3-14。

表 3-14 气瓶定期检查年限及简易检查方法

名称	检测年限	检查方法	备注
一般气瓶	每三年	软胶管一端接气瓶出气口，不开阀门，软胶管另一端接气球检漏；而非助燃气瓶还可在瓶口接缝处涂肥皂水检漏	气瓶使用中，发现有严重腐蚀或严重损伤时，应提前进行检查。一般保留余压 4.9×10^5 kPa 以上
惰性气体瓶	每五年		
腐蚀介质气瓶	每两年	如液氯气瓶，用棉花蘸氨水接近气瓶出气嘴检漏，如出现氯化铵白雾则漏气；而液氨气瓶用湿润的红色石蕊试纸接近气瓶出气口，如变蓝则漏气	

注：① 氧气瓶严禁沾染油污，禁止用肥皂液检漏。通气管道及操作者身上和手上也要检查油污情况，以防气瓶漏气，造成燃烧和爆炸事故。同时禁止烟火。

② 乙炔气瓶内填充有多孔性的物质（颗粒活性炭、木炭、石棉或硅藻土等），并掺入了丙酮使乙炔溶解其中。故乙炔气瓶不得卧放，用气速度也不能过快，防止将丙酮带出，另外还要防止放射性射线照射和受热，以防聚合爆炸。如使用时发现瓶身发热，应立即停止使用，用水直接浇洒瓶身冷却并查找原因。同时禁止烟火。

（6）气瓶在冬天或瓶内压力降低时，出气缓慢，可用热水加温瓶身，但不能用明火烘烤。瓶内气体严禁用尽，一般应保留 4.9×10^5 kPa 以上的余压，以备充气单位检验取样，还可以防止其他气体倒灌。

（7）如听到钢瓶“嗞嗞”漏气声，应立即停止使用，将瓶旋紧，用粉笔在瓶身写明漏气，送检。如气瓶失火，根据不同气体进行灭火（用雾状水、二氧化碳、1211 等）。如来不及扑灭，可将未着火部位的气瓶迅速移至安全地带。扑救时要注意不要在气瓶头尾部位站立。

2. 高压气瓶的管理

加强对高压气瓶的管理，消除安全隐患，主要有以下几点。

（1）充装安全

① 气瓶充装过量，是气瓶破裂爆炸的常见原因之一。因此必须加强管理，严格执行气瓶安全监察规程的要求，防止充装过量。

② 防止不同性质气体混装。气体混装是指在同一气瓶内灌装两种气体或用来充装其他气体。

（2）储存安全

① 气瓶的储存应有专人负责管理。空瓶、实瓶应分室储存。管理人员、操作人员应了解气瓶、气体的安全知识。

② 气瓶库要符合建筑设计防火规范，采用二级以上防火建筑。通风、干燥（地下室或半地下室不能储存气瓶），避免阳光直射，便于装卸、运输。

③ 库内不得有暖气、水、煤气等管道通过，也不准有地下管道或暗沟，照明灯具及电器设备应是防爆的。与明火或其他建筑物应有符合规定的安全距离。易燃、易爆、有毒、腐蚀性气体的安全距离不得小于 10 m。

④ 仓库应有运输和消防通道，设置消防栓和消防水池。在固定地点备有专用灭火器、灭火工具和防毒用具。

⑤ 储气的气瓶应戴好瓶帽，最好戴其固定瓶帽。

⑥ 仓库有明显的“禁止烟火”、“当心爆炸”等必要的安全标志。

⑦ 气瓶一般应直立存放。贮存数量应满足当天使用量和周转量的情况下，应尽量减少贮存量。

⑧ 账目清楚，按时盘点。建立并执行气瓶进出库制度。

思考题

1. 压缩气体、液化气体的分类及特性是什么？
2. 高压气瓶的安全使用规则有哪些？
3. 常见乙炔、氧、氢、氮、二氧化氮、煤气、液化石油气的气瓶颜色及字体标志是什么？

第四章

水和废水监测

【实训要点】

水质监测是环境监测的重要内容，实训时主要进行地表水、工业废水及生活污水实训，有条件的可以进行地下水和底质沉积物监测。重点掌握水样的采集、现场测试、样品保存、样品分析、数据记录及处理等方法和技能；了解水及废水监测必测项目的常用测定方法和监测实验室常用仪器设备的使用；掌握色度、浊度、硬度、悬浮物、化学需氧量、生化需氧量、总氮、总磷、重金属、常见阴离子等项目的测定原理并掌握其测定操作技术；通过对本章的学习，学生能操作 pH 计、电导率仪、紫外-可见分光光度计、原子吸收分光光度计、气相色谱仪等分析仪器设备；能够应用所掌握的分析测定技术解决常规的水及废水监测问题。

第一节　水样色度的测定

水样色度的测定方法有铂钴比色法和稀释倍数法。这两种方法应独立使用，一般没有可比性。铂钴比色法适用于较清洁水、轻度污染并略带有黄色色调的地面水、地下水和饮用水等。而稀释倍数法适用于受工业废水污染较严重的地面水和工业废水颜色的测定。

一、铂钴比色法

本法最低检测色度为 5 度，测定范围 5～70 度。

（一）实训目的

了解样品的采集和保存；掌握标准色列的配制及色度的测定。

（二）原理

将一定量的氯铂酸钾与六水合氯化钴（Ⅱ）配成颜色标准色列，与被测水样进行目视比色，确定待测水样的色度。

（三）仪器与试剂

1．仪器

（1）50 mL 具塞的比色管（同一规格且刻度线高度一致）。

（2）pH 计。

（3）离心机。

2．试剂

分析测试使用的试剂及水。除另有说明的除外，分析时均使用符合国家标准或专业标准的分析纯试剂、去离子水或同等纯度的水（以后不再说明）。

（1）光学纯水：用在 100 mL 蒸馏水或去离子水中浸泡 1 h 的 0.2 μm 滤膜，过滤蒸馏水或去离子水，弃去初液 250 mL。贮水器应为无色、用光学纯水润洗 2～3 次的玻璃试剂瓶。用此水配制标准溶液和实验用水。

（2）铂钴标准溶液：称取 1.246 g 六氯铂（Ⅳ）酸钾（K_2PtCl_6，相当于 500 mg 的铂）和 1.000 g 六水合氯化钴（Ⅱ）（$CoCl_2 \cdot 6H_2O$，相当于 250 mg 的钴），溶于 100 mL 水中，再加 100 mL 盐酸，用水稀释至 1 000 mL。此溶液的色度为 500 度，保存在密室玻璃试剂瓶中，存放暗处。

（四）实训内容

1．标准色列的配制

在 50 mL 比色管中各加入 0.00 mL、0.50 mL、1.00 mL、1.50 mL、2.00 mL、2.50 mL、3.00 mL、3.50 mL、4.00 mL、4.50 mL、5.00 mL、6.00 mL、7.00 mL 的铂钴标准溶液，用水稀释至刻度线，混匀。密塞保存。此标准色列可长期使用，但应防止此溶液蒸发及被玷污。请将对应的色度记录在数据记录表中。

2．水样的测定

取 50.0 mL 澄清透明的水样加入 50 mL 比色管中。若水样色度较大，可酌情少取，用水稀释至 50.0 mL。然后在光线充足处，将水样与标准色列并列垂直放置，用白纸（或白瓷板）作衬底，自管口向下垂直观察比色。记录与水样色度相当的色度标准溶液的度值。

（五）数据处理

（1）水样未经稀释，可直接根据观测报告与水样最接近的标准溶液的度值。若在 0～40 度（不包括 40 度）的范围内，准确到 5 度；若在 40～70 度，准确到 10 度。同时还要报告水样的 pH 值。

（2）经稀释的水样色度（A_0），也以度计。利用式（4-1）即可计算出待测水样的色度。色度测定数据记录在表 4-1 中。

$$A_0 = A_1 \frac{V_1}{V_0} \tag{4-1}$$

式中：A_0 —— 稀释后水样的色度，度；

A_1 —— 稀释后水样的色度观察值，度；

V_1 —— 水样稀释后的体积，mL；

V_0 —— 取原水样的体积，mL。

表 4-1　色度测定数据记录

编号	1	2	3	4	5	6	7	8	9	10	11	12	13
标准溶液/mL	0	0.50	1.00	1.50	2.00	2.50	3.00	3.50	4.00	4.50	5.00	6.00	7.00
色度/度													
水样色度/度													

（六）注意事项

（1）如水样浑浊，则放置澄清或用离心法或用微孔 0.45 μm 滤膜滤去悬浮物。但不能用滤纸过滤。若预处理后仍得不到透明水样，则用“表色”报告。

（2）要取代表性的水样，盛于清洁、无色的玻璃瓶中，尽快测定。否则应存于 4℃，48 h 内测定。

（3）如实验室无氯铂酸钾，可用重铬酸钾代替。称取 0.043 75 g K_2CrO_7 和 1.000 g $CoSO_4 \cdot 6H_2O$，溶于少量水中，加 0.50 mL 浓硫酸，用水稀至 500 mL。此溶液色度为 500 度。不宜久存。

（4）如水样色度恰在两标准色列之间，则取两者中间数值，如果水样色度大于 100 度，则将水样稀释一定倍数后再进行比色。

思考题

1. 根据水样污染状况，如何选择色度的测定法？预处理水样时，为什么不能用滤纸过滤？

2. 为什么选用同一规格且刻度线高度一致的比色管？

3. 为何要同时测定样品的 pH 值？

二、稀释倍数法

（一）实训目的

掌握用文字描述工业废水颜色及稀释倍数法的操作；了解水样的干扰及消除方法。

（二）原理

把水样用光学纯水稀释到目视比较和光学纯水相比刚好看不见颜色时的稀释倍数，以此表示水样的色度，单位是倍。同时目视观察水样，用文字描述水样的颜色种类，如深蓝色、棕黄色或暗黑色等。如有可能应包括水样的透明度。所以结果以稀释倍数值和文字描述相结合来表示水样的色度。

（三）仪器与试剂

同铂钴比色法。

（四）实训内容

（1）首先用文字描述水样颜色的种类。取 100 mL 或 150 mL 澄清水样于烧杯中，将烧杯置于白瓷片或白纸上，观测描述其颜色的种类。

（2）分别取澄清水样，用蒸馏水稀释成不同的倍数。然后各取 50 mL 稀释后的水样分别置于 50 mL 比色管中，以白瓷板为背景，自管口向下观察水样的颜色，并与光学纯水作对比，直到刚刚看不出颜色，根据此水样稀释的倍数，以此表示该水样的色度。

（五）数据处理

根据观测结果，以水样稀释倍数和文字描述颜色给出待测水样的色度。

（六）注意事项

（1）所取水样应无树叶、枯枝等杂物。

（2）如果测定水样的真色，应用离心法去除悬浮物。如测定水样的表色，水样中大颗粒悬浮物干扰测定，应放置待其沉降后测定。

（3）取样后应尽快测定，若保存于 4℃也要 48 h 内测定。

思考题

1. 在测定工业废水色度时，如何消除干扰？
2. 水样采集后为何要尽快测定？

第二节　水样浊度的测定

水样浊度是指水中悬浮物对光线透过时所产生的阻碍程度。测定水样浊度的方法有分光光度法、目视比浊法、浊度计法等。现在国家标准规定使用的是前两种方法。

一、分光光度法

该方法适用于天然水、饮用水、高浊度水浊度的测定，最低检测度为 3 度。

（一）实训目的

掌握分光光度法测定水样浊度的方法原理；学会标准曲线的绘制。

（二）原理

在适宜的温度下，硫酸肼与六次甲基四胺溶液进行聚合反应，形成白色高分子聚合物。以此作测定浊度的标准溶液，在同一条件下，于 680 nm 处，分别测定水样和标准系列的吸光度，由校准曲线可查取测定水样的浊度，最后根据计算可知原水样的浊度。

（三）仪器与试剂

1. 仪器

（1）50 mL 具塞的比色管。

（2）可见分光光度计。

2．试剂

（1）无浊度水（即蒸馏水）通过 0.2 μm 滤膜过滤，收集于过滤水荡洗两次的烧瓶中。实验过程中所用的水均为无浊度水。

（2）硫酸肼溶液：准确称取 1.000 g 硫酸肼[$(NH_2)_2SO_4 \cdot H_2SO_4$]溶于水中，定容于 100 mL 容量瓶中。

（3）六次甲基四胺溶液：准确称取 10.00 g 六次甲基四胺[$(CH_2)_6N_4$]溶于水，定容于 100 mL 容量瓶中。

（4）浊度标准溶液：分别吸取上述配制的硫酸肼溶液和六次甲基四胺溶液各 5.00 mL 于 100 mL 容量瓶中，混匀。在（25±3）℃条件下反应且静置 24 h 后，用水稀释至 100 mL 混匀，其浊度为 400 度。可保存 1 个月。

（四）实训内容

（1）浊度标准系列配制

准确移取浊度标准溶液 0.00 mL、0.50 mL、1.25 mL、2.50 mL、5.00 mL、10.00 mL、12.50 mL，分别置于 7 支 50 mL 比色管中，加水至刻度线摇匀。标准系列浊度分别为 0 度、4 度、10 度、20 度、40 度、80 度、100 度。

（2）在 680 nm 波长处，用 3 cm 比色皿，测定其吸光度，并作记录。

（3）取水样 50.0 mL 于 50 mL 比色管中。若浊度超过 100 度，可适量少取，用水稀释至 50 mL。按上述同等条件测水样的吸光度。

（五）数据处理

（1）绘制浊度标准曲线，然后从标准曲线上即可查出测定水样相应浊度。

（2）计算。将浊度测定数据记录在表 4-2 中。

$$浊度（度）=\frac{A\times V}{V_{原样}} \tag{4-2}$$

式中：A —— 稀释后水样的浊度，度；

V —— 水样经稀释后的体积，mL；

$V_{原样}$ —— 测定时吸取原水样的体积，mL。

表 4-2　浊度测定数据记录

编号	1	2	3	4	5	6	7	水样 1	水样 2
体积/mL	0.00	0.50	1.25	2.50	5.00	10.00	12.50	50.0	50.0
浊度/度	0	4	10	20	40	80	100		
A									

（3）结果报告

根据计算可知水样浊度范围，由表 4-3 准确报告其浊度值。

表 4-3 不同浊度范围测试结果的精度要求

浊度范围	1～10	10～100	100～400	400～1 000	>1 000
精度/度	1	5	10	50	100

（六）注意事项

（1）取样后应尽快测定。如需保存，应在 4℃暗处存 24 h，使用前要剧烈振摇水样，使其恢复到室温。

（2）所有与样品接触的玻璃器皿必须清洁，可用盐酸或表面活性剂清洗。

（3）水样中应无碎屑和易沉淀的颗粒。

（4）硫酸肼毒性较强，属致癌物质，取用时注意安全。

思考题

1. 影响水的浊度的因素主要有哪些？

2. 若待测水样浊度超过 100 度，应如何进行水样的稀释？

二、目视比浊法

该方法适用于饮用水和水源水等低浊度水，最低检测度为 1 度。

（一）实训目的

掌握目视比浊法的基本原理和操作；熟悉浊度标准液的配制及相关计算。

（二）原理

用硅藻土（或白陶土）配制标准浊度溶液，将水样与之进行比较。规定相当于 1 mg 一定粒度的硅藻土（或白陶土）在 1 000 mL 水中所产生的浊度为 1 度。

（三）仪器与试剂

1. 仪器

（1）一般实验室常用分析仪器。

（2）250 mL 无色具塞玻璃瓶，玻璃质量及直径均须一致。

（3）100 mL 具塞的比色管（统一规格，刻度线高度一致）。

2. 试剂

（1）浊度标准液：称取 10 g 通过 0.1 mm 筛孔（150 目）的硅藻土于研钵中，加入少许水调成糊状并研细，移至 1 000 mL 量筒中，加水至标线。充分搅匀后，静置 24 h。用虹吸法仔细将上层 800 mL 悬浮液移至第二个 1 000 mL 量筒中，向其中加水至 1 000 mL，充分搅拌再静置 24 h。用虹吸法将上层含较细颗粒的 800 mL 悬浮液弃去，下部溶液加水稀释至 1 000 mL。充分搅拌后，贮于具塞玻璃瓶中，其中含硅藻土颗粒直径约为 400 μm。

取上述具塞玻璃瓶中悬浊液 50.0 mL，置于恒重的蒸发皿在水浴上蒸干，于 105℃烘箱中烘 2 h。置干燥器冷却 30 min，称重。重复以上操作，再烘干 1 h，冷却，称重，直至恒重。求出 1 mL 悬浊液含硅藻土的质量（mg）。

（2）浊度 250 度的标准液：吸取含 250 mg 硅藻土的悬浊液于 1 000 mL 容量瓶中，加入 10 mL 甲醛，用水稀释至标线，摇匀。此溶液浊度为 250 度。

（3）浊度 100 度的标准液：吸取 100 mL 浊度为 250 度的标准液于 250 mL 容量瓶中，用水稀释至标线，摇匀。此溶液浊度为 100 度。

（四）实训内容

1. 浊度低于 10 度的水样的标准系列配制

（1）吸取浊度为 100 度的标准液 0 mL、1.00 mL、2.00 mL、3.00 mL、4.00 mL、5.00 mL、6.00 mL、7.00 mL、8.00 mL、9.00 mL 及 10.00 mL 于 100 mL 比色管中，加水稀释至标线，混匀，配制成浊度为 0 度、1.0 度、2.0 度、3.0 度、4.0 度、5.0 度、6.0 度、7.0 度、8.0 度、9.0 度和 10.0 度的标准液（表 4-4）。

表 4-4 浊度标准系列

编号	1	2	3	4	5	6	7	8	9	10	11
体积/mL	0.00	1.00	2.00	3.00	4.00	5.00	6.00	7.00	8.00	9.00	10.00
浊度/度	0	1.0	2.0	3.0	4.0	5.0	6.0	7.0	8.0	9.0	10.0

（2）取 100 mL 摇匀水样于 100 mL 比色管中，与上述标准液进行比较。可在黑色底板上由上向下垂直观察，选出与水样产生相近视觉效果的标液，记下其浊度值。

2. 浊度为 10 度以上的水样的标准系列配制

（1）吸取浊度为 250 度的标准液 0 mL、10.0 mL、20.0 mL、30.0 mL、40.0 mL、50.0 mL、60.0 mL、70.0 mL、80.0 mL、90.0 mL 及 100.0 mL 置于 250 mL 容量瓶中，加水稀释至标线，混匀，即得浊度为 0 度、10 度、20 度、30 度、40 度、50 度、60 度、70 度、80 度、90 度和 100 度的标准液，将其移入成套的 250 mL 具塞玻璃瓶中（每瓶加入 1 g 氯化汞，以防菌类生长）（表 4-5）。

表 4-5 浊度标准系列

编号	1	2	3	4	5	6	7	8	9	10	11
体积/mL	0.00	10.0	20.0	30.0	40.0	50.0	60.0	70.0	80.0	90.0	100.0
浊度/度	0	10	20	30	40	50	60	70	80	90	100

（2）取 250 mL 摇匀水样置于成套的 250 mL 具塞玻璃瓶中，将有一条黑线的白纸板放在瓶后作为判别标志。在具塞玻璃瓶前向后观察，根据目标的清晰程度，选出与水样产生相近视觉效果的标准液，记下其浊度值。

（3）水样浊度超过 100 度时，用无浊度水稀释后测定。

（五）数据处理

可根据上述操作步骤，将水样与相应的标准系列通过目视比较，确定水样浊度。

（六）注意事项

（1）应选用同材质和同规格的具塞玻璃瓶和比色管。
（2）根据水样浊度范围的不同，配制适当标准系列。
（3）氯化汞剧毒，注意使用安全并妥善保存。

思考题

1. 什么情况下选用目视比浊法测定水样的浊度？应注意哪些问题？
2. 简述分光光度法测定水样浊度的方法原理及适用范围。

第三节 水中悬浮物（SS）的测定

一、实训目的

掌握水中悬浮物测定的原理；学会高精度分析天平的操作技术；能完成水中悬浮物测定操作。

二、原理

悬浮物，又称不可滤残渣，是指截留在滤料上并于103～105℃烘至恒重的固体。测定的方法是将单位体积水样通过滤料后，烘干固体残留物及滤料，将所称重量减去滤料重量，即为该水的悬浮物值。

滤料，即孔径为0.45 μm滤膜或中速定量滤纸，若采用滤膜过滤则多用负压抽滤装置，采用中速定量滤纸可用常压过滤方式。

三、仪器与试剂

1．仪器

（1）电热恒温烘箱。
（2）分析天平。
（3）玻璃干燥器。
（4）全玻璃或微孔滤膜过滤器。
（5）滤膜，孔径0.45 μm、直径45～60 mm或中性定量滤纸。
（6）称量瓶，内径30～50 mm。
（7）无齿扁嘴镊子。

2．试剂

蒸馏水或同等纯度的水。

四、实训内容

1. 水样采集

现场采样前，先用欲取水样洗涤容器 2～3 次，采集的水样如有大块漂浮物应及时去除。

2. 滤膜（或滤纸）准备

用扁嘴无齿镊子夹取微孔滤膜放于事先恒重的称量瓶里，移入烘箱中于 103～105℃烘干 30 min 后取出置于干燥器内冷却室温，称其质量。反复烘干、冷却、称量，直至两次称量的质量差≤0.2 mg。将恒重的微孔滤膜（或将中性定量滤纸用蒸馏水洗去可溶性物质，再烘干至恒重）正确地放在滤膜过滤器的滤膜托盘上，加盖配套的漏斗，并用夹子固定好。以蒸馏水湿润滤膜，并不断吸滤。

3. 水样测定

量取充分混合均匀的水样 100 mL 抽吸过滤。使水样全部通过滤膜（或滤纸）。再以每次 10 mL 蒸馏水连续洗涤三次，继续吸滤以除去痕量水分。停止吸滤后，仔细取出载有悬浮物的滤膜放在原恒重的称量瓶里，移入烘箱中于 103～105℃下烘干 1 h 后移入干燥器中，使冷却到室温，称其质量。反复烘干、冷却、称量，直到两次称量的质量差≤0.4 mg 为止。

五、数据处理

1. 测定结果记录（表 4-6）

表 4-6 水样悬浮物测定数据记录

测定方法	滤膜（滤纸）法	
	滤膜（滤纸）＋称量瓶质量/g	
称量次数	过滤前，m_1	过滤后，m_2
第 1 次		
第 2 次		
第 3 次		
第 4 次		
恒重值		
悬浮固体/（mg/L）		

2. 计算

$$悬浮性固体（不可过滤残渣，mg/L）=\frac{(m_2-m_1)\times 10^6}{V_水} \tag{4-3}$$

式中：m_1——滤膜（或滤纸）＋称量瓶质量，g；

m_2——悬浮物＋滤膜（或滤纸）＋称量瓶质量，g；

$V_水$——水样体积，mL。

六、注意事项

（1）测定前应将水样中的树叶、木棒、水草等杂质从水中除去。

（2）贮存水样时不能加入任何保护剂，以防止破坏物质在固、液相间的平衡分配。

（3）废水黏度高时，可加2～4倍蒸馏水稀释，振荡均匀，待沉淀物下降后再过滤。

（4）烘干温度和时间对测定结果有明显影响，务必注意过滤后的滤膜（或滤纸）不要过高温（烘箱内温度绝对不能高于110℃）下长时间烘干，否则会严重影响结果的准确性，甚至出现计算结果为负值。

（5）称重时必须准确控制时间和温度，并且每次按同样次序烘干、称重，这样容易得到恒重。

（6）报告结果时应注明测定方法、过滤材料及烘干温度等。

思考题

1. 为什么本实训中强调烘干温度要控制在103～105℃？如果烘干温度过低会出现什么情况？如果烘干温度过高又会出现什么后果？

2. 根据本实训情况，如何设计测定各环节步骤最节约时间？

第四节　水样硬度的测定

一、实训目的

了解硬度的概念和水样硬度测定的化学原理，掌握水样硬度测定技术。

二、原理

EDTA可与水中钙、镁离子生成无色可溶性络合物，指示剂铬黑T能与钙、镁离子生成紫红色络合物。用EDTA滴定钙、镁离子到终点时，钙、镁离子全部与EDTA络合而使铬黑T游离，溶液即由紫红色变为蓝色。

三、仪器及试剂

1. 仪器

（1）50 mL滴定管。

（2）250 mL锥形瓶。

（3）50 mL、5 mL的移液管。

2. 试剂

（1）EDTA二钠盐标准溶液

① 锌标准溶液：准确称取0.653 7 g纯锌粒，完全溶于（1+1）盐酸中，定容至1 000 mL，则锌标准溶液的浓度（M_1）为：

$$M_1\text{（mol/L）} = W/65.38 \quad (4\text{-}4)$$

式中：W—— 锌粒的质量，g。

65.38 —— 锌的摩尔质量，g/mol。

② EDTA 二钠盐标准溶液（0.01 mol/L）：称取 3.72 g 乙二胺四乙酸二钠盐（EDTA-2Na・$2H_2O$）溶解于 1 000 mL 蒸馏水中，该 EDTA 二钠盐标准溶液的准确浓度按下面的方法标定。

③ 标定方法：吸取 25.00 mL 锌标准液于 250 mL 的锥形瓶中，加入 20 mL 蒸馏水，加入几滴氨水至有微氨味，再加入 5 mL pH=10 缓冲液和 4 滴铬黑 T 指示剂，在不断振荡下，用乙二胺四乙酸二钠盐溶液滴定至稳定的蓝色，并按下式计算 EDTA 二钠盐溶液的浓度（M_2）：

$$M_2\,(\text{mol/L}) = M_1 \times V_1 / V \tag{4-5}$$

式中：M_1 —— 锌标准溶液的浓度，mol/L；

V_1 —— 所取锌标准溶液的体积，mL；

V —— 消耗 EDTA 溶液的体积，mL。

（2）pH =10 的缓冲液

① 称取 16.9 g 氯化铵溶于 143 mL 浓氢氧化铵中。

② 称取 0.780 g 硫酸镁（$MgSO_4$・$7H_2O$）及 1.178 g 乙二胺四乙酸二钠盐（EDTA-2Na・$2H_2O$）溶于 50 mL 蒸馏水中，加入氯化铵-氢氧化铵溶液①，5 滴铬黑 T 指示剂（此时溶液应呈紫红色，若为蓝色应加入少量硫酸镁使其呈紫红色）。用 EDTA 二钠盐溶液滴定至溶液由紫红色变为天蓝色，合并溶液①与②溶液，并用蒸馏水稀释至 250 mL，盛于聚乙烯或硬质瓶中，备用。

③ 铬黑 T 指示剂（c =0.5%)：称取 0.5 g 铬黑 T，用 95%乙醇溶解，并稀释至 100 mL，置于冰箱中保存，存期 30 d。

④ 硫化钠溶液（c =5%）。

⑤ 盐酸羟胺溶液（c =10%）。

⑥ 氰化钾溶液（c = 10%）（注意：此溶液剧毒）。

四、实训内容

1. 水样的采集和制备

一般水样不需预处理。如水样中有大量泥沙、悬浮物，必须及时离心或澄清，通过 0.45 μm 有机微孔滤膜过滤后清水用硝酸调至 pH 小于 2。水样采集后应在 24 h 内完成测定，否则，每升水样中应加 10 mL 硝酸做保存剂，使 pH 降至 2 以下。

2. 水样测定

（1）用移液管吸取 50 mL 水样（若硬度过大，可取稀释水样，硬度过小可取 100 mL 水样）于 250 mL 的锥形瓶中。

（2）加入 4 mL 缓冲液、3 滴铬黑 T 指示剂，立即用 EDTA 二钠盐溶液滴定至溶液由紫红色变为稳定蓝色为止，记录用量。

五、数据处理

1. 测定结果记录（表 4-7）

表 4-7 水样硬度测定数据记录

重复	水样体积 V/mL	EDTA 二钠盐溶液准确浓度 M/（mol/L）	EDTA 二钠盐溶液消耗量 V_0/mL	水样总硬度 $CaCO_3$/（mg/L）
1				
2				
3				
平均值				

2. 计算

$$总硬度（CaCO_3，mg/L）=M\times V_0\times 1\,000\times 100.9/V \tag{4-6}$$

式中：V_0—— 消耗 EDTA 二钠盐溶液的体积，mL；

M—— EDTA 二钠盐标准溶液的物质的量，mol/L；

V—— 所取水样体积，mL。

六、注意事项

（1）若水样中含有金属干扰离子，会使滴定终点延迟或颜色发暗，可先向水样中加入 0.5 mL 1.0%盐酸羟胺溶液和 1 mL 5%硫化钠溶液或 0.5 mL 10%氰化钾溶液，再进行滴定。

（2）滴定快到达终点时，务必要充分振荡锥形瓶以使 EDTA 与水样充分混合。

（3）缓冲液中的氨气易挥发，应密封保存，或现用现配。否则，会影响滴定时水样的 pH 值，影响配位反应的进行，使结果偏低。

（4）如果水样经过酸化保存，可用计算量的氢氧化钠中和。计算结果时应把水样由于加酸或加碱的稀释考虑在内。

（5）本方法不适用于含盐量高的水，如海水。

思考题

1. 配位滴定法测定水样硬度为什么要求严格控制滴定体系的 pH 为 10?
2. 水样硬度的单位有哪些？其之间如何换算?

第五节 水样 pH 值的测定

一、实训目的

了解 pH 计工作原理和 pH 试纸有关知识；学会操作 pH 计；掌握水样 pH 值测定技术。

二、原理

1. pH 试纸测定法

pH 试纸法是一种简便的、粗略测定水样 pH 值的有效方法。常用的 pH 试纸有两种：一种是广泛 pH 试纸，可以测定的 pH 值范围为 1～14；另一种是精密 pH 试纸，可以比较精确地测定一定范围的 pH 值（例如：欲测定 pH 值为 4.5 的水样，可选用测定范围为 3.8～5.4 的精密 pH 试纸；欲测定 pH 值为 9.6 的水样，可选用测定范围为 8.2～10.0 的精密 pH 试纸）。

将 pH 试纸浸入待测试液中，0.5 s 后，试纸显示特殊颜色，将之与标准比色板比较，颜色接近的色带下对应的数值即为待测水样的 pH 值。

2. pH 计测定法

pH 计是专门用于测定溶液 pH 值的仪器，工作原理是原电池原理，属电位分析法的一种。常用 pH 计以饱和甘汞电极为参比电极，以玻璃电极为指示电极组成电池。在 25℃下，溶液 pH 值每改变 1 个单位，两电极的电位差变化 59.1 mV；将电压表的刻度变为 pH 值刻度，便可直接读出溶液的 pH 值。温度差异可以通过仪器上的补偿装置加以核正。

三、仪器及试剂

1. 仪器

（1）广泛 pH 试纸。

（2）各个测定范围的精密 pH 试纸。

（3）pH 计。

（4）50 mL 烧杯。

（5）表面皿或玻璃板。

（6）玻璃棒。

2. 试剂

（1）pH 值为 4.00 的缓冲溶液。

（2）pH 值为 6.86 的缓冲溶液。

（3）pH 值为 9.18 的缓冲溶液。

四、实训内容

（一）pH 试纸测定法

（1）取一条试纸剪成 4～5 块，放在干净的表面皿或玻璃板上。

（2）用干净的玻璃棒分别蘸少量待测水样于 pH 试纸上，片刻后，观察试纸颜色，并与标准色卡对照，确定待测水样的 pH 值。

（二）pH 计法

1. 开机前准备

（1）将电极梗插入电极架插座，将电极夹夹在电极梗上，把复合电极（由饱和甘汞电极和玻璃电极配合制成）夹在电极夹上，拉下电极前端的电极套。

（2）用去离子水清洗电极，清洗后用滤纸轻轻吸干电极底部的水分。

2．开机

电源线插入电源插座，按下电源开关，电源接通后预热，30 min 后进行标定。

3．标定

仪器使用前一定要标定，其步骤如下：

（1）在测量电极插座处拔下短路插头，插上复合电极；将选择旋钮调到 pH 挡；调节温度旋钮，使旋钮白线对准溶液温度值；把斜率调节旋钮顺时针旋到底（即调到 100%位置）。

（2）把清洗过的电极插入 pH 为 6.86 的缓冲溶液中，调节定位调节旋钮，使仪器显示读数与该缓冲溶液的 pH 值相一致（如 pH 为 6.86）。

（3）用蒸馏水清洗电极，再用 pH 为 4.00（或 pH 为 9.18）的标准缓冲溶液重复（2）的动作，调节斜率旋钮到 4.00（或 9.18），直至不用再调节定位或斜率两调节旋钮为止。

4．pH 值测定

（1）被测溶液与定位溶液温度相同时，测定步骤如下：

① 定位调节旋钮不变，用蒸馏水清洗电极头部，用滤纸吸干。

② 把电极浸入被测溶液中，用玻璃棒搅拌溶液，使之均匀。

③ 在显示屏上读出被测溶液的 pH 值。

（2）被测溶液和定位溶液温度不同时，测量步骤如下：

① “定位”调节不变，用蒸馏水清洗电极头部，用滤纸吸干。

② 用温度计测出被测溶液的温度值。

③ 调节“温度”调节旋钮，使白线对准被测溶液的温度值。

④ 把电极插入待测溶液内，用玻璃棒搅拌溶液，使之均匀后，读出被测溶液的 pH 值。

五、数据处理

表 4-8 水样 pH 值测定数据记录

水样	广泛 pH 试纸测定值	精密 pH 试纸测定值	pH 计测定值
1			
2			
3			
平均值			

六、注意事项

（1）经标定的仪器定位调节旋钮及斜率调节旋钮不应再有变动。

（2）标定的缓冲液第一次应用 pH 为 6.86 的溶液，第二次应接近被测溶液的值。如被测溶液为酸性时，缓冲液选 pH 为 4.00；若被测溶液为碱性时，则选 pH 为 9.18 的缓冲液。

（3）一般情况下，经标定好的仪器 48 h 内不需再标定。更换电极或电极在空气中暴露 30 min 以上，以及所测溶液 pH＜2 或 pH＞12 等情况需重新标定。

思考题

1. 水样 pH 值与酸度两个指标有什么异同？测定方法有什么异同？
2. 用 pH 计测定水样 pH 值时为什么必须对 pH 计进行标定？为什么要进行温度补偿校正？

第六节 水中溶解氧的测定——碘量法

一、实训目的

理解碘量法测定水中溶解氧的原理；学会溶解氧采样瓶的使用方法；掌握碘量法测定水中溶解氧的操作技术要点。

二、原理

水样中加入硫酸锰和碱性碘化钾，水中溶解氧将低价锰氧化成高价锰，生成四价锰的氢氧化物棕色沉淀。加酸后，氢氧化物沉淀溶解，并与碘离子反应而释放出游离碘。以淀粉为指示剂，用硫代硫酸钠标准溶液滴定释放出的碘，根据滴定溶液消耗量计算溶解氧含量。

三、仪器和试剂

1. 仪器

（1）250～300 mL 的溶解氧瓶。

（2）25 mL 酸式滴定管。

（3）250 mL 具塞碘量瓶。

2. 试剂

（1）硫酸锰溶液：称取 480 g 硫酸锰（$MnSO_4 \cdot 4H_2O$）溶于水，用水稀释至 1 000 mL。此溶液加至酸化过的碘化钾溶液中，遇淀粉不得产生蓝色。

（2）碱性碘化钾溶液：称取 500 g 氢氧化钠溶于 300～400 mL 水中；另称取 150 g 碘化钾溶于 200 mL 水中，待氢氧化钠溶液冷却后，将两溶液合并、混匀，用水稀释至 1 000 mL。如有沉淀，则放置过夜后，倾出上层清液，贮于棕色瓶中，用橡皮塞塞紧，避光保存。此溶液酸化后，遇淀粉应不呈蓝色。

（3）（1+5）硫酸溶液：取 1 体积 1.84 g/cm^3 的浓硫酸慢慢加到盛有 5 体积水的烧杯中，搅匀冷却后，转入试剂瓶。

（4）10 g/L 淀粉溶液：称取 1 g 可溶性淀粉，用少量水调成糊状，再用刚煮沸的水稀释至 100 mL。冷却后，加入 0.1 g 水杨酸或 0.4 g 氯化锌防腐。

（5）重铬酸钾标准溶液[c（$1/6K_2Cr_2O_7$）=0.025 00 mol/L]：称取于 105～110℃烘干 2 h 并冷却的优级纯重铬酸钾 1.225 8 g，溶于水，移入 1 000 mL 容量瓶中，用水稀释至标线，摇匀。

（6）硫代硫酸钠溶液：称取 6.2 g 硫代硫酸钠（$Na_2S_2O_3 \cdot 5H_2O$）溶于煮沸放冷的水中，

加入 0.2 g 碳酸钠，用水稀释至 1 000 mL，贮于棕色瓶中，使用前用 0.025 00 mol/L 重铬酸钾标准溶液标定。

标定方法：于 250 mL 碘量瓶中依次加入 1 g 碘化钾及 100 mL 水、10.00 mL 重铬酸钾标准溶液[c（$1/6K_2Cr_2O_7$）=0.025 00 mol/L]和 5 mL（1+5）硫酸，摇匀并在暗处静置 5 min。用硫代硫酸钠标准溶液滴定，待溶液变成淡黄色后，加入 1 mL 淀粉溶液，继续滴定至蓝色刚好褪去，记录硫代硫酸钠标准溶液消耗量 V（mL），则硫代硫酸钠标准溶液浓度为：

$$c\ (Na_2S_2O_3) = 10.00 \times 0.025\ 00/V \quad (4\text{-}7)$$

（7）硫酸（ρ=1.84 g/cm^3）。

四、实训内容

1. 水样采集

用溶解氧瓶采集水样。先用欲采水样冲洗溶解氧瓶，再沿瓶壁直接倾注水样或用虹吸法将吸管插入溶解氧瓶底部，注入水样至水向外溢流瓶容积的 1/3～1/2（持续 10 s 左右）。采集水样时注意防止水样曝气或有气泡残存于采样瓶中。水样采集后，为防止溶解氧的变化，应立即加固定剂于水样中，并存于冷暗处，同时记录水温和大气压力。

2. 水样测定

（1）溶解氧的固定。用吸液管插入溶解氧瓶的液面下，加入 1 mL 硫酸锰溶液、2 mL 碱性碘化钾溶液，盖好瓶塞，颠倒混合数次，静置。一般在取样现场固定。

（2）溶解。打开瓶塞，立即用吸管插入液面下加入 2.0 mL 硫酸，盖好瓶塞，颠倒混合摇匀，至沉淀物全部溶解，放于暗处静置 5 min。

（3）滴定。移取 100.0 mL 上述溶液于 250 mL 锥形瓶中，用硫代硫酸钠标准溶液滴定至溶液呈淡黄色，加入 1 mL 淀粉溶液，继续滴定至蓝色刚好褪去，记录硫代硫酸钠溶液的用量。

五、数据处理

1. 测定结果记录

表 4-9 水中溶解氧测定数据记录

水样编号	硫代硫酸钠标准溶液浓度 M/（mol/L）	硫代硫酸钠溶液消耗量 V/mL	水样溶解氧值 DO /（mg/L）
1			
2			
3			
平均值			

2. 计算

$$溶解氧浓度（O_2，mg/L）= C \cdot V \times 8 \times 1\ 000\ /\ 100 \quad (4\text{-}8)$$

式中：C—— 硫代硫酸钠标准溶液的浓度，mol/L；

V—— 滴定消耗硫代硫酸钠标准溶液的体积，mL。

六、注意事项

（1）当水样中亚硝酸盐氮含量高于 0.05 mg/L 时会干扰测定，可加入叠氮化钠使水中的亚硝酸盐分解而消除干扰。其加入方法是预先将叠氮化钠加入碱性碘化钾溶液中。

（2）若水样中含 Fe^{3+}达 100～200 mg/L，可加入 1 mL 40%氟化钾溶液消除干扰。

（3）若水样中含氧化性物质（如游离氯等），应预先加入相当量的硫代硫酸钠去除。

（4）水样呈强酸性或强碱性时，可用氢氧化钠或盐酸调至中性后测定。

思考题

1. 测定溶解氧指标时，水样采集后为什么必须现场固定？

2. 滴定开始先加入淀粉指示剂会对滴定结果产生什么影响？为什么？

第七节　水样高锰酸盐指数的测定

一、实训要求

理解高锰酸盐指数的含义及水样高锰酸盐指数测定的原理；掌握地表水等水样高锰酸盐指数测定技术的操作要点。

二、原理

高锰酸盐指数是指在一定条件下以高锰酸钾为氧化剂氧化水中的还原性物质时所消耗的高锰酸盐的量，以氧的 mg/L 来表示。按测定的溶液介质不同，分酸性高锰酸盐指数和碱性高锰酸盐指数。

高锰酸钾在酸性介质中的氧化能力比碱性强，且国标中仅将酸性高锰酸盐指数称为化学需氧量，故一般多用酸性高锰酸钾法测定高锰酸盐指数。

在酸性溶液中，以过量高锰酸钾氧化水样中的有机物和某些还原性无机物，然后用过量的草酸钠溶液还原剩余的高锰酸钾，再以高锰酸钾标准溶液回滴过量的草酸钠，通过计算求出水样高锰酸盐指数值。

三、仪器及试剂

1. 仪器

（1）250 mL 锥形瓶；

（2）25 mL 滴定管；

（3）水浴装置。

2. 试剂

（1）c（1/5 $KMnO_4$）= 0.1 mol/L 的高锰酸钾溶液：称取 3.2 g 高锰酸钾溶于 1.2 L 水中，

煮沸 0.5～1 h，使体积减少到 1 L 左右，在暗处放置过夜，用 G-3 号玻璃砂芯过滤后，滤液贮存于棕色瓶中，避光保存。

（2）c（1/5 $KMnO_4$）= 0.01 mol/L 的高锰酯钾溶液：吸取 100 mL 试剂（1）于 1 000 mL 容量瓶中，用水稀释至标线，混匀，贮存于棕色瓶中，避光保存。

（3）（1+3）硫酸：取 1 体积 1.84 g/cm^3 的浓硫酸慢慢加到盛有 3 体积水的烧杯中，搅匀后，趁热滴加试剂（2）使溶液呈浅红色，若红色褪去应再补加至浅红色不褪为止，转入试剂瓶中。

（4）c（1/2 $Na_2C_2O_4$）= 0.100 0 mol/L 草酸钠标准液：称取 0.670 5 g 在 105～110℃烘 1 h 并在干燥器中冷却的优级纯草酸钠放入烧杯中，加水和 25 mL（1+3）硫酸至草酸钠全部溶解，移入 100 mL 容量瓶中，用水稀释至标线。

（5）c（1/2 $Na_2C_2O_4$）= 0.010 0 mol/L 草酸钠标准液：吸取 10.00 mL 试剂（4）置于 100 mL 容量瓶中，用水稀释至标线。

四、实训内容

1．水样采集

用玻璃采样器采集待测水样 500 mL 以上，低温避光保存待测。测定耗氧所需的水样的数量，视有机物含量而定。清洁透明水样取样 100 mL；混浊水取 10～25 mL，加蒸馏水稀释至 100 mL。将水样置于 250 mL 锥形瓶中。

2．水样测定

（1）吸取 100.0 mL 充分混匀的水样（或经过稀释的水样）于 250 mL 锥形瓶中，加入 5.0 mL（1+3）硫酸，精确加入 10.00 mL c（1/5 $KMnO_4$）= 0.01 mol/L 的高锰酸钾溶液，摇匀。

（2）将锥形瓶立即放入沸水浴中，水面要高于锥形瓶的反应液面，加热使水浴锅中的水沸腾后保持 30 min（从水浴重新沸腾起计时）。

（3）取下锥形瓶，冷却至 70～80℃，加入 10.00 mL c（1/2 $Na_2C_2O_4$）=0.010 0 mol/L 草酸钠标准液，摇匀。

（4）用 c（1/5 $KMnO_4$）= 0.01 mol/L 的高锰酸钾溶液回滴，使溶液呈微红色为止，记录滴定消耗的高锰酸钾溶液毫升数 V_1。

（5）高锰酸钾溶液校正系数测定：取步骤（4）滴定完毕的水样加热至约 70℃，准确加入 10.00 mL c（1/2 $Na_2C_2O_4$）=0.010 0 mol/L 草酸钠标准液，再用 c（1/5 $KMnO_4$）= 0.01 mol/L 的高锰酸钾溶液回滴至溶液呈微红色。记录相当于 10.00 mL c（1/2 $Na_2C_2O_4$）= 0.010 0 mol/L 草酸钠标准液的高锰酸钾溶液的毫升数 V_2，则高锰酸钾溶液的校正系数 $K = 10.00 / V_2$。

（6）若测定水样为蒸馏水稀释水样，则需另取 100 mL 蒸馏水，按步骤（1）～（4）测定空白值，记录消耗的高锰酸钾标准溶液的毫升数 V_0。

五、数据处理

1. 测定结果记录

表 4-10 水样高锰酸盐指数测定数据记录

编号	稀释倍数	f值	所取水样体积 V/mL	草酸钠标准溶液浓度 c/（mol/L）	高锰酸钾溶液消耗量 V_0或 V_1/mL	高锰酸钾溶液消耗量 V_2/mL	高锰酸钾溶液校正系数 K
空白							
1							
2							
3							

2. 计算

（1）未稀释水样

$$高锰酸盐指数（O_2，mg/L）= [(10.00+V_1)K-10.00] \times c \times 8 \times 1\,000/100.0 \quad (4\text{-}9)$$

式中：V_1—— 滴定水样消耗的高锰酸钾溶液的量，mL；

K—— c（1/5 $KMnO_4$）= 0.01 mol/L 的高锰酯钾溶液的校正系数；

c—— 测定用草酸钠标准溶液的浓度，mol/L；

8—— 氧（1/2 O）的摩尔质量，g/mol。

（2）稀释水样

$$高锰酸盐指数（O_2，mg/L）= \{[(10.00+V_1]K-10.00]-[(10.00+V_0]K-10.00]f\} \times c \times 8 \times 1\,000/V \quad (4\text{-}10)$$

式中：V—— 所取水样体积，mL；

V_0—— 在步骤（6）中所消耗的 0.01 mol/L 高锰酸钾溶液的体积，mL；

f—— 稀释的水样中所含蒸馏水的比值，如 10.0 mL 水样用蒸馏水稀释至 100.0 mL 时，f=0.90。

六、注意事项

（1）水样需稀释时，应取水样的体积要求在测定中回滴过量的草酸钠标准溶液时所消耗的高锰酸钾溶液的体积在 4～6 mL。如果所消耗的体积过大或过小，都需要重新取水样测定。

（2）在水浴加热完毕后，水样溶液仍应保持淡红色，如果红色很浅或全部褪去，说明稀释倍数过小，应将水样稀释倍数加大后再重新测定。

（3）在酸性条件下，草酸钠和高锰酸钾的反应温度应保持在 60～80℃，所以滴定操作必须趁热进行，若溶液温度过低，需适当加热。

思考题

1. 在测定水样高锰酸盐指数时，为什么不能采用草酸钠标准溶液直接滴定反应剩余的高锰酸钾，而要采用高锰酸钾标准溶液反滴草酸钠？

2. 在水浴加热完毕后，水样溶液的红色全部褪去，说明什么？应如何处理？

第八节　水样化学需氧量（COD）的测定

一、实训目的

理解水样化学需氧量测定原理；学会安装化学需氧量测定回流装置；掌握重铬酸钾法测定水样化学需氧量的操作技术。

二、原理

化学需氧量（COD 或 COD_{Cr}）是指在一定条件下用重铬酸钾氧化水中的还原性物质所消耗的氧量，以 mg/L 表示。化学需氧量是反映水中还原性污染物质（一般多指有机污染物）含量大小的主要指标之一。

在强酸性溶液中，准确加入过量的重铬酸钾标准溶液，加热回流消解，将水样中还原性物质（主要是有机物）氧化，过量的重铬酸钾以试亚铁灵作指示剂、用硫酸亚铁铵标准溶液回滴，根据所消耗的重铬酸钾标准溶液量计算水样化学需氧量。

三、仪器及试剂

1. 仪器

（1）250 mL 或 500 mL 全玻璃回流装置；

（2）加热装置（变阻电炉）；

（3）50 mL 酸式滴定管。

2. 试剂

（1）重铬酸钾标准溶液[c（$1/6\ K_2Cr_2O_7$）= 0.250 0 mol/L]：称取预先在 120℃烘干 2 h 的优级纯重铬酸钾 12.258 g 溶于水中，移入 1 000 mL 容量瓶，稀释至标线，摇匀。

（2）试亚铁灵指示液：称取 1.485 g 邻菲啰啉（$C_{12}H_8N_2 \cdot H_2O$）和 0.695 g 硫酸亚铁（$FeSO_4 \cdot 7H_2O$）溶于水中，稀释至 100 mL，贮于棕色瓶内。

（3）硫酸亚铁铵标准溶液[$c\ (NH_4)_2Fe(SO_4)_2 \cdot 6H_2O \approx 0.1$ mol/L]：称取 39.5 g 硫酸亚铁铵溶于水中，边搅拌边缓慢加入 20 mL 浓硫酸，冷却后移入 1 000 mL 容量瓶中，加水稀释至标线，摇匀。临用前，用重铬酸钾标准溶液标定。

标定方法：准确吸取 10.00 mL 重铬酸钾标准溶液于 500 mL 锥形瓶中，加水稀释至 110 mL 左右，缓慢加入 30 mL 浓硫酸，混匀。冷却后，加入 3 滴试亚铁灵指示液（约 0.15 mL），用硫酸亚铁铵溶液滴定，溶液的颜色由黄色经蓝绿色至红褐色即为终点。

$$c\ [(NH_4)_2Fe(SO_4)_2\ ] = 0.250\,0 \times 10.00\ /\ V \qquad (4\text{-}11)$$

式中：c—— 硫酸亚铁铵标准溶液的浓度，mol/L；

V—— 硫酸亚铁铵标准溶液的用量，mL。

（4）硫酸-硫酸银溶液：于 500 mL 浓硫酸中加入 5 g 硫酸银，放置 1～2 d，不时摇动使其溶解。

（5）硫酸汞：结晶或粉末。

四、实训内容

（1）取 20.00 mL 混合均匀的水样（或适量水样稀释至 20.00 mL）置于 250 mL 磨口的回流锥形瓶中，准确加入 10.00 mL 重铬酸钾标准溶液及数粒小玻璃珠或沸石，连接磨口回流冷凝管，从冷凝管上口慢慢地加入 30 mL 硫酸-硫酸银溶液，轻轻摇动锥形瓶使溶液混匀，加热回流 2 h（自开始沸腾时计时）。

对于化学需氧量高的废水样，可先取上述操作所需体积 1/10 的废水样和试剂于直径为 15 mm、高为 150 mm 的硬质玻璃试管中，摇匀，加热后观察是否成绿色。如溶液显绿色，再适当减少废水取样量，直至溶液不变绿色为止，从而确定水样分析时应取用的体积。稀释时，所取废水样量不得少于 5 mL，如果化学需氧量很高，则废水样应多次逐级稀释。

当废水中氯离子含量超过 30 mg/L 时，应先把 0.4 g 硫酸汞加入回流锥形瓶中，再加 20.00 mL 废水（或适量废水稀释至 20.00 mL），摇匀。

（2）稍冷后（约 70℃），用 90 mL 水冲洗冷凝管壁，取下锥形瓶。溶液总体积不得少于 140 mL，否则因酸度太大，滴定终点不明显。

（3）溶液再度冷却后（约 40℃），加 3 滴试亚铁灵指示液，用硫酸亚铁铵标准溶液滴定，溶液的颜色由橙黄色经蓝绿色至红褐色即为终点，记录硫酸亚铁铵标准溶液的用量。

（4）测定水样的同时，取 20.00 mL 重蒸馏水，按同样操作步骤做空白试验。记录滴定空白时硫酸亚铁铵标准溶液的用量。

五、数据处理

1. 测定结果记录

表 4-11　水样化学需氧量（COD）测定数据记录

编号	稀释倍数	取样体积 V/mL	硫酸亚铁铵标准溶液浓度 c/（mol/L）	硫酸亚铁铵标准溶液消耗量 V_2/mL	化学需氧量 COD/（mg/L）
空白					
1					
2					
3					

2. 计算

$$\mathrm{COD_{Cr}}\,(\mathrm{mg/L}) = (V_0 - V_1) \times C \times 8 \times 1\,000 / V \qquad (4\text{-}12)$$

式中：C —— 硫酸亚铁铵标准溶液的浓度，mol/L；

V_0 —— 滴定空白时硫酸亚铁铵标准溶液用量，mL；

V_1 —— 滴定水样时硫酸亚铁铵标准溶液的用量，mL；

V —— 水样的体积，mL；

8 —— 氧（1/2 O）摩尔质量，g/mol。

六、注意事项

（1）使用 0.4 g 硫酸汞络合氯离子的最高量可达 40 mg，如取用 20.00 mL 水样，即最高可络合 2 000 mg/L 氯离子浓度的水样。若氯离子的浓度较低，也可少加硫酸汞，保持硫酸汞∶氯离子=10∶1（质量比）。若出现少量氯化汞沉淀，并不影响测定。

（2）水样取用体积可在 10.00～50.00 mL，但试剂用量及浓度需按表 4-12 进行相应调整，也可得到满意的结果。

表 4-12 水样取用量和试剂用量

水样体积/mL	重铬酸钾标准溶液/mL	硫酸-硫酸银溶液/mL	硫酸汞粉末/g	硫酸亚铁铵标准溶液/（mol/L）	滴定前总体积/mL
10.0	5.0	15	0.2	0.050	70
20.0	10.0	30	0.4	0.100	140
30.0	15.0	45	0.6	0.150	210
40.0	20.0	60	0.8	0.200	280
50.0	25.0	75	1.0	0.250	350

（3）对于化学需氧量小于 50 mg/L 的水样，应改用 0.025 0 mol/L 重铬酸钾标准溶液。回滴时用 0.01 mol/L 硫酸亚铁铵标准溶液。

（4）水样加热回流后，溶液中重铬酸钾剩余量应为加入量的 1/5～4/5 为宜。

（5）用邻苯二甲酸氢钾标准溶液检查试剂的质量和操作技术时，由于每克邻苯二甲酸氢钾的理论 COD_{Cr} 为 1.176 g，所以溶解 0.425 1 g 邻苯二甲酸氢钾（$HOOCC_6H_4COOK$）于重蒸馏水中，转入 1 000 mL 容量瓶，用重蒸馏水稀释至标线，使之成为 500 mg/L 的 COD_{Cr} 标准溶液。用时新配。

（6）COD_{Cr} 的测定结果应保留三位有效数字。

（7）每次实验时，应对硫酸亚铁铵标准滴定溶液进行标定，实验室温度较高时尤其注意其浓度的变化。

思考题

1. 在测定水样 COD 时，为什么每次测定前必须对硫酸亚铁铵溶液进行标定？

2. 对于有机质含量较高的水样，测定其 COD 时，应如何确定取样量？如果实验过程加热回流消解尚未结束时水样颜色已褪去说明什么？

第九节 水样生化需氧量的测定

一、实训目的

理解水样生物化学需氧量测定的原理；学会操作生化培养箱；掌握五日培养法测定水样生化需氧量的操作技术。

二、原理

生化需氧量（BOD）是指在有溶解氧的条件下，好氧微生物在分解水中有机物的生物化学氧化过程中所消耗的溶解氧量，以 BOD（mg/L）表示。生化需氧量可间接表示可被微生物降解的有机类物质的含量，是反映水体有机物污染程度的重要指标之一。

目前测定水样生化需氧量的方法较多，国标方法是五日培养法，故多称为五日生化需氧量（BOD_5）。

分别测定水样培养前的溶解氧含量和在（20±1）℃培养 5 天后的溶解氧含量，两者之差即为五日生化过程所消耗的氧量（BOD_5）。

三、仪器及试剂

1．仪器

（1）恒温培养箱。

（2）5～20 L 细口玻璃瓶。

（3）1 000～2 000 mL 量筒。

（4）玻璃搅棒：棒长应比所用量筒高度长 20 cm。在棒的底端固定一个直径比量筒直径略小，并带有几个小孔的硬橡胶板。

（5）溶解氧瓶：200～300 mL，带有磨口玻璃塞并具有供水封用的钟形口。

（6）虹吸管：供分取水样和添加稀释水用。

2．试剂

（1）磷酸盐缓冲溶液：将 8.5 g 磷酸二氢钾（KH_2PO_4）、21.75 g 磷酸氢二钾（K_2HPO_4）、33.4 g 磷酸氢二钠（$Na_2HPO_4 \cdot 7H_2O$）和 1.7 g 氯化铵（NH_4Cl）溶于水中，稀释至 1 000 mL。此溶液的 pH 应为 7.2。

（2）硫酸镁溶液：将 22.5 g 硫酸镁（$MgSO_4 \cdot 7H_2O$）溶于水中，稀释至 1 000 mL。

（3）氯化钙溶液：将 27.5 g 无水氯化钙溶于水中，稀释至 1 000 mL。

（4）氯化铁溶液：将 0.25 g 氯化铁（$FeCl_3 \cdot 6H_2O$）溶于水中，稀释至 1 000 mL。

（5）盐酸溶液（0.5 mol/L）：将 40 mL（ρ=1.18 g/mL）盐酸溶于水中，稀释至 1 000 mL。

（6）氢氧化钠溶液（0.5 mol/L）：将 20 g 氢氧化钠溶于水中，稀释至 1 000 mL。

（7）亚硫酸钠溶液[c（$1/2Na_2SO_3$）=0.025 mol/L]：将 1.575 g 亚硫酸钠溶于水中，稀释至 1 000 mL。此溶液不稳定，需每天配制。

（8）葡萄糖-谷氨酸标准溶液：将葡萄糖（$C_6H_{12}O_6$）和谷氨酸（$HOOC—CH_2—CH_2—CHNH_2—COOH$）在 103℃干燥 1 h，各称取 150 mg 溶于水中，移入 1 000 mL 容量瓶内并稀释至标线，混合均匀。此标准溶液临用前配制。

（9）稀释水：在 5～20 L 玻璃瓶内装入一定量的水，控制水温在 20℃左右。然后用无油空气压缩机或薄膜泵将此水曝气 2～8 h，使水中的溶解氧接近饱和，也可以鼓入适量纯氧。瓶口盖以两层经洗涤晾干的纱布，置于 20℃培养箱中放置数小时，使水中溶解氧含量达 8 mg/L 左右。临用前于每升水中加入氯化钙溶液、氯化铁溶液、硫酸镁溶液、磷酸盐缓冲溶液各 1 mL，并混合均匀。

稀释水的 pH 值应为 7.2，其 BOD_5 应小于 0.2 mg/L。

（10）接种液：根据所取水样用不同的方法获取适用的接种液。

（11）接种稀释水：取适量接种液加入稀释水中，混匀。每升稀释水中接种液加入量：生活污水为 1～10 mL，表层土壤浸出液为 20～30 mL，河水、湖水为 10～100 mL。

接种稀释水的 pH 值应为 7.2，BOD_5 值以 0.3～1.0 mg/L 为宜。接种稀释水配制后应立即使用。

四、实训内容

1．水样的预处理

（1）水样的 pH 值若超出 6.5～7.5 时，可用盐酸或氢氧化钠稀溶液调节至近于 7，但用量不要超过水样体积的 0.5%；若水样的酸度或碱度很高，可改用高浓度的碱或酸液进行中和。

（2）水样中含有铜、铅、锌、镉、铬、砷、氰等有毒物质时，可使用经驯化的微生物接种液的稀释水进行稀释，或增大稀释倍数，以减小毒物的浓度。

（3）含有少量游离氯的水样，一般放置 1～2 h，游离氯即可消失。对于游离氯在短时间不能消散的水样，可加入亚硫酸钠溶液将其除去。其加入量的计算方法是：取中和好的水样 100 mL，加入（1+1）乙酸 10 mL，100 g/L 碘化钾溶液 1 mL，混匀。以淀粉溶液作指示剂，用亚硫酸钠标准溶液滴定游离碘。根据亚硫酸钠标准溶液消耗的体积及其浓度，计算水样中所需加亚硫酸钠溶液的量。

（4）从水温较低的水域中采集的水样，可能含有过饱和溶解氧，此时应将水样迅速升温至 20℃左右，在不满瓶的情况下，充分振摇，并不时开塞放气，以赶出过饱和的溶解氧。从水温较高的水域或废水排放口取得的水样，则应迅速使其冷却至 20℃左右，并充分振摇，使与空气中氧分压接近平衡。

2．水样的测定

（1）不需稀释水样的测定

溶解氧含量较高、有机物含量较少的地表水，可不经稀释，而直接以虹吸法将约 20℃的混匀水样转移至两个溶解氧瓶内，转移过程中应注意不使其产生气泡。以同样的操作使两个溶解氧瓶充满水样，加塞水封。

立即测定其中一瓶溶解氧，将另一瓶放入培养箱中，在（20±1）℃培养 5 d 后，测其溶解氧。

（2）需经稀释水样的测定

稀释倍数的确定：地面水可由测得的高锰酸盐指数乘以适当的系数求出稀释倍数（表 4-13）。

表 4-13 高锰酸盐指数与系数

高锰酸盐指数 COD_{Mn}/（mg/L）	系 数
＜5	—
5～10	0.2，0.3
10～20	0.4，0.6
＞20	0.5，0.7，1.0

工业废水可由重铬酸钾法测得的 COD 值确定。通常需作三个稀释比，即使用稀释水时，由 COD 值分别乘以系数 0.075、0.15、0.225，即获得三个稀释倍数；使用接种稀释水时，则分别乘以 0.075、0.15 和 0.25，获得三个稀释倍数。

稀释倍数确定后按以下方法之一测定水样：

① 一般稀释法：按照选定的稀释比例，用虹吸法沿筒壁先引入部分稀释水（或接种稀释水）于 1 000 mL 量筒中，加入需要量的均匀水样，再引入稀释水（或接种稀释水）至 800 mL，用带胶板的玻璃棒小心上下搅匀。搅拌时勿使搅棒的胶板露出水面，防止产生气泡。

按不经稀释水样的测定步骤进行装瓶，测定当天溶解氧和培养 5 d 后的溶解氧含量。

另取两个溶解氧瓶，用虹吸法装满稀释水（或接种稀释水）作为空白，分别测定 5 d 前、5 d 后的溶解氧含量。

② 直接稀释法：直接稀释法是在溶解氧瓶内直接稀释。在已知两个容积相同（其差小于 1 mL）的溶解氧瓶内，用虹吸法加入部分稀释水（或接种稀释水），再加入根据瓶容积和稀释比例计算出的水样量，然后引入稀释水（或接种稀释水）至刚好充满，加塞，勿留气泡于瓶内。其余操作与一般稀释法相同。

在 BOD_5 测定中，一般采用叠氮化钠改良法测定溶解氧。如遇干扰物质，应根据具体情况采用其他测定法。

五、数据处理

1. 测定数据记录

表 4-14 水样生化需氧量测定数据记录

编号	稀释倍数	取样体积 V_1/mL	硫代硫酸钠溶液浓度 c/（mol/L）	硫代硫酸钠溶液消耗量 V_2/mL		溶解氧含量 DO/（mg/L）	
				培养前	5 d 后	培养前	5 d 后
1							
2							
3							
4							
空白 1							
空白 2							

2. 计算

（1）不经稀释直接培养的水样

$$BOD_5（mg/L）= c_1 - c_2 \quad (4\text{-}13)$$

式中：c_1—— 水样在培养前的溶解氧浓度，mg/L；

c_2—— 水样经 5 d 培养后，剩余溶解氧浓度，mg/L。

（2）经稀释后培养的水样

$$BOD_5（mg/L）= [(c_1-c_2)-(B_1-B_2)f_1] / f_2 \quad (4\text{-}14)$$

式中：B_1—— 稀释水（或接种稀释水）在培养前的溶解氧浓度，mg/L；

B_2—— 稀释水（或接种稀释水）在培养后的溶解氧浓度，mg/L；
f_1—— 稀释水（或接种稀释水）在培养液中所占比例；
f_2—— 水样在培养液中所占比例。

六、注意事项

（1）测定一般水样的 BOD_5 时，硝化作用很不明显或根本不发生。但对于生物处理池出水，则含有大量硝化细菌。因此，在测定 BOD_5 时也包括了部分含氮化合物的需氧量。对于这种水样，如只需测定有机物的需氧量，应加入硝化抑制剂，如丙烯基硫脲（ATU，$C_4H_8N_2S$）等。

（2）在两个或三个稀释比的样品中，凡消耗溶解氧大于 2 mg/L 和剩余溶解氧大于 1 mg/L 都有效，计算结果时，应取平均值。

（3）为检查稀释水和接种液的质量，以及化验人员的操作技术，可将 20 mL 葡萄糖-谷氨酸标准溶液用接种稀释水稀释至 1 000 mL，测其 BOD_5，其结果应在 180～230 mg/L。否则，应检查接种液、稀释水或操作技术是否存在问题。

（4）培养过程中应经常检查培养瓶封口的水，及时补充，避免干涸。

思考题

1. 在测定水样的 BOD_5 时，哪些水样需要进行接种？哪些水样需要稀释？哪些水样需要对接种液进行驯化？如何制备接种液？

2. 测定水样 BOD_5 的过程中，在移取水样时一般用虹吸法进行而不能用移液管和量筒，为什么？

第十节 水样六价铬的测定

一、实训目的

进一步理解二苯碳酰二肼光度法测水样中六价铬的原理；熟悉可见分光光度计的使用操作；掌握水样六价铬测定技术。

二、原理

在酸性溶液中，六价铬离子与二苯碳酰二肼反应，生成紫红色化合物，其最大吸收波长为 540 nm，吸光度与溶液中紫红色化合物的浓度之间的关系符合比尔定律。

三、仪器及试剂

1. 仪器

（1）分光光度计。

（2）50 mL 具塞比色管。

2．试剂

（1）丙酮。

（2）（1＋1）硫酸：将硫酸（ρ=1.84 g/mL）缓慢加入到同体积水中，混匀。

（3）（1＋1）磷酸：将磷酸（ρ=1.69 g/mL）与等体积水混合。

（4）2 g/L 氢氧化钠溶液：称取氢氧化钠 1 g，溶于 500 mL 新煮沸放冷的水中。

（5）氢氧化锌共沉淀剂：称取硫酸锌（$ZnSO_4 \cdot 7H_2O$）8 g，溶于 100 mL 水中；称取氢氧化钠 2.4 g，溶于 120 mL 水中。将以上两溶液混合。

（6）40 g/L 高锰酸钾溶液。

（7）铬标准储备液：称取于 120℃干燥 2 h 的重铬酸钾（优级纯）0.282 9 g，用水溶解，移入 1 000 mL 容量瓶中，用水稀释至标线，摇匀。每毫升储备液含 0.100 mg 六价铬。

（8）铬标准使用液：吸取 5.00 mL 铬标准储备液于 500 mL 容量瓶中，用水稀释至标线，摇匀。每毫升标准使用液含 1.00 μg 六价铬。使用当天配制。

（9）200 g/L 尿素溶液：将尿素[$(NH_2)_2CO$]溶于水并稀释至 100 mL。

（10）20 g/L 亚硝酸钠溶液：将亚硝酸钠 2 g 溶于水并稀释至 100 mL。

（11）二苯碳酰二肼溶液：称取二苯碳酰二肼（DPC，$C_{13}H_{14}N_4O$）0.2 g，溶于 50 mL 丙酮中，加水稀释至 100 mL，摇匀，贮于棕色瓶内，置于冰箱中保存。颜色变深后不能再用。

四、实训内容

1．水样预处理

（1）对不含悬浮物、低色度的清洁地面水，可直接进行测定。

（2）如果水样有色但不深，可进行色度校正。即另取一份试样，加入除显色剂以外的各种试剂，以 2 mL 丙酮代替显色剂，用此溶液为测定试样溶液吸光度的参比溶液。

（3）对浑浊、色度较深的水样，应加入氢氧化锌共沉淀剂并进行过滤处理。

（4）水样中存在次氯酸盐等氧化性物质时，干扰测定，可加入尿素和亚硝酸钠消除。

（5）水样中存在低价铁、亚硫酸盐、硫化物等还原性物质时，可将 Cr^{6+} 还原为 Cr^{3+}，此时，调节水样 pH 值至 8，加入显色剂溶液，放置 5 min 后再酸化显色，并以同样方法作标准曲线。

2．标准曲线的绘制

（1）取 7 支 50 mL 比色管，依次加入 0.00 mL、0.50 mL、1.00 mL、2.00 mL、4.00 mL、6.00 mL 和 8.00 mL 铬标准使用液，用水稀释至标线，加入（1+1）硫酸 0.5 mL 和（1+1）磷酸 0.5 mL，摇匀。

（2）加入 2 mL 显色剂溶液，摇匀。放置 5～10 min 后，于 540 nm 波长处，用 1 cm 或 3 cm 比色皿以水为参比测定吸光度并作空白校正。

（3）以吸光度为纵坐标，相应六价铬含量为横坐标绘出标准曲线。

3．水样的测定

（1）取适量（含六价铬少于 50 μg）无色透明或经预处理的水样于 50 mL 比色管中，用水稀释至标线，测定方法同标准溶液。

（2）进行空白校正后根据所测吸光度从标准曲线上查得六价铬含量。

五、数据处理

1. 测定结果记录

表 4-15 水样中六价铬含量测定数据记录

编 号	标准曲线							水 样		
	0	1	2	3	4	5	6	1	2	3
铬标液用量/mL	0.00	0.50	1.00	2.00	4.00	6.00	8.00			
Cr^{6+}含量/μg	0.00	0.50	1.00	2.00	4.00	6.00	8.00			
吸光度 *A*										

2. 计算

$$水样六价铬浓度（mg/L）= m/V \tag{4-15}$$

式中：m —— 从标准曲线上查得的六价铬的含量，μg；

V —— 水样的体积，mL。

六、注意事项

（1）用于测定铬的玻璃器皿不应用重铬酸钾洗液洗涤，可用合成洗涤剂洗涤后再依次用浓硝酸洗涤，然后自来水、蒸馏水淋洗干净。

（2）六价铬与显色剂的显色反应一般控制酸度在 0.05～0.3 mol/L（$1/2H_2SO_4$），以 0.2 mol/L 时显色最好。显色前，水样应调至中性。显色温度和放置时间对显色有影响，在 15℃时，5～15 min 后颜色即可稳定。

（3）如测定清洁地面水样，显色剂可按以下方法配制：溶解 0.2 g 二苯碳酰肼于 100 mL 95%的乙醇中，边搅拌边加入（1+9）硫酸 400 mL。该溶液在冰箱中可存放 1 个月。用此显色剂，在显色时直接加入 2.5 mL 即可，不必再加酸。但加入显色剂后，要立即摇匀，以免六价铬被乙酸还原。

思考题

1. 该实验所用的玻璃器具能否用铬酸洗液洗涤，为什么？
2. 如果水样本身有颜色会不会影响测定，为什么？应如何处理？

第十一节 原子吸收分光光度法测定水中铅、镉

一、实训目的

理解原子吸收分光光度法原理；熟悉原子吸收分光光度计的使用方法；学会用原子吸收分光光度计测定同一水样中多种重金属的技术。

二、原理

水样溶液经消解后，被喷入空气-乙炔火焰，在高温下原子化，当从空心阴极灯发射的待测元素的特征谱线通过火焰时，待测元素的基态原子对特征谱线产生吸收，吸光度与溶液待测元素浓度成正比。

铅（Pb）和镉（Cd）的特征波长分别为 283.3 nm 和 228.8 nm，可见二者的特征光波长相差较大，同时，原子吸收分光光度计采用锐线光源，即各自的空心阴极灯，所以测定水样中的 Pb 时 Cd 不干扰，测定 Cd 时 Pb 亦不会干扰。

三、仪器及试剂

1. 仪器

（1）原子吸收分光光度计。

（2）铅空阴极灯。

（3）镉空心阴极灯。

（4）容量瓶。

2. 试剂

（1）（1＋1）硝酸：优级纯。

（2）铅标准储备液：取 0.500 0 g 金属铅（99.9%）置于 100 mL 烧杯中，加（1+1）硝酸 20 mL 使其溶解完全，冷却后再加（1+1）硝酸 20 mL，混匀完全转移到 500 mL 容量瓶中，用去离子水定容，摇匀后贮于塑料瓶中。此溶液每毫升含 1 000 μg 铅。

（3）镉标准储备液：称取 0.500 0 g 金属镉粉（光谱纯），溶解于 25 mL（1+1）硝酸（微热溶解）中，冷却，移入 500 mL 容量瓶中，去离子水定容。此溶液每毫升含 1 000 μg 镉。

（4）镉标准使用液：在 100 mL 容量瓶中，分别精确加入 1 000 μg/mL 的镉标准储备液 10.0 mL，去离子水稀释定容，摇匀备用。此镉标准使用液每毫升含镉 100 μg。

（5）铅镉混合标准使用液：在 1 000 mL 容量瓶中，分别精确加入 1 000 μg/mL 的铅标准储备液 50.0 mL、100 μg/mL 的镉标准使用液 50 mL，再加（1+1）硝酸 50 mL，用去离子水稀释定容，摇匀备用。此铅镉混合标准溶液每毫升含铅 50 μg、含镉 5 μg。

四、实训内容

1. 水样预处理

对于受污染的地面水和有机质含量高的工业废水，用原子吸收法测定其重金属总浓度时需要对水样进行消化处理；对于较清洁或有机质含量低的水样，测定其溶解态重金属浓度时可不消解。

（1）取 50.0 mL 或适量（约含铅 200 μg，含镉 3 μg）水样，置于 150 mL 烧杯中，加入 5 mL 浓硝酸，电热板加热，消解，蒸至近 10 mL 左右，加入 5 mL 硝酸和 5 mL 高氯酸，继续加热至大量白烟冒出，如试液呈较深颜色，则再补加少量硝酸，继续加热至白烟冒尽，切忌煮干。

（2）冷却，加入（1＋1）硝酸 2 mL 溶解，完全移入 50 mL 容量瓶中，去离子水定容。

2. 空白试验

用去离子水代替水样，采用与样品相同的方法和步骤测定空白值。

3. 标准系列配制

取 6 个 50 mL 容量瓶，依次加入 0 mL、1.00 mL、2.00 mL、4.00 mL、6.00 mL 和 8.00 mL 铅镉混合标准使用液，再加入（1+1）硝酸 5 mL，去离子水定容，摇匀。此混合标准系列各金属离子浓度分别为铅：0.0 μg/mL、1.0 μg/mL、2.0 μg/mL、4.0 μg/mL、6.0 μg/mL 和 8.0 μg/mL，镉：0.0 μg/mL、0.1 μg/mL、0.2 μg/mL、0.4 μg/mL、0.6 μg/mL 和 0.8 μg/mL。

4. 仪器条件选择

按所在实验室提供的原子吸收分光光度计的使用说明书启动仪器，参考表 4-16 调节仪器状态条件。

表 4-16 仪器状态条件选择

测定元素	Pb	Cd
空心阴极灯	铅灯	镉灯
特征波长/nm	283.8	228.8
光谱宽带/nm	2.0	1.3
灯电流/mA	2.0	2.0
燃气—压力/MPa—流量/L/min	C_2H_2—0.09—1.5	C_2H_2—0.09—1.0
助气—压力/MPa—流量/L/min	空气—0.3—6.5	空气—0.3 —6.5
火焰类型	氧化性蓝色焰	氧化性蓝色焰

5. 测定

（1）在测铅状态下，测定标准系列溶液的吸光度 *A*（Pb），相同条件下测定空白和水样（消解过的）的吸光度。

（2）在测镉状态下测定标准系列溶液的吸光度 *A*（Cd），相同条件下测定空白和水样（消解过的）的吸光度。

五、数据处理

1. 测定结果记录

表 4-17 水中铅、镉测定数据记录

容量瓶	标准系列						水样		
编号	0	1	2	3	4	5	0	1	2
c（Pb）/（μg/mL）	0.0	1.0	2.0	4.0	6.0	8.0			
吸光度 *A*（Pb）									
c（Cd）/（μg/mL）	0.0	0.1	0.2	0.4	0.6	0.8			
吸光度 *A*（Cd）									

2. 标准曲线的绘制与使用

（1）以浓度 *c*（Pb）为横坐标、吸光度 *A*（Pb）为纵坐标在直角坐标纸上分别绘制铅的标准曲线。根据水样的吸光度 A^*（Pb）（扣除空白吸收值）在该标准曲线上查找对应的

c^*（Pb）。

（2）以浓度 c（Cd）为横坐标、吸光度 A（Cd）为纵坐标在直角坐标纸上分别绘制镉标准曲线。根据水样的吸光度 A^*（Cd）（扣除空白吸收值）在该标准曲线上查找对应的 c^*（Cd）。

3．计算

$$\text{水样铅浓度（mg/L）}= c^*\text{（Pb）}\times 50\ /\ V \qquad (4\text{-}16)$$

式中：c^*（Pb）—— 从标准曲线上查得的 Pb 浓度量，μg/mL；

50 —— 定容体积，mL；

V —— 水样的体积，mL。

$$\text{水样镉浓度（mg/L）}= c^*\text{（Cd）}\times 50/\ V \qquad (4\text{-}17)$$

式中：c^*（Cd）—— 从标准曲线上查得的 Pb 浓度，μg/mL；

50 —— 定容体积，mL；

V —— 水样的体积，mL。

六、注意事项

（1）水样消解时要注意观察，细心控制消解温度，禁忌温度过高反应物溢出和把试样蒸干。补加酸时，务必要等试样冷却后进行。

（2）高氯酸一定要在易分解有机质消解殆尽后加入，防止高氯酸与有机质反应过快而发生爆炸，切记。

（3）提供的仪器状态仅供参考，测定最佳状态随仪器型号不同而异，请以所用仪器的使用手册为准。

思考题

1. 水样消解过程和消解结束时会冒烟，为什么？如何根据烟的情况判断水样消解的情况？
2. 如何判断水样消解好了？如果消解结束水样还有较重的颜色说明什么？该如何处理？
3. 用原子吸收分光光度计法测定水样中的铅时，水中的镉对测定有干扰吗？为什么？

第十二节 水中总磷含量的测定

一、实训目的

掌握钼酸铵分光光度法测定水样中总磷的原理；熟悉可见分光光度计的使用方法；学会水样总磷的测定技术。

二、原理

总磷包括溶解的、颗粒的、有机的和无机的磷。在中性条件下用过硫酸钾（或硝酸-

高氯酸）使试样消解，将所含磷全部氧化为正磷酸盐。在酸性介质中，正磷酸盐与钼酸铵反应，在锑盐存在下生成磷钼杂多酸后，立即被抗坏血酸还原，生成蓝色的络合物。

三、仪器及试剂

1．仪器

（1）医用手提式蒸汽消毒器或一般压力锅（1.1～1.4 kg/cm^2）。

（2）50 mL 具塞（磨口）刻度管（比色管）。

（3）分光光度计。

注意：所有玻璃器皿均应用稀盐酸或稀硝酸浸泡。

2．试剂

（1）浓硫酸（H_2SO_4），密度为 1.84 g/mL。

（2）浓硝酸（HNO_3），密度为 1.4 g/mL。

（3）高氯酸（$HClO_4$），优级纯，密度为 1.68 g/mL。

（4）（1＋1）硫酸（H_2SO_4）。

（5）硫酸，约 $c\,(1/2H_2SO_4)=1$ mo1/L：将 27 mL 浓硫酸倒入 973 mL 水中。

（6）1 mo1/L 氢氧化钠（NaOH）溶液：将 40 g 氢氧化钠溶于水并稀释至 1 000 mL。

（7）6 mo1/L 氢氧化钠（NaOH）溶液：将 240 g 氢氧化钠溶于水并稀释至 1 000 mL。

（8）50 g/L 过硫酸钾溶液：将 5 g 过硫酸钾（$K_2S_2O_8$）溶于水，并稀释至 100 mL。

（9）100 g/L 抗坏血酸溶液：溶解 10 g 抗坏血酸（$C_6H_8O_6$）于水中，并稀释至 100 mL。此溶液贮于棕色的试剂瓶中，在冷处可稳定几周。如不变色可长时间使用。

（10）钼酸盐溶液：溶解 13 g 钼酸铵[$(NH_4)_6Mo_7O_{24}\cdot 4H_2O$]于 100 mL 水中，溶解 0.35 g 酒石酸锑钾（$KSbC_4H_4O_7$）于 100 mL 水中。在不断搅拌下把钼酸铵溶液徐徐倒入 300 mL（1+1）硫酸中，加酒石酸锑钾溶液并且混合均匀。此溶液贮存于棕色试剂瓶中，在冷处可保存两个月。

（11）浊度-色度补偿液：混合 2 体积（1+1）硫酸和 1 体积抗坏血酸溶液。使用当天配制。

（12）磷标准储备溶液：称取（0.219 7±0.001）g 于 110℃干燥 2 h 在干燥器中放冷的磷酸二氢钾（KH_2PO_4），用水溶解后转移至 1 000 mL 容量瓶中，加入大约 800 mL 水、5 mL（1+1）硫酸，用水稀释至标线并混匀。1.00 mL 此标准溶液含 50.0 μg 磷。本溶液在玻璃瓶中可贮存至少 6 个月。

（13）磷标准使用溶液：将 10.0 mL 的磷标准溶液转移至 250 mL 容量瓶中，用水稀释至标线并混匀。1.00 mL 此标准溶液含 2.0 μg 磷。使用当天配制。

（14）10 g/L 酚酞溶液：0.5 g 酚酞溶于 50 mL 95%乙醇中。

四、实训内容

1．水样采集

取 500 mL 水样后加入 1 mL 硫酸调节样品的 pH 值，使之低于或等于 1，或不加任何试剂于冷处保存。含磷量较少的水样，不能用塑料瓶采样，因磷酸盐易吸附在塑料瓶壁上。

2．水样预处理

取 25 mL 样品于具塞刻度管中。取时应仔细摇匀，以得到溶解部分和悬浮部分均具有代表性的试样。如样品中含磷浓度较高，试样体积可以减少。

3．消解

（1）过硫酸钾消解：向水样中加 50 g/L 过硫酸钾 4 mL，将具塞刻度管的盖塞紧后，用一小块布和线将玻璃塞扎紧（或用其他方法固定），放在大烧杯中置于高压蒸汽消毒器中加热，待压力达 1.1 kg/cm^2、相应温度为 120℃时，保持 30 min 后停止加热。待压力表读数降至零后，取出放冷，用水稀释至标线。

（2）硝酸-高氯酸消解：取 25 mL 水样于锥形瓶中，加数粒玻璃珠，加 2 mL 浓硝酸在电热板上加热浓缩至 10 mL；冷后再加 5 mL 浓硝酸，再加热浓缩至 10 mL，放冷；加 3 mL 高氯酸，加热至高氯酸冒白烟，此时可在锥形瓶上加小漏斗或调节电热板温度，使消解液在锥形瓶内壁保持回流状态，直至剩下 3～4 mL，放冷；加水 10 mL，加 1 滴酚酞指示剂；滴加 1 mo1/L 氢氧化钠溶液至刚呈微红色，再滴加 c（$1/2H_2SO_4$）=1 mo1/L 硫酸溶液使微红刚好褪去，充分混匀后移至具塞刻度管中，用水稀释至标线。

4．空白试验

用去离子水代替水样，采用与样品相同的方法和步骤测定空白值。

5．磷标准系列溶液的配制

取 6 支具塞刻度管分别加入 0.0 mL、0.50 mL、1.00 mL、3.00 mL、5.00 mL、10.0 mL 磷酸盐标准使用液，加水至 50 mL。

6．显色

（1）分别向各份消解液和标准系列溶液中加入 100 g/L 抗坏血酸溶液 1 mL，混匀，30 s 后加 2 mL 钼酸盐溶液充分混匀。

（2）室温下放置 15 min。如显色时室温低于 13℃，可在 20～30℃水浴中显色 15 min。

7．测定

室温下放置 15 min 后，使用光程为 10 mm 或 30 mm 的比色皿在 700 nm 波长下以水作参比，测定吸光度。

五、数据处理

1．测定结果记录

表 4-18　水中总磷含量测定数据记录

具塞刻度管编号	标准系列						水样		
	0	1	2	3	4	5	空白	1	2
m（P）/μg	0.00	1.0	2.0	6.0	10.0	20.0			
吸光度 A									

2．标准曲线的绘制与使用

（1）扣除空白试验的吸光度后，以吸光度 A 为纵坐标，对应的磷含量 m（P）为横坐标、在直角坐标纸上分别绘制标准工作曲线。

（2）扣除空白试验的吸光度后，从工作曲线上查得磷的含量。

3. 计算

总磷含量以 c（mg/L）表示，按式（4-18）计算：

$$水样总磷含量\ c\ (\text{mg/L}) = m/V \tag{4-18}$$

式中：m —— 从标准曲线上查得的磷含量，μg；

V —— 测定用水样的体积，mL。

六、注意事项

（1）本方法适用于地面水、污水和工业废水。若取水样 25 mL，则该方法的最低检出浓度为 0.01 mg/L，测定上限为 0.6 mg/L。

（2）如用硫酸保存水样，则当用过硫酸钾消解时，需先将试样调至中性。水样中的有机物用过硫酸钾氧化不能完全破坏时，可用硝酸-高氯酸消解。

（3）硝酸-高氯酸消解需要在通风橱中进行。高氯酸和有机物的混合物经加热易发生危险，需将试样先用硝酸消解，然后再加入硝酸-高氯酸进行消解。

（4）绝不可把消解的试样蒸干。若消解后有残渣，用滤纸过滤于具塞刻度管中，并用水充分清洗锥形瓶及滤纸，一并移到具塞刻度管中。

（5）在酸性条件下，砷、铬、硫干扰测定。砷大于 2 mg/L 干扰测定，用硫代硫酸钠去除。硫化物大于 2 mg/L 干扰测定，通氮气去除。铬大于 50 mg/L 干扰测定，用亚硫酸钠去。

（6）如试样有浊度或色度时，需配制一个空白试样（消解后用水稀释至标线），然后向试料中加入 3 mL 浊度-色度补偿液，但不加抗坏血酸溶液和钼酸盐溶液，然后从试样的吸光度中扣除空白试样的吸光度。

思考题

1. 硝酸-高氯酸消解水样时，为什么必须将试样先用硝酸消解，然后再加入硝酸-高氯酸进行消解？

2. 水样消解后仍有一定色度，会不会影响测定结果？若会影响，应如何处理？

3. 使用压力锅时为防止危险事故发生，应注意哪些事项？

第十三节　水样中氨氮及总氮的测定

一、实训要求

（1）掌握纳氏比色分光光度法测定水样中低浓度氨氮的原理，学会纳氏比色分光光度法测定水样中低浓度氨氮的操作技术。

（2）学会高压灭菌锅和紫外分光光度计使用操作方法，掌握碱性过硫酸钾消解紫外分光光度法测定水样总氮的原理和操作技术。

二、原理

水中的氨氮是指以游离氨（或称为非离子氨，NH_3）和离子氨（NH_4^+）形式存在的氮，两者的组成比取决于水的 pH 值。对于地面水常要求测定非离子氨。水体总氮含量是衡量水体水质的重要指标之一，一般包括氨氮、硝酸盐氮、亚硝酸盐氮和有机氮。

1. 氨氮测定——纳氏试剂比色分光光度法

碘化汞和碘化钾的碱性溶液与氨反应生成淡红棕色胶态化合物，其色度与氨氮含量成正比，通常可在波长 410～425 nm 测其吸光度，计算其含量。

$$2K_2[HgI_4]+3KOH+NH_3=[Hg_2O \cdot NH_2]I+7KI+2H_2O$$

2. 总氮测定——碱性过硫酸钾消解紫外分光光度法

在 60℃以上的水溶液中，过硫酸钾可分解产生硫酸氢钾和原子态氧，硫酸氢钾在溶液中离解产生氢离子，故在氢氧化钠的碱性介质中可促使分解过程趋于完全。分解出的原子态氧在 120～124℃条件下，可使水样中含氯化合物的氮元素转化为硝酸盐。并且在此过程中有机物同时被氧化分解。可用紫外分光光度法于波长 220 nm 和 275 nm 处，分别测出吸光度 A_{220} 及 A_{275} 可按式（4-19）求出校正吸光度 A：

$$A=A_{220}-2A_{275} \tag{4-19}$$

按 A 的值查校准曲线并计算总氮（以 NO_3^-—N 计）含量。

三、仪器及试剂

（一）氨氮测定

1. 仪器

（1）500～1 000 mL 全玻璃磨蒸馏器。

（2）50 mL 具塞比色管（或容量瓶）。

（3）分光光度计。

（4）pH 计。

2. 试剂

（1）无氨水：可用一般纯水通过弱酸性阳离子树脂柱或每升水加入 0.1 mL 浓硫酸进行蒸馏，馏出水接收于玻璃容器中。以下试剂配制用水均应为无氨水。

（2）纳氏试剂：可选择下列一种方法制备。

① 称取 20 g 碘化钾溶于约 100 mL 水中，边搅拌边分次少量加入二氯化汞（$HgCl_2$）结晶粉末（约 10 g），至出现朱红色沉淀不易溶解时，改为滴加饱和二氯化汞溶液，并充分搅拌，当出现微量朱红色沉淀不再溶解时，停止滴加氯化汞溶液。

另称取 60 g 氢氧化钾溶于水，并稀释至 250 mL，冷却至室温后，将上述溶液在搅拌下徐徐注入氢氧化钾溶液中，用水稀释至 400 mL，混匀，静置过夜，将上清液移入聚乙烯瓶中，密塞保存。

② 称取 16 g 氢氧化钠，溶于 50 mL 水中，充分冷却至室温。

另称取 7 g 碘化钾和 10 g 碘化汞（HgI_2）溶于水，然后将此溶液在搅拌下徐徐注入氢氧化钠溶液中，用水稀释至 100 mL，贮于聚乙烯瓶中，密塞保存。

（3）酒石酸钾钠溶液：称取 50 g 酒石酸钾钠（$KNaC_4H_4O_6 \cdot 4H_2O$）溶于 100 mL 水中，加热煮沸以除去氨，放冷，定容至 100 mL。

（4）铵标准储备溶液：称取 3.819 g 经 100℃干燥过的优级纯氯化铵（NH_4Cl）溶于水中，移入 1 000 mL 容量瓶中，稀释至标线。此溶液每毫升含 1.00 mg 氨氮。

（5）铵标准使用溶液：移取 5.00 mL 铵标准储备液于 500 mL 容量瓶中，用水稀释至标线。此溶液每毫升含 10 μg 氨氮。

（6）硼酸吸收液：称取 20 g 硼酸溶于水，稀释至 1 000 mL。

（7）1 mol/L 氢氧化钠溶液。

（8）磷酸盐缓冲液（pH=7.4）：称取 14.3 g 磷酸二氢钾，定容至 1 000 mL，配制后用 pH 计测定其 pH 值，并用磷酸二氢钾或磷酸氢二钾调节 pH 值至 7.4。

（二）总氮测定

1. 仪器

（1）紫外分光光度计及 10 mm 石英比色皿。

（2）医用手提式蒸汽灭菌器或家用压力锅（压力为 1.1～1.4 kg/cm^2），锅内温度相当于 120～124℃。

（3）具玻璃磨口塞比色管，25 mL。

2. 试剂

（1）200 g/L 氢氧化钠溶液：称取 20 g 氢氧化钠，溶于水中，定容至 100 mL。

（2）20 g/L 氢氧化钠溶液：将 200 g/L 氢氧化钠溶液稀释 10 倍而得。

（3）碱性过硫酸钾溶液：称取 40 g 过硫酸钾（$K_2S_2O_3$），另称取 15 g 氢氧化钠溶于水中，稀释至 1 000 mL，溶液存放在聚乙烯瓶内，最长可贮存一周。

（4）（1＋9）盐酸溶液。

（5）硝酸钾标准储备液（c＝100 mg/L）：将适量硝酸钾（KNO_3）置于 105～110℃烘箱中干燥 3 h，再在干燥器中冷却。称取烘干冷却后的硝酸钾 0.721 8 g，溶于无氨水中，转移定容移至 1 000 mL 容量瓶中，用无氨水稀释至标线，在 0～10℃暗处保存，或加入 1～2 mL 三氯甲烷保存，可稳定 6 个月。

（6）硝酸钾标准使用液（c＝10 mg/L）：将储备液稀释 10 倍而得。使用时现配制。

（7）（1＋35）硫酸溶液。

四、实训内容

（一）氨氮测定

1. 水样预处理

（1）若水样无色澄清，可直接测定。

（2）若水样略有颜色或略浑浊，需经过混凝沉淀预处理，即加入适量 pH 值为 10.5 的氢氧化铝悬浮液絮凝后测定。

（3）水样色度、浊度较高或者含干扰物质较多时，需经过蒸馏处理，步骤如下。

① 先在蒸馏瓶中加 200 mL 无氨水，10 mL 磷酸盐缓冲液和数粒玻璃珠，加热至流出物中不含氨，冷却，然后将蒸馏液倾出（留下玻璃珠）。

② 取水样 200 mL 置于蒸馏瓶中，加入 10 mL 磷酸盐缓冲液，以一只盛有 50 mL 硼酸吸收液的 250 mL 锥形瓶收集馏出液。收集时应将冷凝管的导管末端浸入吸收液，其蒸馏速度为 6～8 mL/min，至少收集 150 mL 馏出液。

③ 蒸馏结束前 2～3 min，应把锥形瓶放低，使吸收液面脱离冷凝管，并再蒸馏片刻以洗净冷凝管和导管，用无氨水稀释至 250 mL 备用。

2．标准系列制备及测定

（1）吸取 0、0.50 mL、1.00 mL、3.00 mL、5.00 mL 和 10.0 mL 铵标准使用液于 50 mL 比色管中，加无氨水至标线，加 1.0 mL 酒石酸钾钠溶液，混匀。

（2）加 1.5 mL 纳氏试剂，混匀，放置 10 min 后，在波长 420 nm 处，用光程 20 mm 比色皿，以水为参比，测定吸光度。

3．水样的测定

（1）分取适量经絮凝沉淀处理后的水样（使氨氮含量不超过 0.1 mg），加入 50 mL 比色管中，稀释至标线，加 1.0 mL 酒石酸钾钠溶液，加 1.5 mL 的纳氏试剂，混匀，放置 10 min 后，同标准曲线步骤测量吸光度。

（2）分取适量的水样蒸馏馏出液，加入 50 mL 比色管中，稀释至标线，加一定量 1 mol/L 氢氧化钠溶液，以中和硼酸，稀释至标线，加 1.5 mL 的纳氏试剂，混匀，放置 10 min 后，同标准曲线步骤测量吸光度。

4．空白试验

以无氨水代替水样，做全程序空白测定。

（二）总氮测定

1．水样保存及制备

（1）在水样采集后立即放入冰箱中或低于 4℃的条件下保存，但不得超过 24 h。水样放置时间较长时，可在 1 000 mL 水样中加入约 0.5 mL 硫酸（密度为 1.84 g/mL），酸化到 pH 值小于 2，并尽快测定。

（2）用 20 g/L 氢氧化钠溶液或（1＋35）硫酸溶液调节待测水样（1），使 pH 调至 5～9，从而制得试样。

2．水样消解

（1）取 10.00 mL 试样（含氮量超过 100 mg 时，可减少取作量并加无氨水稀释至 10 mL）置于比色管中。

（2）加入 5 mL 碱性过硫酸钾溶液，塞紧磨口塞，用布及绳等方法扎紧瓶塞，以防弹出。

（3）将比色管置于医用手提蒸汽灭菌器中，加热，使压力表指针为 1.1～1.4 kg/cm^2，温度达 120～124℃后开始计时，或将比色管置于家用压力锅中，加热至顶压阀吹气时开始计时，保持此温度加热 0.5 h。

（4）冷却、开阀放气，移去外盖，取出比色管并冷至室温，加（1＋9）盐酸 1 mL，用无氨水稀释至 25 mL 标线，混匀。

3．水样测定

（1）试样不含悬浮物时，直接移取部分溶液至 10 mm 石英比色皿中，在紫外分光光度计上，以无氨水作参比，分别在波长为 220 nm 与 275 nm 处测定吸光度 A_{220} 和 A_{275}，并用下式计算出校正吸光度 A。

$$A=A_{220}-2A_{275}$$

（2）试样含悬浮物时，澄清后移取上清液到石英比色皿中。再按上述步骤（1）继续进行测定。

4．空白试验

以 10 mL 无氨水代替水样，采用与测定完全相同的试剂、用量和分析步骤进行平行操作。

5．标准系列的制备及测定

（1）取 10 支比色管，分别加入硝酸盐氮标准使用溶液 0.0、0.10 mL、0.30 mL、0.50 mL、0.70 mL、1.00 mL、3.00 mL、5.00 mL、7.00 mL、10.00 mL。无氨水稀释定容至 10.00 mL。

（2）按水样消解和测定步骤先消解再测定。

五、数据处理

（一）氨氮测定

1．测定结果记录

表 4-19　水中氨氮测定数据记录

比色管编号	标准系列						水样		
	0	1	2	3	4	5	空白	1	2
氨氮含量 m/μg	0.00	5	10	30	50	100			
吸光度 A									

2．标准曲线绘制与使用

（1）由标准系列测得的吸光度减去零浓度空白的吸光度后得到校正吸光度，绘制以氨氮含量（μg）对校正吸光度的标准曲线。

（2）由水样测得的吸光度减去空白实验的吸光度后，从标准曲线上查得氨氮含量（μg）。

3．计算

$$氨氮浓度\ c（N，mg/L）= m/V \qquad (4\text{-}20)$$

式中：m —— 从标准曲线上查得的氨氮含量，μg；

V —— 测定用水样的体积，mL。

（二）总氮测定

1. 测定结果记录

表 4-20　水中总氮测定数据记录

比色管编号		含氮量 m/μg	A_{220}	A_{275}	$A=A_{220}-2A_{275}$
标准系列	0	0	0	0	0
	1	1.0			
	2	3.0			
	3	5.0			
	4	7.0			
	5	10.0			
	6	30.0			
	7	50.0			
	8	70.0			
	9	100.0			
水样	空白				
	1				
	2				
	3				

2. 标准曲线绘制与使用

（1）以校正吸光度 A 为纵坐标，氨氮含量（μg）为横坐标，作标准曲线。

（2）由水样校正吸光度 A_x 减去空白实验的校正吸光度后，从标准曲线上查得氨氮含量（μg）。

3. 计算

$$总氮含量\ c（N，mg/L）= m/V \tag{4-21}$$

式中：m—— 从标准曲线上查得的氮含量，μg；

V—— 水样的体积，mL。

六、注意事项

1. 氨氮测定

（1）本法最低检出浓度为 0.025 mg/L（光度法），测定上限为 2 mg/L。

（2）纳氏试剂中碘化汞与碘化钾的比例对显色反应的灵敏度有较大影响。静置后生成的沉淀应除去。

（3）滤纸中常含痕量铵盐，使用时注意用无氨水洗涤。所用玻璃器皿应避免实验室空气中氨的玷污。

2. 总氮测定

（1）该方法适用于地面水、地下水的测定。氮的最低检出浓度为 0.050 mg/L，测定上限为 4 mg/L。

（2）当测定值接近检测限时，必须控制空白试验的吸光度 A 不超过 0.03，超过此值，要检查所用水、试剂、器皿和家用压力锅或医用手提式蒸汽灭菌器的压力。

思考题

1. 硝酸-高氯酸消解水样时，为什么必须将试样先用硝酸消解，然后再加入硝酸-高氯酸进行消解？

2. 水样消解后仍有一定色度，会不会影响测定结果？若会影响，应如何处理？

3. 使用压力锅时为防止危险事故发生，应注意哪些事项？

4. 纳氏比色分光光度法测定水样氨氮和碱性过硫酸钾消解紫外分光光度法测定水样总氮比较，二者对分光光度计的要求有何不同？为什么？

第十四节　水中挥发酚的测定

一、实训目的

了解 4-氨基安替比林分光光度法测定挥发酚的原理；掌握水中挥发酚测定操作技术和蒸馏处理技术。

二、原理

根据酚类能否与水蒸气一起蒸出的性质，分为挥发酚和不挥发酚。挥发酚多指沸点在 230℃以下的酚类，多属于一元酚类。酚类主要来自石油冶炼、煤气、炼焦、造纸、合成氨和化工等行业的废水。

测定水中挥发酚时，一般需要对水样进行预蒸馏处理，以消除色度、浊度等的干扰。

在 pH 值为 10.0±0.2 的介质中若有铁氰化钾存在下，与 4-氨基安替比林反应会生成橙红色的吲哚酚氨基安替比林染料，其水溶液在 510 nm 波长处有最大吸收。

若用光程长为 20 mm 比色皿测定时，该方法对酚的最低检出浓度为 0.1 mg/L。

三、仪器及试剂

1. 仪器

（1）500 mL 全玻璃蒸馏器。

（2）分光光度计。

（3）50 mL 具塞比色管（或容量瓶）。

2. 试剂

（1）无酚水：于 1 000 mL 水中加入 0.2 g 经 200℃活化 0.5 h 的活性炭粉末，充分振摇后，放置过夜。用双层中速滤纸过滤，或加入氢氧化钠使水呈强碱性，并滴加高锰酸钾溶液至紫红色，移入蒸馏瓶中，加热蒸馏，收集馏出液，盛于玻璃瓶中贮存备用。

注意：无酚水应避免与橡胶制品、橡皮塞或乳胶管等接触。

（2）硫酸铜溶液：称取 50 g 硫酸铜（$CuSO_4 \cdot 5H_2O$）溶于无酚水中，稀释至 500 mL。

（3）磷酸溶液：量取 50 mL 密度为 1.69 g/mL 磷酸，用无酚水稀释至 500 mL。

（4）甲基橙指示液：称取 0.05 g 甲基橙溶于 100 mL 无酚水中。

（5）苯酚标准储备液：称取 1.00 g 无色苯酚（C_6H_5OH）溶于无酚水中，移入 1 000 mL 容量瓶中，用无酚水稀释至标线。置冰箱冷藏室内保存，至少稳定 1 个月。

标定方法：

① 吸取 10.00 mL 酚标准储备液于 250 mL 碘量瓶中，加水稀释至 100 mL，加 10.0 mL 0.1 mol/L 溴酸钾-溴化钾溶液，立即加入 5 mL 盐酸，盖好瓶塞，轻轻摇匀，暗处放置 10 mim，加入 1 g 碘化钾，塞紧瓶塞，暗处放置 5 mim。用 0.012 5 mol/L 硫代硫酸钠标准溶液滴定至溶液呈淡黄色，再加入 1 mL 淀粉溶液，继续滴定至蓝色刚好褪去为止，记录硫代硫酸钠溶液的用量。

② 同时以水代替苯酚储备液做空白实验，记录滴定过程硫代硫酸钠标准溶液的用量。

③ 苯酚储备液浓度由式（4-20）计算：

$$\text{苯酚浓度（mg/L）} = (V_1 - V_2) \cdot c \times 15.68/V \tag{4-22}$$

式中：V_1 —— 空白实验中硫代硫酸钠标准溶液的用量，mL；

V_2 —— 滴定苯酚储备液时硫代硫酸钠标准溶液的用量，mL；

V —— 硫代硫酸钠标准溶液的浓度，mol/L；

15.68 —— 1/6 C_6H_5OH 的摩尔质量，g/mol。

（6）苯酚标准中间液：取适量苯酚储备液，用水稀释至每毫升溶液含苯酚 0.010 mg。使用时当天配制。

（7）溴酸钾-溴化钾标准参考溶液[c（1/6 $KBrO_3$）= 0.1 mol/L]：称取 2.784 g 溴酸钾（$KBrO_3$）溶于水中，加入 10 g 溴化钾（KBr），使其溶解，移入 1 000 mL 容量瓶中，稀释至标线。

（8）碘酸钾标准参考溶液[c（1/6 KIO_3）=0.012 5 mol/L]：称取预先经 180℃烘干的碘酸钾 0.445 8 g 溶于水中，移入 1 000 mL 容量瓶中，稀释至标线。

（9）硫代硫酸钠标准溶液[c（$Na_2S_2O_3 \cdot 5H_2O$）≈0.012 5 mol/L]：称取 3.1 g 硫代硫酸钠溶于煮沸放冷的水中，加入 0.2 g 碳酸钠，稀释至 1 000 mL。临用前用碘酸钾溶液标定。

标定方法：取 10.00 mL 碘酸钾溶液置 250 mL 容量瓶中，加水稀释至 100 mL，加 1 g 碘化钾，再加 5 mL（1+5）硫酸，加塞，轻轻摇匀。置暗处放置 5 min，用硫代硫酸钠溶液滴定至淡黄色，加 1 mL 淀粉溶液，继续滴定至蓝色刚好褪去为止，记录硫代硫酸钠溶液用量。按式（4-21）计算硫代硫酸钠溶液浓度：

$$c\,(Na_2S_2O_3 \cdot 5H_2O)\text{（mol/L）} = 0.012\,5\, V_4/V_3 \tag{4-23}$$

式中：V_3——硫代硫酸钠标准溶液消耗量，mL；

V_4——移取碘酸钾标准参考溶液量，mL；

0.012 5——碘酸钾标准参考溶液浓度，mol/L。

（10）淀粉溶液：称取 1 g 可溶性淀粉，用少量水调成糊状，加沸水至 100 mL，冷后，置冰箱内保存。

（11）pH=10 的缓冲溶液：称取 20 g 氯化铵（NH_4Cl）溶于 100 mL 氨水中，加塞，置于冰箱中保存。

注意：应避免氨挥发引起 pH 值的改变；在低温下保存和取用后应立即加塞盖严，并根据使用情况适量配制。

（12）20 g/L 4-氨基安替比林溶液：称取 4-氨基安替比林（$C_{11}H_{13}N_3O$）2 g 溶于水中，稀释至 100 mL，置于冰箱中保存。可使用一周。

注意：固体试剂易潮解、氧化，宜保存在干燥器中。

（13）80 g/L 铁氰化钾溶液：称取 8 g 铁氰化钾{$K_3[Fe(CN)_6]$}溶于水中，稀释至 100 mL，置于冰箱内保存。可使用一周。

四、实训内容

1. 水样预处理

（1）量取 250 mL 水样置蒸馏瓶中，加数粒小玻璃珠以防暴沸，再加 2 滴甲基橙指示液，用磷酸溶液调节至 pH 值约为 4（溶液呈橙红色），加 5.0 mL 硫酸铜溶液（如采样时已加过硫酸铜，则适量补加）；如加入硫酸铜溶液后产生较多量的黑色硫化铜沉淀，则应摇匀后放置片刻，待沉淀后，再滴加硫酸铜溶液，至不产生沉淀为止。

（2）连接冷凝器，加热蒸馏，至蒸馏出约 225 mL 时，停止加热，静置冷却。向蒸馏瓶中加入 25 mL 无酚水，继续蒸馏至馏出液为 250 mL 为止。

蒸馏过程中，如发现甲基橙的红色褪去，应在蒸馏结束后，再加 1 滴甲基橙指示液；如发现蒸馏后残液不呈酸性，则应重新取样，增加磷酸加入量，进行蒸馏。

2. 标准系列制备及测定

（1）于 7 支 50 mL 比色管中，分别加入 0、0.50 mL、1.00 mL、3.00 mL、5.00 mL、7.00 mL 和 10.00 mL 酚标准中间液，加无酚水至 50 mL 标线。

（2）各加 0.5 mL 缓冲溶液（pH=10），混匀，此时 pH 值为 10.0±0.2；再加 4-氨基安替比林 1 mL，混匀；最后加 1 mL 铁氰化钾，充分混匀后，放置 10 min。

（3）时间到达，立即于 510 nm 波长，用光程为 20 mm 比色皿，以水为参比，测量吸光度。

3. 水样的测定

（1）分取适量的馏出液放入 50 mL 比色管中，稀释至 50 mL 标线。

（2）用与绘制标准曲线相同的步骤测定吸光度，最后减去空白实验所得吸光度。

4. 空白试验

以无酚水代替水样，经蒸馏后，按水样测定步骤进行测定，以其结果作为水样测定的空白校正值。

五、数据处理

1. 测定结果记录

表 4-21 水中挥发酚测定数据记录

比色管编号	标准系列							样品		
	0	1	2	3	4	5	6	空白	样 1	样 2
苯酚标准中间液用量 V/mL	0	0.5	1.00	3.00	5.00	7.00	10.0			
苯酚含量 m/μg	0	5	10	30	50	70	100			
吸光度 A										

2. 标准曲线绘制与使用

（1）由标准系列测得的吸光度减去零浓度空白的吸光度后，得到校正吸光度，绘制以校正吸光度 A 对苯酚含量（μg）的标准曲线。

（2）由水样测得的吸光度减去空白实验的吸光度后，从标准曲线上查得氨氮含量（μg）。

3. 计算

$$挥发酚含量（以苯酚计，mg/L）=m/V \quad (4\text{-}24)$$

式中：m —— 从标准曲线上查得的苯酚含量，μg；

V —— 移取馏出液的体积，mL。

六、注意事项

（1）如水样含挥发酚较高，移取适量水样并加至 250 mL 进行蒸馏，则在计算时应乘以稀释倍数。

（2）如果水样中有游离余氯，可加入过量的硫酸亚铁将余氯还原为氯离子，然后蒸馏。

思考题

1. 蒸馏时，向水样中加入硫酸铜的目的是什么？加入磷酸将水样调成酸性介质的目的是什么？

2. 水样中存在哪些物质对挥发酚的测定有干扰？应如何消除？

第十五节 水中矿物油的测定

一、实训目的

掌握紫外分光光度法测定水中矿物油含量的原理；熟悉紫外分光光度计的使用操作方法；学会矿物油测定操作技术。

二、原理

石油及其产品在紫外光区有特征吸收，带有苯环的芳香族化合物，主要吸收波长为 250～260 nm；带有共轭双键的化合物主要吸收波长为 215～230 nm。一般原油的两个主要吸收波长为 225 nm 和 254 nm。石油产品中，如燃料油、润滑油等的吸收峰与原油相近。因此，波长的选择应视实际情况而定，原油和重质油可选 254 nm，而轻质油及炼油厂的油品可选 225 nm。

标准油采用受污染地点水样中的石油醚萃取物。如有困难可采用 15 号机油、20 号重柴油或环保部门批准的标准油。

水样加入 1～5 倍含油量的苯酚，对测定结果无干扰，动、植物性油脂的干扰作用比红外线法小。用塑料桶采集或保存水样，会引起测定结果偏低。

三、仪器及试剂

1. 仪器

（1）紫外-可见分光光度计（具 215～256 nm 波长），10 mm 石英比色皿。

（2）1 000 mL 分液漏斗。

（3）50 mL 容量瓶。

（4）G3 型 25 mL 玻璃砂芯漏斗。

2. 试剂

（1）标准油：用经脱芳烃并重蒸馏过的 30～60℃石油醚，从待测水样中萃取油品，经无水硫酸钠脱水后过滤。将滤液置于（65±5）℃水浴上蒸出石油醚，然后置于（65±5）℃恒温箱内赶尽残留的石油醚，即得标准油品。

（2）标准油储备溶液：准确称取标准油品 0.100 g 溶于石油醚中，移入 100 mL 容量瓶内，稀释至标线，贮于冰箱中。此溶液每毫升含 1.00 mg 油。

（3）标准油使用溶液：临用前把上述标准油储备液用石油醚稀释 10 倍，此液每毫升含 0.10 mg 油。

（4）无水硫酸钠：在 300℃下烘 1 h，冷却后装瓶备用。

（5）石油醚，60～90℃馏分。

（6）脱芳烃石油醚：将 60～100 目粗孔微球硅胶和 70～120 目中性层析氧化铝（在 150～160℃活化 4 h）在未完全冷却前装入内径 25 mm（其他规格也可）、高 750 mm 的玻璃柱中。下层硅胶高 600 mm，上面覆盖 50 mm 厚的氧化铝，将 60～90℃石油醚通过此柱以脱除芳烃。收集石油醚于细口瓶中，以水为参比，在 225 nm 处测定处理过的石油醚，其透光率不应小于 80%。

（7）（1+1）硫酸。

（8）氯化钠。

四、实训内容

（1）向 7 个 50 mL 容量瓶中，分别加入 0、2.00 mL、4.00 mL、8.00 mL、12.00 mL、20.00 mL 和 25.00 mL 标准油使用溶液，用石油醚（60～90℃）稀释至标线。在选定波长处，用 10 mm 石英比色皿，以石油醚为参比测定吸光度，经空白校正后，绘制标准曲线。

（2）将已知体积的水样，完全移入 1 000 mL 分液漏斗中，加入（1+1）硫酸 5 mL 酸化（若采样时已酸化，则不需加酸）。加入氯化钠，其量约为水体积的 2%。用 20 mL 石油醚（60～90℃馏分）清洗采样瓶后，移入分液漏斗中。充分振摇 3 min，静置使之分层，将水层移入采样瓶内。

（3）将石油醚萃取液通过内铺有约 5 mm 厚度无水硫酸钠层的砂芯漏斗，滤入 50 mL 容量瓶内。

（4）将水层移回分液漏斗内，用 20 mL 石油醚重复萃取一次，同上操作。然后用 10 mL 石油醚洗涤漏斗，其洗涤液均收集于同一容量瓶内，并用石油醚稀释至标线。

（5）在选定的波长处，用 10 mm 石英比色皿，以石油醚为参比，测量其吸光度。

（6）取与水样相同体积的纯水，用同样操作进行空白试验，测量吸光度。

五、数据处理

1. 测定结果记录

表 4-22 水中矿物油测定数据记录

比色管编号	标准系列							样品		
	0	1	2	3	4	5	6	空白	样 1	样 2
油含量 *m* /μg	0	200	400	0.80	1 200	2 000	2 500			
吸光度 *A*										

2. 标准曲线绘制与使用

（1）由标准系列测得的吸光度减去零浓度空白的参比吸光度后，得到校正吸光度，绘制以含油量（μg）对校正吸光度的标准曲线。

（2）由水样测得的吸光度减去空白实验的吸光度后，从标准曲线上查得相应油含量（μg）。

3. 计算

$$\text{油含量（mg / L）} = m/V \tag{4-25}$$

式中：m—— 从标准曲线上查得的油含量，μg；

V—— 测定用水样体积，mL。

六、注意事项

（1）不同油品的特征吸收峰不同，如难以确定测定的波长时，可向 50 mL 容量瓶中移入标准油使用溶液 20～25 mL，用石油醚稀释至标线，在波长为 215～300 nm 处用 10 mm 石英比色皿测得吸收光谱图（以吸光度为纵坐标，波长为横坐标的吸光度曲线），得到最大吸收峰的位置，一般在 220～225 nm。

（2）使用的器皿应避免有机物污染。

（3）水样及空白测定所使用的石油醚应为同一批号，否则会由于空白值不同而产生误差。

（4）如石油醚纯度较低或缺乏脱芳烃条件，亦可采用己烷作萃取剂。将己烷重蒸馏后使用或用水洗涤 3 次，以除去水溶性杂质。以水作参比，于波长 225 nm 处测定，其透光率应大于 80%方可使用。

思考题

1. 试分析标准系列中的 0 号和空白有什么区别。能相互替代吗？

2. 本实训测定过程配制标准系列时，稀释过程所用稀释剂应该用水还是用石油醚？容量瓶使用前是否需要烘干？

第十六节 离子色谱法测定水中常见阴离子

一、实训目的

熟悉离子色谱分析的基本原理及操作技术；掌握用离子色谱定性和定量分析阴离子的方法。

二、原理

离子色谱仪由给料系统、分离系统、检测系统和数据处理系统四大部分组成。这里只重点介绍分离系统和检测系统，其他内容请参阅《仪器分析》有关内容。

分离系统是填充离子交换树脂的分离柱，是离子色谱的关键部分。在柱内，待测阴离子在 HCO_3^-（对阴离子交换一般采用 $NaHCO_3$-Na_2CO_3 为洗提剂）洗提液的携带下，在树脂上发生下列交换反应：

$$X^- + HCO_3^- N^+R\text{-树脂} \Leftrightarrow XN^+R\text{-树脂} + HCO_3^-$$

其交换平衡常数为：

$$K = \frac{[XN^+R\text{-树脂}][HCO_3^-]}{[HCO_3^- N^+R\text{-树脂}][X^-]} \quad (4\text{-}26)$$

式中，X^-为待测的溶质阴离子，它与树脂的作用力大小取决于自身的半径大小、电荷的多少及形变能力。因此，不同的离子被洗提的难易程度不同，一般阴离子洗提的顺序为：F^-、Cl^-、NO_3^-、HPO_4^{2-}、Br^-、NO_3^-、SO_4^{2-}。

DIONEX 2010i 型离子色谱仪的检测系统采用电导检测器。但是，从分离柱流出的溶液不仅含有被分离的待测离子，而且还包括洗脱液 $NaHCO_3$ 或 Na_2CO_3 的离子。因此，溶液在进入电导池之前应流入纤维薄膜再生抑制柱。该薄膜仅允许阳离子渗透。分离柱出来的溶液由薄膜内流过，膜外以逆流方式通过一定浓度的硫酸。这样，Na^+、H^+分别透过薄膜，HCO_3^-及 CO_3^{2-}被中和。

$$HCO_3^- + H^+ \longrightarrow H_2CO_3$$

$$CO_3^{2-} + 2H^+ \longrightarrow H_2CO_3$$

碳酸的离解度很小，其电导率很低，所以通过电导池的溶液主要显示待测离子的电导率。检测数据以数字显示出来，并由记录仪记录下来。

三、仪器及试剂

1．仪器

（1）DIONEX 2010i 型离子色谱仪。

（2）超声波发生器。

（3）50 μL 平头进样器。

2．试剂

（1）NaF、KCl、K_2SO_4、$NaNO_3$、浓硫酸等优级纯试剂。

（2）超纯水：经 0.4 μm 微孔滤膜过滤去离子水，其电导率小于 0.5 μS/cm。

（3）单一阴离子标准储备液：准确称取下列纯物质，用超纯水于容量瓶中配成 100 mL 溶液，即为 1 000 mg/L 标准储备液。

① F^-：0.221 0 g NaF。

② Cl^-：0.164 8 g NaCl。

③ NO_3^-：0.137 1 g $NaNO_3$。

④ SO_4^{2-}：0.181 4 g K_2SO_4。

（4）待测各阴离子标准使用液：吸取上述 4 种阴离子标准储备液各 0.50 mL，分别置于 4 只 50 mL 容量瓶中，各加入洗脱储备液 0.05 mL，超纯水稀释定容，摇匀即得。

（5）待测阴离子的混合标准使用液：吸取上述单一标准 F^-溶液 1.5 mL、Cl^-溶液 2 mL、NO_3^-溶液 15 mL、SO_4^{2-}溶液 25 mL，于 500 mL 容量瓶中，用超纯水稀释至标线即可。混合使用液中各阴离子浓度见表 4-23。

表 4-23　混合使用液中各阴离子浓度

阴离子标准使用液	F^-	Cl^-	NO_3^-	SO_4^{2-}
标准储备液使用量/mL	1.5	2	15	25
阴离子浓度/（mg/L）	3	4	30	50

（6）$NaHCO_3$-Na_2CO_3 洗脱储备液：分别称取 26.04 g 碳酸氢钠（$NaHCO_3$）和 25.44 g 碳酸钠（Na_2CO_3）[于（105±5）℃下烘干 2 h，并在干燥器内冷却，保存]溶于水中，并转移到 1 只 1 000 mL 容量瓶中，超纯水稀释定容，摇匀备用。该洗脱储备液中 $NaHCO_3$ 的浓度为 0.31 mol/L，Na_2CO_3 的浓度为 0.24 mol/L。

（7）洗脱使用液：吸取上述洗脱储备液 10.00 mL 于 1 000 mL 容量瓶中，超纯水定容，摇匀，再用 0.45 μm 微孔滤膜过滤，即得 0.003 1 mol/L $NaHCO_3$-0.002 4 μmol/L Na_2CO_3 洗脱液，临用前需脱气处理。

四、实训内容

1. 仪器准备

（1）根据实验条件，将仪器按照仪器操作步骤调节至可进样状态（系统达到平衡，积分仪基线呈一直线）。

（2）对 DIONEX 2010i 型离子色谱仪，本实验的仪器测定条件为：

① 进样量 50 μL。

② 洗提液 0.31 mol/LNaHCO$_3$-0.24 mol/L Na_2CO_3，洗提液流速 2.3 mL/min。

③ 电导灵敏选择 10～30 μS。

④ 记录仪纸速 0.5 cm/min，灵敏度选择 1 V。

2. 欲测离子保留时间的测定

（1）分别吸取 50 μL 各阴离子标准使用液进样，分别记录各自的色谱图，并重复进样两次。

（2）测量各阴离子标准使用液色谱峰的保留时间 T_R。

（3）分别吸取 50 μL 阴离子标准混合使用液，进样，记录色谱图，确定各阴离子特定色谱峰的出现顺序及位置。重复进样两次。

3．欲测离子工作曲线的绘制

（1）分别吸取阴离子标准混合使用液 1.00 mL、2.00 mL、4.00 mL、6.00 mL 和 8.00 mL 于 5 只 10 mL 容量瓶（带刻度线的具塞比色管）中，各加入 0.1 mL 洗脱储备液，然后用水稀释到刻度，摇匀。

（2）分别吸取各浓度标准溶液 50 μL，进样，记录色谱图。重复进样两次。

（3）取未知水样 99.00 mL，加 1.00 mL 洗脱储备液，摇匀，经 0.45 μm 微孔滤膜过滤后，取 100 μL 按同样试验条件进样，记录色谱图。重复进样两次。

五、数据处理

1．测定结果记录

（1）测量各阴离子标准使用液色谱峰的保留时间 T_R，将测量结果填入表 4-24 中。

（2）测量标准混合使用液色谱图中各色谱峰的保留时间 T_r（与表 4-24 中 T_R 比较，确定各色谱峰属何种阴离子）与峰高 h（带计算机工作站的计算机会自动处理，并输出这些数据；若与色谱仪连接的是记录仪，则需要手工测量 T_R 和峰高 h）。测量结果填入表 4-25～表 4-28。

表 4-24 各阴离子标准使用液色谱峰的保留时间 T_R

项目	测定次序数	F^-	Cl^-	NO_3^-	SO_4^{2-}
T_R	1				
	2				
	3				
	平均值				

（3）确定未知水样色谱图中各色谱峰所代表的组分，测量各组分特征色谱峰的峰高 h，结果填入下表。

① 测定水中的 F^-。

表 4-25 水中 F^- 测定数据记录

项　目	标准溶液					待测试样			F^-平均值/（mg/L）
	1	2	3	4	5	A	B	C	
峰高 h/mm									—
F^-量/μg									—
F^-/（mg/L）									

② 测定水中的NO_3^-。

表 4-26 水中NO_3^-测定数据记录

项 目	标准溶液					待测试样			NO_3^-平均值/（mg/L）
	1	2	3	4	5	A	B	C	
峰高 h/mm									—
NO_3^-量/μg									—
NO_3^-/（mg/L）									

③ 测定水中的SO_4^{2-}。

表 4-27 水中SO_4^{2-}测定数据记录

项 目	标准溶液					待测试样			SO_4^{2-}平均值/（mg/L）
	1	2	3	4	5	A	B	C	
峰高 h/mm									—
SO_4^{2-}量/μg									—
SO_4^{2-}/（mg/L）									

④ 测定水中的Cl^-。

表 4-28 水中Cl^-测定数据记录

项 目	标准溶液					待测试样			Cl^-平均值/（mg/L）
	1	2	3	4	5	A	B	C	
峰高 h/mm									—
Cl^-量/μg									—
水样稀释倍数									
Cl^-/（mg/L）									

2. 结果处理

（1）根据测得的各组分特征色谱峰峰高和对应组分浓度，作峰高与浓度的工作曲线（h-c）。

（2）根据未知水样欲测组分的特征色谱峰峰高 h，在相应的工作曲线上找出其含量。

（3）或者根据式（4-27）计算：

$$\text{阴离子浓度（mg/L）} = c_{标} \cdot h_{试} / h_{标} \tag{4-27}$$

式中：$h_{试}$—— 试样中相应待测离子产生的峰高，mm；

$h_{标}$—— 标准溶液中相应离子产生的峰高，mm；

$c_{标}$—— 标准溶液中相应离子的浓度，mg/L。

六、注意事项

（1）离子色谱属昂贵仪器，离子色谱柱是离子色谱仪的核心部分之一，使用时要严格遵守操作规则，每次使用完毕，务必将色谱柱用去离子水（或洗脱液）冲洗干净。

（2）待测水样若污染较严重，进样前一定要经过前处理环节，以免污染色谱柱。

（3）洗脱液需经过超声波脱气后使用。

思考题

1. 离子色谱仪的工作原理是什么？
2. 离子色谱仪是如何抑制洗提液 $NaHCO_3$-Na_2CO_3 的电导的？

第五章
大气和废气监测

【实训要点】

通过实训，学生能进行环境空气中常规监测项目总悬浮颗粒物、PM_{10}、二氧化硫、二氧化氮、室内空气的主要污染物甲醛、苯系物等的监测，能够应用空盒气压表、风速风向表、甲醛测定仪等现场监测仪器，使用大气采样机、颗粒物采样器、油烟、烟尘采样器等常用的大气采样设备进行采样；能够对监测数据进行简单的评述并出具监测报告。

第一节　环境空气中颗粒物的测定

一、总悬浮颗粒物的测定——重量法

（一）实训目的

掌握测定大气中悬浮颗粒物（TSP）的基本原理和方法；能够正确操作使用 TSP 采样器；能够及时解决在采样现场出现的技术问题。

（二）方法适用范围

本方法适合于用大流量和中流量总悬浮颗粒物采样器（简称采样器）进行空气中总悬浮颗粒物的测定。方法的检测限为 0.001 mg/m^3。总悬浮颗粒物含量过高或雾天采样使滤膜阻力大于 10 kPa 时，本方法不适用。

（三）原理

通过具有一定切割特性的采样器，以恒速抽取定量体积的空气，空气中粒径小于 100 μm 的悬浮颗粒物，被截留在已恒重的滤膜上。根据采样前、后滤膜重量之差及采样体积，计算总悬浮颗粒物的浓度。滤膜经处理后，可进行组分分析。

（四）仪器和材料

（1）大流量或中流量采样器。

（2）X 光看片机：用于检查滤膜有无缺损。

（3）打号机：用于在滤膜及滤膜袋上打号。

（4）镊子：用于夹取滤膜。

（5）滤膜：超细玻璃纤维滤膜，对 0.3 μm 标准粒子的截留效率不低于 99%，在气流速度为 0.45 m/s 时，单张滤膜阻力不大于 3.5 kPa，在同样气流速度下，抽取经高效过滤器净化的空气 5 h，1 cm^2 滤膜失重不大于 0.012 mg。

（6）滤膜袋：用于存放采样后对折的采尘滤膜。袋面印有编号、采样日期、采样地点、采样人等信息。

（7）滤膜保存盒：用于保存、运送滤膜，保证滤膜在采样前处于平展不受折状态。

（8）恒温恒湿箱：箱内空气温度要求在 15～30℃连续可调，控温精度±1℃；箱内相对湿度应控制在（50±5）%。恒温恒湿箱可连续工作。

（9）天平：

① 总悬浮颗粒物大盘天平：用于大流量采样滤膜称量。称量范围≥10 g；感量 1 mg；再现性（标准差）≤2 mg。

② 分析天平：用于中流量采样滤膜称量。称量范围≥10 g；感量 0.1 mg；再现性（标准差）≤0.2 mg。

（五）实训内容

1. 采样器的流量校准

新购置或维修后的采样器在启用前，需进行流量校准，正常使用的采样器每月需进行一次流量校准。流量校准仪器可用孔口流量计，也可用电子校准装置（如武汉天虹智能仪表厂的 TH-BQX 型便携式气体、粉尘、烟尘采样仪检验装置）。校准流量时，要确保气路密封连接，流量校准后，如发现滤膜上尘的边缘轮廓不清晰或滤膜安装歪斜等情况，可能造成漏气，应重新进行校准。校准合格的采样器，即可用于采样，不得再改动调节器状态。

2. 采样

（1）滤膜准备

检查滤膜（不得有针孔或任何缺陷）→滤膜编号（光滑表面两个对角上）→滤膜袋编号→滤膜在 15～30℃恒温恒湿箱中平衡 24 h，记录平衡温度与湿度→称量滤膜 W_0（g）（表 5-1）（在上述平衡条件下，大流量采样器滤膜称量精确到 1 mg，中流量采样器滤膜称量精确到 0.1 mg）→滤膜盒中保存（不得弯曲或折叠）。

表 5-1 总悬浮颗粒物分析原始记录表

样品名称：环境空气　　　　收样日期：　　年　　月　　日

称重日期：W_0：　　年　　月　　日　　　W_1：　　年　　月　　日

天平型号：　　天平编号：　　方法依据：GB/T 15432—1995　　方法检出限：0.001 mg/m^3

计算公式：$C=K\times(W_1-W_0)/V_0$（大流量采样器 $K=1\times10^6$；中流量采样器 $K=1\times10^9$）

序号	样品编号	标准状态下采样体积 V_0/m^3	采样前滤膜 W_0/g	采样后滤膜 W_1/g	(W_1-W_0) /g	样品浓度/(mg/m^3)	备注

分析：　　　　校核：　　　　审核：

（2）安放滤膜及采样

取出滤膜夹，清洁采样头内及滤膜夹的灰尘→将准备好的滤膜绒面向上安放在滤膜支持网上，放上滤膜夹→安好采样头顶盖→设置采样时间，启动采样→样品采完后，取下滤膜，放入号码相同的滤膜袋中→填写采样记录（表 5-2）。

表 5-2　大气采样原始记录表

委托单位：　　　　　　　　采样点名称：　　　　　　采样日期：　　年　　月　　日

方法依据：　　　　　　　　采样器型号：　　　　　　采样器编号：

天气状况：　　相对湿度：　　%　　　　风向：　　　　风速：　　m/s

<table>
<tr><th rowspan="2">序号</th><th rowspan="2">监测项目</th><th rowspan="2">样品编号</th><th colspan="2">采样起止时间</th><th rowspan="2">累计采样时间/min</th><th rowspan="2">采样流量/（L/min）</th><th rowspan="2">气温 t/℃</th><th rowspan="2">气压 p/kPa</th><th rowspan="2">采样体积 V_t/L</th><th rowspan="2">标准状况下采样体积 V_0/L</th><th rowspan="2">备注</th></tr>
<tr><th>开始</th><th>结束</th></tr>
<tr><td></td><td></td><td></td><td></td><td></td><td></td><td></td><td></td><td></td><td></td><td></td><td></td></tr>
<tr><td></td><td></td><td></td><td></td><td></td><td></td><td></td><td></td><td></td><td></td><td></td><td></td></tr>
<tr><td colspan="2">计算公式</td><td colspan="4"></td><td colspan="3">样品现场处理情况</td><td colspan="3"></td></tr>
</table>

采样：　　　　　　　　　　　　送样：　　　　　　　　　　　　接样：

取滤膜时，如发现滤膜损坏，或滤膜上尘的边缘轮廓不清晰、滤膜安装歪斜（说明漏气），则本次采样作废，需重新采样。

3．样品测定

在与干净滤膜相同的平衡条件下平衡 24 h→在上述平衡条件下称量滤膜→记录滤膜重量 W_1（g），记录表格见表 5-1。

滤膜增重，大流量滤膜不小于 100 mg，中流量滤膜不小于 10 mg。

4．计算

$$\text{总悬浮颗粒物含量}（\mu g/m^3）=K\times(W_1-W_0)/V_n \qquad (5\text{-}1)$$

式中：K—— 常数，大流量采样器 $K=1\times10^6$，中流量采样器 $K=1\times10^9$；

W_1—— 采样后滤膜重，g；

W_0—— 采样前滤膜重，g；

V_n—— 换算成标准状态下的采样体积，m^3。

（六）注意事项

（1）采样时应使采样头的进气方向与仪器的排气方向不在同一方位上，采样时应迎风向采样。

（2）当两台总悬浮颗粒物采样器安放位置相距不大于 4 m、不少于 2 m 时，同时采样测定总悬浮颗粒物含量，相对偏差不大于 15%，以保证测试方法的再现性。

（3）要经常检查采样头是否漏气，当采样后滤膜上颗粒物与四周白边之间的界线模糊，表明滤膜密封垫没有垫好或密封性能不好，应更换滤膜密封垫。

思考题

1. 实训中观测采样流量是否有变化，是升高还是下降？什么原因？如何处理？
2. 滤膜在恒重称量时应注意哪些问题？如何评价该批样品滤膜称量合格？

二、大气飘尘浓度测定方法（PM_{10}的测定）

（一）实训目的

掌握测定大气飘尘浓度的基本原理和方法；能够正确操作使用 PM_{10} 采样器，并及时解决在采样现场出现的技术问题。

（二）原理

使一定体积的空气进入切割器，将 10 μm 以上粒径的微粒分离。小于这一粒径的微粒随着气流经分离器的出口被阻留在已恒重的滤膜上。根据采样前后滤膜的重量差及采样体积，计算出飘尘浓度，以 mg/m^3 表示。

（三）仪器和材料

（1）PM_{10} 大流量或中流量采样器。
（2）～（9）同总悬浮颗粒物的测定中（四）（2）～（9）。

（四）实训内容

1. 采样器的流量校准

同总悬浮颗粒物的测定。

2. 采样

（1）采用合格的超细玻璃纤维滤膜。采样前在干燥器内放置 24 h，用感量优于 0.1 mg 的分析天平称重，放回干燥器 1 h 后再称重，两次重量之差不大于 0.4 mg 即为恒重（表 5-3）。

表 5-3　可吸入颗粒物分析原始记录表

样品名称：环境空气　　收样日期：　年　月　日　　方法依据：GB 6921—1986

天平型号：　　天平编号：　　称重日期：W_0：　年　月　日

计算公式：$c=[(W_1-W_0)\times 1\,000]/V_n$　　W_1：　年　月　日

分析编号	样品编号	标准状态下采样体积 V_r/m^3	采样前滤膜恒重 W_0/g			采样后滤膜恒重 W_1/g			(W_1-W_0) /g	样品浓度/（mg/m^3）	备注
			1	2	3	1	2	3			

分析：　　校核：　　审核：

（2）将已恒重好的滤膜，用镊子放入洁净采样夹内的滤网上，牢固压紧至不漏气，连接好采样器，按照采样仪器有关说明正确启动仪器，开始采样。如果测定任何一次浓度，

每次需更换滤膜；如测日平均浓度，样品采集在一张滤膜上。采样结束后，用镊子取出滤膜，将有尘面两次对折，放入纸袋，并做好采样记录（表 5-2）。

3. 样品测定

在与干净滤膜相同的平衡条件下平衡 24 h→在上述平衡条件下称量滤膜→记录滤膜重量 W_1（g）（表 5-1）。

4. 计算

飘尘浓度按式（5-2）计算：

$$c=\frac{(W_1-W_0)\times 1\,000}{V_n} \tag{5-2}$$

式中：c —— 飘尘浓度，mg/m^3；

W_1 —— 采样后滤膜的重量，g；

W_0 —— 采样前滤膜的重量，g；

V_n —— 换算成标准状态下的采样体积，m^3。

（五）注意事项

（1）采样点应避开污染源及障碍物，如测定交通枢纽处飘尘，采样点应布置在距人行道边缘 1 m 处。

（2）如果测定任何一次浓度，采样时间不得少于 1 h，测定日平均浓度，间断采样时不得少于 4 次。

（3）采样时，采样器入口距地面高度不得低于 1.5 m。

（4）采样不能在雨、雪和风速大于 8 m/s 等天气条件下进行。

（5）当 PM_{10} 含量很低时，采样时间不能过短，要保证足够的采尘量，以减少称量误差。

思考题

1. 若采样器不能直接显示标准状态下的累积采样体积 V_n 时，应如何计算？
2. 如何进行采样器流量校准？

第二节　环境空气中二氧化氮的监测——Saltzman 法

一、实训目的

掌握溶液吸收富集采样方法对大气中分子态污染物的采集；掌握盐酸萘乙二胺分光光度法测定氮氧化物的原理和操作技术；能够正确操作使用大气采样器。

二、方法适用范围

当采样体积为 4～24 L 时，本标准适用于测定空气中二氧化氮的浓度范围为 0.015～2.0 mg/m^3。

三、原理

空气中的二氧化氮与吸收液中的对氨基苯磺酸进行重氮化反应，再与 *N*-（l-萘基）乙二胺盐酸盐作用，生成粉红色的偶氮染料，于波长 540～545 nm 处，测定吸光度。

四、仪器与试剂

1．仪器

（1）采样导管：硼硅玻璃、不锈钢、聚四氟乙烯或硅胶管，内径约为 6 mm，尽可能短一些，任何情况下不得长于 2 m，配有朝下的空气入口。

（2）吸收瓶：内装 10 mL、25 mL 或 50 mL 吸收液的多孔玻板吸收瓶，液柱不低于 80 mm。检查吸收瓶的玻板阻力，气泡分散的均匀性及采样效率。

（3）空气采样器：

① 便携式空气采样（用于短时间采样）：流量范围 0～1 L/min。采气流量为 0.4 L/min 时，误差小于±5%。采样前用电子皂膜流量计或玻璃皂膜流量计进行流量校准。

② 恒温自动连续采样器（用于 24 h 连续采样）：采气流量为 0.2 L/min 时，误差小于±5%。能将吸收液恒温在（20±4）℃。

（4）分光光度计。

（5）硅胶管：内径约 6 mm。

2．试剂

除另有说明，分析时均使用符合国家标准的分析纯试剂和无亚硝酸根的蒸馏水或同等纯度的水，必要时可在全玻璃蒸馏器中加少量高锰酸钾和氢氧化钡重新蒸馏。

水纯度的检验方法：按绘制标准曲线的步骤测量，吸收液的吸光度不超过 0.005。

（1）*N*-（1-萘基）乙二胺盐酸盐储备液：称取 0.50 g *N*-（1-萘基）乙二胺盐酸盐 [$C_{10}H_7NH(CH_2)_2NH_2 \cdot 2HCl$]于 500 mL 容量瓶中，用水溶解稀释至刻度。此溶液贮于密封的棕色试剂瓶中，在冰箱中冷藏，可稳定 3 个月。

（2）显色液：称取 5.0 g 对氨基苯磺酸（$NH_2C_6H_4SO_3H$），溶于约 200 mL 热水中，将溶液冷却至室温，全部移入 1 000 mL 容量瓶中，加入 50 mL 冰乙酸和 50.0 mL *N*-（1-萘基）乙二胺盐酸盐储备液（1），用水稀释至刻度。密闭于棕色瓶中，在 25℃以下暗处存放，可稳定 3 个月。

（3）吸收液：使用时将显色液（2）和水按 4+1（*V*+*V*）比例混合，即为吸收液。密闭于棕色瓶中，25℃以下暗处存放，可稳定 3 个月。若呈现淡红色，应弃之重配。

（4）亚硝酸盐标准储备溶液，250 mg NO_2^-/L：准确称取 0.375 0 g 亚硝酸钠（$NaNO_2$，优级纯，预先在干燥器内放置 24 h），移入 1 000 mL 容量瓶中，用水稀释至标线。此溶液贮于密闭瓶中于暗处存放，可稳定 3 个月。

（5）亚硝酸盐标准工作溶液：2.50 mg NO_2^-/L。用亚硝酸盐标准储备液（4）稀释。临用前现配。

五、实训内容

1. 采样

到达采样现场后安装好采样装置。试启动采样器 2～3 次，检查气密性，观察仪器是否正常，吸收管与仪器之间的连接是否正确。

（1）短时间采样（1 h 以内）：取一支多孔玻板吸收瓶，装入 10.0 mL 吸收液，标记吸收液液面位置，以 0.4 L/min 流量采气 6～24 L。做好采样记录（表 5-2）。

（2）长时间采样（24 h 以内）：用大型多孔玻板吸收瓶，内装 25.0 mL 或 50.0 mL 吸收液，液柱不低于 80 mm，标记吸收液液面位置，使吸收液温度保持在（20±4）℃，以 0.2 L/min 流量采气 288 L。

采样、样品运输及存放过程中应避免阳光照射。温度超过 25℃时，长时间运输及存放样品应采取降温措施。

2. 校准曲线的绘制

用亚硝酸盐标准溶液绘制标准曲线：取 6 支 10 mL 具塞比色管，按表 5-4 制备标准色列。

表 5-4 亚硝酸盐标准色列

管号	0	1	2	3	4	5
标准工作溶液/mL	0	0.40	0.80	1.20	1.60	2.00
水/mL	2.00	1.60	1.20	0.80	0.40	0
显色液/mL	8.00	8.00	8.00	8.00	8.00	8.00
二氧化氮浓度/（μg/mL）	0	0.10	0.20	0.30	0.40	0.50

各管混匀，于暗处放置 20 min（室温低于 20℃时，应适当延长显色时间。如室温为 15℃时，显色 40 min），用 10 mm 比色皿，以水为参比，在波长为 540～545 nm 处，测量吸光度并做好记录（表 5-5）。扣除空白试验（零浓度）的吸光度以后，对应 NO_2^- 的浓度（μg/mL），用最小二乘法计算标准曲线的回归方程。

表 5-5 校准曲线绘制原始记录表

曲线名称：二氧化氮校准曲线　　标准溶液来源：　　适用项目：空气中二氧化氮的测定

仪器型号：　　仪器编号：　　方法依据：GB/T 15435—1995

测定波长：540 nm　　比色皿厚度：10 mm　　参比溶液：纯水　绘制日期：　年　月　日

分析编号	标准溶液加入体积/mL	标准物质加入量/μg	仪器响应值	空白响应值	仪器响应值－空白响应值	备注
1	0.40	0.10				
2	0.80	0.20				
3	1.20	0.30				
4	1.60	0.40				
5	2.00	0.50				
回归方程			$a=$		$b=$	$r=$

分析：　　校核：　　审核：

3．样品测定

采样后放置 20 min（气温低时，适当延长显色时间。如室温为 15℃时，显色 40 min），用水将采样瓶中吸收液的体积补至标线，混匀，按绘制标准曲线的步骤测定样品的吸光度和空白试验样品的吸光度，做好记录（表 5-6）。

若样品的吸光度超过标准曲线的上限，应用空白试验溶液稀释，再测量其吸光度。

表 5-6 二氧化氮分析原始记录表

样品名称：环境空气　　采样日期：　年　月　日　　分析日期：　年　月　日

方法依据：GB/T 15435—1995　方法最低检出浓度：0.015 mg/m^3　　参比溶液：纯水

仪器型号：　　仪器编号：　　采样用吸收液体积 V：　mL　测定波长：540 nm

比色皿厚度：10 mm　　Saltzman 系数 f=　　公式：C=[（$A-A_0-a$）×V×D]/（b×f×V_0）

分析编号	样品编号	标准状态下采样体积 V_0/L	稀释倍数 D	样品吸光度 A	空白吸光度 A_0	$A-A_0$	样品浓度/（mg/m^3）	备注

样准曲线编号：　　绘制日期：　年　月　日　回归方程：a=　　b=　　相关系数 r =

分析：　　校核：　　审核：

4．空白试验

与采样用吸收液同一批配制的吸收液。

六、数据处理

用亚硝酸盐标准溶液绘制标准曲线时，空气中二氧化氮的浓度 C_{NO_2}（mg/m^3）用式（5-3）计算：

$$C_{NO_2}=\frac{(A-A_0-a)\times V\times D}{b\times f\times V_0} \tag{5-3}$$

式中：A —— 样品溶液的吸光度；

A_0 —— 空白试验溶液的吸光度；

b —— 标准曲线的斜率，吸光度·mL/μg；

a —— 标准曲线的截距；

V —— 采样用吸收液体积，mL；

V_0 —— 换算为标准状态（273 K、101.3 kPa）下的采样体积，L；

D —— 样品的稀释倍数；

f —— Saltzman 实验系数，0.88（当空气中二氧化氮浓度高于 0.720 mg/m^3 时，f 值为 0.77）。

[注：Saltzman 实验系数（f）：用渗透法制备的二氧化氮校准用混合气体，在采气过程中被吸收液吸收生成的偶氮染料相当于亚硝酸根的量与通过采样系统的二氧化氮总量的比值。该系数为多次重复实验测定的平均值。测定方法参照标准 GB/T 15435—1995 附录 B]

七、注意事项

（1）空气中臭氧浓度超过 0.25 mg/m^3 时使吸收液略显红色，对二氧化氮的测定产生负干扰。采样时在吸收瓶入口端串接一段 15～20 cm 长的硅胶管，即可将臭氧浓度降低到不干扰二氧化氮测定的水平。

（2）采样后应尽快测量样品的吸光度，若不能及时分析，应将样品于低温暗处存放。样品于 30℃暗处存放，可稳定 8 h；20℃暗处存放，可稳定 24 h；于 0～4℃冷藏，至少可稳定 3 d。

（3）空白、样品和标准曲线应用同一批配制的吸收液。

（4）玻板阻力及微孔均匀性检查。新的多孔玻板吸收瓶在使用前，应用（1+1）HCl 浸泡 24 h 以上，用清水洗净，每只吸收瓶在使用前或使用一段时间以后应测定其玻板阻力，检查通过玻板后气泡分散的均匀性。阻力不符合要求和气泡分散不均匀的吸收瓶不宜使用。

内装 10 mL 吸收液的多孔玻板吸收瓶，以 0.4 L/min 流量采样时，玻板阻力为 4～5 kPa，通过玻板后的气泡应分散均匀。

内装 50 mL 吸收液的大型多孔玻板吸收瓶，以 0.2 L/min 流量采样时，玻板阻力为 5～6 kPa，通过玻板后的气泡应分散均匀。

（5）采样效率的测定。吸收瓶在使用前和使用一段时间以后应测定其采样效率。将两只吸收瓶串联，采集环境空气，当第一只吸收瓶中 NO_2^- 浓度约为 0.4 μg/mL 时，停止采样。按绘制标准曲线的步骤测定前后两只吸收瓶中样品的吸光度，按下式计算第一只吸收瓶的采样效率：$E=C_1/（C_1+C_2）$。

（6）吸收液应避光，且不能长时间暴露在空气中，以防止光照使吸收液显色或吸收空气中的氮氧化物而使试剂空白值增高。因此在采样、运送及存放过程中，都应采取避光措施。

（7）亚硝酸钠（固体）应密封保存。防止空气及湿气侵入。部分氧化成硝酸钠或呈粉末状的试剂都不能用直接法配制标准溶液。若无颗粒状亚硝酸钠试剂，可用高锰酸钾容量法标定出亚硝酸钠储备溶液的准确浓度，再稀释为亚硝酸盐的标准溶液浓度。

（8）绘制标准曲线，向各管中加亚硝酸钠标准使用液时，都以均匀、缓慢的速度加入，曲线的线性较好。

思考题

1. 如果吸收液长期放置已变色还继续使用，会使测定结果产生什么样的偏差？
2. 如果样品的吸光度超过校准曲线的上限，应如何测定？

第三节 环境空气中二氧化硫监测

一、实训目的

在 NO_2 测定的基础上，逐步熟悉且独立地开展大气环境监测工作，进一步强化训练，最后完全掌握大气环境监测工作的全过程和各种方法技术。

（1）通过对城市面源 SO_2 的监测，基本掌握监测大气中 SO_2 的全过程（包括现场调查、布点、确定采样时间和频率、采样、分析测试、数据处理、初步评价及总结报告等）。

（2）在实训过程中要使实验技能得到较全面的提高。

二、方法适用范围

甲醛吸收-副玫瑰苯胺分光光度法适用于环境空气中二氧化硫的测定。当用 10 mL 吸收液采样 30 L 时，本法测定下限为 0.007 mg/m^3；当用 50 mL 吸收液连续 24 h 采样 300 L 时，空气中二氧化硫的测定下限为 0.003 mg/m^3。

三、原理

二氧化硫被甲醛缓冲溶液吸收后，生成稳定的羟甲基磺酸加成化合物。在样品溶液中加入氢氧化钠使加成化合物分解，释放出二氧化硫与副玫瑰苯胺、甲醛作用，生成紫红色化合物，用分光光度计在 577 nm 处进行测定。

四、仪器与试剂

1．仪器

（1）空气采样器，用于短时间采样的空气采样器流量为 0～1 L/min；用于 24 h 连续采样的空气采样器应具有恒温、恒流、计时、自动控制仪器开关的功能，流量为 0.2～0.3 L/min。

（2）分光光度计：可见光波长范围 380～780 nm。

（3）多孔玻板吸收管：10 mL（用于短时间采样），50 mL（用于 24 h 连续采样）。

（4）恒温水浴器：广口冷藏瓶内放置圆形比色管架，插一支约 150 mm 长，0～40℃的酒精温度计，其误差应不大于 0.5℃。

（5）具塞比色管：10 mL。

2．试剂

除非另有说明，分析时均使用符合国家标准的分析纯试剂和蒸馏水或同等纯度的水。

（1）氢氧化钠溶液 c（NaOH）=1.5 mol/L。

（2）环己二胺四乙酸二钠溶液 c（CDTA-2Na）=0.05 mol/L：称取 1.82 g 反式 1,2-环己二胺四乙酸[（*trans*-l，2-cyclohexylen- edinitilo）tetraacetic acid，简称 CDTA]，加入 1.5 mol/L 氢氧化钠溶液 6.5 mL，溶解后用水稀释至 100 mL。

（3）甲醛缓冲吸收液储备液：吸取 36%～38%的甲醛溶液 5.5 mL，CDTA-2Na 溶液 20.00 mL；称取 2.04 g 邻苯二甲酸氢钾，溶于少量水中；将三种溶液合并，再用水稀释至 100 mL，贮于冰箱可保存 1 年。

（4）甲醛缓冲吸收液：用水将甲醛缓冲吸收液储备液稀释 100 倍而成，此吸收液每毫升含 0.2 mg 甲醛，临用现配。

（5）氨磺酸钠溶液，6 g/L（*m/V*）：称取 0.60 g 氨磺酸（H_2NSO_3H）置于 100 mL 容量瓶（烧杯）中，加入 1.5 mol/L 氢氧化钠溶液 4.0 mL，搅拌至完全溶解后，用水稀释至标线（100 mL），摇匀。此溶液密封保存可用 10 d。

（6）碘储备液 c（1/2 I_2）＝0.1 mol/L：称取 12.7 g 碘（I_2）于烧杯中，加入 40 g 碘化钾和 25 mL 水，搅拌至完全溶解，用水稀释至 1 000 mL，贮存于棕色细口瓶中。

（7）碘使用液 c（1/2 I_2）＝0.05 mol/L：量取碘储备液 250 mL，用水稀释至 500 mL，贮于棕色细口瓶中。

（8）5 g/L（*m/V*）淀粉溶液：称取 0.5 g 可溶性淀粉，用少量水调成糊状，慢慢倒入 100 mL 沸水中，继续煮沸至溶液澄清，冷却后贮于试剂瓶中。临用现配。

（9）碘酸钾标准溶液 c（1/6 KIO_3）＝0.100 0 mol/L：称取 0.356 7 g 碘酸钾（KIO_3 优级纯，经 110℃干燥 2 h）溶于水，移入 100 mL 容量瓶中，用水稀释至标线，摇匀。

（10）盐酸溶液（1＋9）。

（11）硫代硫酸钠储备液 c（$Na_2S_2O_3$）＝0.10 mol/L：称取 25.0 g 硫代硫酸钠（$Na_2S_2O_3 \cdot 5H_2O$），溶于 1 000 mL 新煮沸但已冷却的水中，加入 0.2 g 无水碳酸钠，贮于棕色细口瓶中，放置一周后备用。如溶液呈现混浊，必须过滤。

（12）硫代硫酸钠标准溶液 c（$Na_2S_2O_3$）＝0.05 mol/L：取 250 mL 硫代硫酸钠储备液置于 500 mL 容量瓶中，用新煮沸但已冷却的水稀释至标线，摇匀。

标定方法：吸取 3 份 0.100 0 mol/L 碘酸钾标准溶液 10.00 mL 分别置于 250 mL 碘量瓶中，加 70 mL 新煮沸但已冷却的水，加 1 g 碘化钾，振摇至完全溶解后，加（1＋9）盐酸溶液 10 mL，立即盖好瓶塞，摇匀。于暗处放置 5 min 后，用硫代硫酸钠标准溶液滴定溶液至浅黄色，加 2 mL 淀粉溶液，继续滴定溶液至蓝色刚好褪去为终点。并做好采样记录（表 5-7）硫代硫酸钠标准溶液的浓度按式（5-4）计算：

$$c = \frac{0.100\,0 \times 10.00}{V} \tag{5-4}$$

式中：c —— 硫代硫酸钠标准溶液的浓度，mol/L；

V —— 滴定所耗硫代硫酸钠标准溶液的体积，mL。

（13）乙二胺四乙酸二钠（EDTA）溶液，0.05 g/100 mL：称取 0.25 g Na_2EDTA（$C_{10}H_{14}N_2O_8Na_2 \cdot 2H_2O$）溶于 500 mL 新煮沸但已冷却的水中。临用现配。

（14）二氧化硫标准溶液：称取 0.250 g 亚硫酸钠（Na_2SO_3），溶于 250 mL Na_2EDTA 溶液（13）中，缓缓摇匀以防充氧，使其溶解。放置 2～3 h 后标定。此溶液每毫升相当于 320～400 μg 二氧化硫。

标定方法：吸取 3 份 20.00 mL 二氧化硫标准溶液，分别置于 250 mL 碘量瓶中，加入 50 mL 新煮沸但已冷却的水，20.00 mL 碘使用液及 1 mL 冰乙酸，盖塞，摇匀。于暗处放置 5 min 后，用硫代硫酸钠标准溶液滴定溶液至浅黄色，加入 2 mL 淀粉溶液，继续滴定至溶液蓝色刚好褪去为终点。记录滴定硫代硫酸钠标准溶液的体积 V（mL）。

另吸取 3 份 Na_2EDTA 溶液 20 mL，用同样方法进行空白试验。记录滴定硫代硫酸钠标准溶液的体积 V_0（mL）（表 5-7）。

表 5-7 标准溶液配制与标定原始记录表

标准溶液名称					
配制		标定			
试剂名称		标定用标液名称			
试剂等级		标定用标液浓度			
试剂生产厂家及编号		待标定溶液体积		滴定管体积	
称量天平型号及编号		标液消耗量/mL			
干燥温度		滴定次数	终读	始读	消耗
试剂重量		空白 1			
溶剂名称		空白 2			
定容体积		I			
配制温度		II			
配制日期		III			
配制浓度		计算公式		标定后溶液浓度	
配制人		标定温度		标定日期	
失效期		标定人		失效期	
备　注					

校核：　　　　　　　　　　　　　　　　审核：

平行样滴定所耗硫代硫酸钠标准溶液体积之差应不大于 0.04 mL，取其平均值。二氧化硫标准溶液浓度按式（5-5）计算：

$$c=\frac{(V_0-V)\times c_{Na_2S_2O_3}\times 32.02}{20.00}\times 1\,000 \tag{5-5}$$

式中：c —— 二氧化硫标准溶液的浓度，μg/mL；

V_0 —— 空白滴定所耗硫代硫酸钠标准溶液的体积，mL；

V —— 二氧化硫标准溶液滴定所耗硫代硫酸钠标准溶液的体积，mL；

$c_{(Na_2S_2O_3)}$ —— 硫代硫酸钠标准溶液的浓度，mol/L；

32.02 —— 二氧化硫（1/2 SO_2）的摩尔质量。

标定出准确浓度后，立即用甲醛缓冲吸收液稀释为每毫升含 10.00 μg 二氧化硫的标准溶液储备液，临用时再用吸收液（4）稀释为每毫升含 1.00 μg 二氧化硫的标准溶液。在冰箱中 5℃保存。10.00 μg/mL 的二氧化硫标准溶液储备液可稳定 6 个月；1.00 μg/mL 的二氧化硫标准溶液可稳定 1 个月。

（15）2 g/L（*m/V*）副玫瑰苯胺（Pararosaniline，简称 PRA，即副品红，对品红）储备液，其纯度应达到质量检验的指标。

（16）0.5 g/L（*m/V*）PRA 溶液：吸取 2 g/L PRA 储备液 25.00 mL 于 100 mL 容量瓶中，加 30 mL 85%的浓磷酸，12 mL 浓盐酸，用水稀释至标线，摇匀，放置过夜后使用。避光密封保存。

五、实训内容

1．采样

（1）采样时间和频率的确定

根据 SO_2 排放规律和气象条件对 SO_2 浓度的时间变化，确定 7:00，10:00，13:00，17:00 四个时段，每次采样 60 min（可根据实际情况设置）。

（2）采样方法

采用内装 10 mL 吸收液的 U 形多孔玻板吸收管，以 0.5 L/min 的流量采样，并做好采样记录（表 5-2）。采样时吸收液温度的最佳范围在 23～29℃（温度过高样品不稳定，温度过低吸收效率低。因此，冬、夏两季手工采样时，吸收管可置于适当的恒温装置中）。

2．校准曲线的绘制

取 14 支 10 mL 具塞比色管，分 A、B 两组，每组 7 支，分别对应编号（A_0，A_1，A_2，A_3，A_4，A_5，A_6；B_0，B_1，B_2，B_3，B_4，B_5，B_6）。A 组按表 5-8 配制校准溶液系列；B 组各管加入 0.05% PRA 溶液 1.00 mL，A 组各管分别加入 0.60%氨磺酸钠溶液 0.5 mL 和 1.5 mol/L 氢氧化钠溶液 0.5 mL，混匀。再逐管迅速将溶液全部倒入对应编号并盛有 PRA 溶液的 B 管中，立即盖塞混匀后放入恒温水浴中显色。显色温度与室温之差应不超过 3℃，根据不同季节和环境条件按表 5-9 选择显色温度与显色时间。做好记录（表 5-10）。

表 5-8　A 组校准溶液系列

	管号						
	A_0	A_1	A_2	A_3	A_4	A_5	A_6
二氧化硫标准溶液/mL	0	0.50	1.00	2.00	5.00	8.00	10.00
甲醛缓冲吸收液/mL	10.00	9.50	9.00	8.00	5.00	2.00	0
二氧化硫含量/μg	0	0.50	1.00	2.00	5.00	8.00	10.00

表 5-9　显色温度与显色时间

显色温度	10℃	15℃	20℃	25℃	30℃
显色时间/min	40	25	20	15	5
稳定时间/min	35	25	20	15	10
空白试样吸光度 A_0	0.03	0.035	0.04	0.05	0.06

表 5-10　校准曲线绘制原始记录表

曲线名称：二氧化硫校准曲线　标准溶液来源：自配标准溶液　适用项目：空气中二氧化硫的测定

仪器型号：　　　　仪器编号：　　　　方法依据：GB/T 15262—1994

测定波长：577 nm　比色皿厚度：10 mm　参比溶液：纯水　绘制日期：　年　月　日

分析编号	标准溶液加入体积/mL	标准物质加入量/μg	仪器响应值	空白响应值	仪器响应值－空白响应值	备注
1	0.50	0.50				
2	1.00	1.00				
3	2.00	2.00				

分析编号	标准溶液加入体积/mL	标准物质加入量/μg	仪器响应值	空白响应值	仪器响应值－空白响应值	备注
4	5.00	5.00				
5	8.00	8.00				
6	10.00	10.00				
回归方程：			$a=$		$b=$	$r=$

分析：　　　　　　　　　　校核：　　　　　　　　　　审核：

在波长 577 nm 处，用 1 cm 比色皿，以水为参比溶液测量吸光度。用最小二乘法计算校准曲线的回归方程：

$$Y = bX + a \tag{5-6}$$

式中：Y——$A-A_0$，校准溶液吸光度 A 与试剂空白吸光度 A_0 之差；

X——二氧化硫含量，μg；

b——回归方程的斜率（由斜率倒数求得校正因子：$B_3=1/b$）；

a——回归方程的截距（一般要求小于 0.005）。

本标准的校准曲线斜率为 0.044±0.002，试剂空白吸光度 A。在显色规定条件下波动范围不超过±15%。

3．样品测定

所采环境空气样品溶液中如有混浊物，则应离心分离除去。样品放置 20 min，以使臭氧分解。

（1）短时间采样：将吸收管中样品溶液全部移入 10 mL 比色管中，用少量甲醛缓冲吸收液洗涤吸收管，倒入比色管，并用吸收液稀释至标线，加入 0.60%氨磺酸钠溶液 0.5 mL，混匀，放置 10 min 以除去氮氧化物的干扰，以下步骤同校准曲线的绘制。并做好记录（表 5-11）。

表 5-11　二氧化硫样品分析原始记录表

样品名称：环境空气　　　采样日期：　　年　　月　　日　分析日期：　　年　　月　　日

方法依据：GB/T 15262—1994　　仪器型号：　　　仪器编号：　　　最低检出浓度：0.007 mg/m³

测定波长：577 nm　比色皿厚度：10 mm　参比溶液：纯水　计算公式：$c=\dfrac{(A-A_0-a)}{V_0\cdot b}\times\dfrac{V_t}{V_a}$

样品编号	标准状态下采样体积 V_0/L	样品溶液总体积 V_t/mL	测定用样品溶液体积 V_a/mL	样品吸光度 A	空白吸光度 A_0	$A-A_0$	样品浓度/（mg/m³）	备注

校准曲线编号：　　　　绘制日期：　　年　　月　　日　回归方程：$a=$　　$b=$　　相关系数 $r=$

校准曲线检验（中等浓度标准溶液吸光值－空白值）：

原方程吸光度：　　　现测吸光度：　　　相对偏差/%：

分析：　　　　　　　　　　校核：　　　　　　　　　　审核：

如样品吸光度超过校准曲线上限，则可用试剂空白溶液稀释，在数分钟内再测量其吸光度，但稀释倍数不要大于 6。

（2）连续 24 h 采样：将吸收瓶中样品溶液移入 50 mL 容量瓶（或比色管）中，用少量甲醛缓冲吸收液洗涤吸收瓶，洗涤液并入样品溶液中，再用吸收液稀释至标线。吸取适量样品溶液（视浓度高低而决定取 2～10 mL）于 10 mL 比色管中，再用吸收液稀释至标线，加入 0.60%氨磺酸钠溶液 0.5 mL，混匀，放置 10 min 以除去氮氧化物的干扰，以下步骤同校准曲线的绘制。

六、数据处理

计算空气中二氧化硫的浓度按式（5-7）计算：

$$c\left(SO_2, mg/m^3\right)=\frac{\left(A-A_0\right)\times B_s}{V_s}\times\frac{V_t}{V_a} \tag{5-7}$$

式中：A —— 样品溶液的吸光度；

A_0 —— 试剂空白溶液的吸光度；

B_s —— 校正因子，μg·SO_2/12 mL·吸光度；

V_t —— 样品溶液总体积，mL；

V_a —— 测定时所取样品溶液体积，mL；

V_s —— 换算成标准状况下（0℃，101.325 kPa）的采样体积，L。

二氧化硫浓度计算结果应准确到小数点后第三位。

七、注意事项

（1）四氯汞盐-盐酸副玫瑰苯胺比色法（GB 8970—80）是国内外广泛采用的测定环境空气中 SO_2 的方法，具有灵敏度高、选择性好等优点，但吸收液毒性较大。甲醛吸收-副玫瑰苯胺分光光度法（GB/T 15262—94）也适用于环境空气中 SO_2 的测定。这两个方法的精密度、准确度、选择性和检出限相近，但甲醛吸收-副玫瑰苯胺分光光度法避免使用毒性大的含汞吸收液，目前多采用此方法。

（2）干扰与消除：测定中主要干扰物为氮氧化物、臭氧及某些重金属元素。样品放置一段时间可使臭氧自动分解；加入氨磺酸钠溶液可消除氮氧化物的干扰；加入 CDTA 可以消除或减少某些金属离子的干扰。在 10 mL 样品中存在 50 μg 钙、镁、铁、镍、镉、铜等离子及 5 μg 二价锰离子时，不干扰测定。

（3）正确掌握本标准的显色温度、显色时间，特别在 25～30℃条件下，严格控制反应条件是实验成败的关键。

（4）采样时应注意检查采样系统的气密性、流量、温度，及时更换干燥剂及限流孔前的过滤膜，用皂膜流量计校准流量，做好采样记录。

（5）因六价铬能使紫红色化合物褪色，使测定结果偏低，故应避免用硫酸-铬酸洗液洗涤玻璃仪器。若已洗，可用（1+1）盐酸溶液泡 1 h 后，用水充分洗涤，烘干备用。

（6）用过的比色皿及比色管应及时用酸洗涤，否则红色难以洗涤。具塞比色管用（1+1）盐酸溶液洗涤，比色皿用（1+4）盐酸溶液加 1/3 体积乙醇的混合液洗涤。

（7）在分析环境空气样品时，PRA 溶液的纯度对试剂空白液的吸光度影响很大，可使用精制的商品 PRA 试剂。

思考题

1. 实验中配制 SO_2 标准溶液时，为何要用 Na_2EDTA 溶液作为溶剂？

2. 用副玫瑰苯胺分光光度法测定空气中 SO_2 时，能否用硫酸-铬酸洗液或高锰酸钾-碱液洗涤玻璃器皿？若错用，应如何处理？

3. 对大气中 SO_2 进行比色测定时，是否可以用试剂空白作参比？为什么？

4. 甲醛法分析 SO_2 时，应注意的几个关键问题是什么？

第四节 室内空气中甲醛的测定——酚试剂分光光度法

室内空气中甲醛测定常用的仪器法有气相色谱法、电化学法等；化学分析法有 AHMT 分光光度法（GB/T 16129—1995）、乙酰丙酮分光光度法（GB/T 15516—1995）和酚试剂分光光度法（GB/T 18204.26—2000）等。气相色谱法选择性好，干扰因素少，但仪器投资较大，操作不够方便。电化学法抗干扰能力很差，但可以现场读数，操作方便。AHMT 法在室温下就能显色，抗干扰能力强，如 SO_3^{2-}、NO_2^- 共存时不干扰测定，灵敏度比较高。乙酰丙酮法对共存的酚和乙醛等无干扰，操作简易、重现性好，但灵敏度略低，需在沸水浴中加热显色。酚试剂法在常温下显色，且灵敏度比其他分光光度法好。《民用建筑工程室内环境污染控制规范》（GB 50325—2001）中规定民用建筑工程及室内装修工程的室内环境质量验收时，“可采用现场检测方法，测量结果在 0～0.60 mg/m^3 测定范围内不确定度应小于或等于 25%。当发生争议时，应以《公共场所卫生标准检验方法》（GB/T 18204.26—2000）中酚试剂分光光度法的测定结果为准。”本节主要介绍酚试剂分光光度法。

一、实训目的

掌握酚试剂分光光度法测定室内空气中甲醛的原理和操作技术，熟练使用大气采样器。

二、原理

空气中的甲醛与酚试剂反应生成嗪，嗪在酸性溶液中被高铁离子氧化形成蓝绿色化合物，根据颜色深浅，比色定量。

三、仪器与试剂

1. 仪器

（1）气泡吸收管：10 mL；

（2）空气采样器；流量范围 0～1 L/min。

（3）具塞比色管：10 mL；

（4）分光光度计。

2. 试剂

本法中所用水均为重蒸馏水或去离子交换水；所用的试剂纯度一般为分析纯。

（1）吸收液原液：称量 0.10 g 酚试剂[$C_6H_4SN(CH_3)C$：$NNH_2\cdot HCl$，盐酸-3-甲基-2-苯并噻唑酮腙，简称 MBTH]，加水溶解，置于 100 mL 容量瓶中，加水至刻度。放冰箱中保存，可稳定 3 d。

（2）吸收液：量取吸收原液 5 mL，加 95 mL 水，即为吸收液。采样时，临用现配。

（3）10 g/L 硫酸铁铵溶液：称量 1.0 g 硫酸铁铵[$NH_4Fe(SO_4)_2\cdot 12H_2O$]用 0.1 mol/L 盐酸溶解，并稀释至 100 mL。

（4）0.100 0 mol/L 碘溶液：称量 40 g 碘化钾，溶于 25 mL 水中，加入 12.7 g 碘。待碘完全溶解后，用水定容至 1 000 mL。移入棕色瓶中，暗处贮存。

（5）1 mol/L 氢氧化钠溶液：称量 40 g 氢氧化钠，溶于水中，并稀释至 1 000 mL。

（6）0.5 mol/L 硫酸溶液：取 28 mL 浓硫酸缓慢加入水中，冷却后，稀释至 1 000 mL。

（7）硫代硫酸钠标准溶液[$c(Na_2S_2O_3)=0.100\,0$ mol/L]：称量 26 g 硫代硫酸钠（$Na_2S_2O_3\cdot 5H_2O$）溶于新煮沸冷却水中，加入 0.2 g 无水碳酸钠，再用水稀释至 1 L，贮于棕色瓶中，如浑浊应过滤，放置一周后标定其准确浓度。

硫代硫酸钠标准溶液的标定：准确量取 25.00 mL 0.100 0 mol/L 碘溶液，置于 250 mL 碘量瓶中，加入 75 mL 新煮沸冷却水，加 3 g KI 及 10 mL 冰乙酸溶液，摇匀后，于暗处放置 3 min，用待标定的硫代硫酸钠标准溶液滴定至淡黄色。加入 1 mL 5 g/L 淀粉溶液，继续滴定至蓝色刚好褪去为终点。记录消耗硫代硫酸钠标准溶液的体积（表 5-7）。重复滴定两次，两次所用硫代硫酸钠标准溶液的体积差不超过 0.05 mL。

（8）5 g/L 淀粉溶液：将 0.5 g 可溶性淀粉，用少量水调成糊状后，再加入 100 mL 沸水，并煮沸 2～3 min 至溶液透明。冷却后，加入 0.1 g 水杨酸或 0.4 g 氯化锌保存。

（9）甲醛标准储备液：取 2.8 mL 含量为 36%～38%甲醛溶液，放入 1 L 容量瓶中，加水稀释至刻度。此溶液 1 mL 约相当于 1 mg 甲醛。

甲醛标准储备液的标定：精确量取 20.00 mL 甲醛标准储备液，置于 250 mL 碘量瓶中。加入 20.00 mL 碘溶液和 15 mL 1 mol/L 氢氧化钠溶液，放置 15 min。加入 20 mL 0.5 mol/L 硫酸溶液，再放置 15 min，用 0.100 0 mol/L 硫代硫酸钠溶液滴定，至溶液呈现淡黄色时，加入 1 mL 5 g/L 淀粉溶液，继续滴定至刚使蓝色消失为终点，记录所用硫代硫酸钠溶液体积（表 5-7）。

甲醛溶液的浓度用式（5-8）计算：

$$c=\frac{(V_1-V_2)\times c_1\times 15}{20} \qquad (5\ 8)$$

式中：c —— 甲醛标准储备液中甲醛浓度，mg/mL；

V_1 —— 滴定空白时所用硫代硫酸钠标准溶液体积，mL；

V_2 —— 滴定甲醛溶液时所用硫代硫酸钠标准溶液体积，mL；

c_1 —— 硫代硫酸钠标准溶液的摩尔浓度，mol/L；

15 —— 甲醛的换算值；

20 —— 所取甲醛标准储备液的体积，mL。

（10）甲醛标准溶液：临用时，将甲醛标准储备液用水稀释成 1.00 mL 含 10 μg 甲醛溶液，立即再取此溶液 10.00 mL，加入 100 mL 容量瓶中，加入 5 mL 吸收原液，用水定容至 100 mL，此液 1.00 mL 含 1.00 μg 甲醛，放置 30 min 后，用于配制标准色列。此标准溶液可稳定 24 h。

四、实训内容

1. 采样

到达采样现场后安装好采样装置。试启动采样器 2～3 次，检查气密性，观察仪器是否正常，吸收管与仪器之间的连接是否正确。用一个内装 5 mL 吸收液的气泡吸收管，以 0.5 L/min 流量，采气 10 L。并记录采样点的温度和大气压力（表 5-2，同时在备注栏记录各监测点的装修完工日期、面积等信息）。采样后样品在室温下应在 24 h 内分析。

2. 标准曲线的绘制

取 10 mL 具塞比色管，用甲醛标准溶液按表 5-12 制备标准系列。

表 5-12　甲醛标准系列

	管号								
	0	1	2	3	4	5	6	7	8
标准溶液/mL	0	0.10	0.20	0.40	0.60	0.80	1.00	1.50	2.00
吸收液/mL	5.0	4.9	4.8	4.6	4.4	4.2	4.0	3.5	3.0
甲醛含量/μg	0	0.1	0.2	0.4	0.6	0.8	1.0	1.5	2.0

各管中，加入 0.4 mL 10 g/L 硫酸铁铵溶液，摇匀。放置 15 min。用 1 cm 比色皿，在波长 630 nm 下，以水作参比，测定各管溶液的吸光度（表 5-13）。以甲醛含量为横坐标，吸光度为纵坐标，绘制曲线，并计算回归线斜率，以斜率倒数作为样品测定的计算因子 B_g（μg/吸光度）。

表 5-13　校准曲线绘制原始记录表

曲线名称：甲醛校准曲线　　标准溶液来源：　　适用项目：室内空气中甲醛的测定

仪器型号：　　仪器编号：　　方法依据：GB/T 18204.26—2000

测定波长：630 nm　比色皿厚度：10 mm　参比溶液：去离子水　绘制日期：　年　月　日

分析编号	标准溶液加入体积/mL	标准物质加入量/μg	仪器响应值	空白响应值	仪器响应值－空白响应值	备注
1	0.10	0.10				
2	0.20	0.20				
3	0.40	0.40				
4	0.60	0.60				
5	0.80	0.80				
6	1.00	1.00				
7	1.50	1.50				
8	2.00	2.00				
回归方程：			$a=$	$b=$	$r=$	

分析：　　校核：　　审核：

3．样品测定

采样后，将样品溶液全部转入比色管中，用少量吸收液洗吸收管，合并使总体积为 5 mL。按绘制曲线的方法测定吸光度（A）；在每批样品测定的同时，用 5 mL 未采样的吸收液作试剂空白，测定试剂空白的吸光度（A_0）（表 5-14）。

表 5-14　甲醛分析原始记录表

样品名称：室内空气　采样日期：　　年　月　日　分析日期：　　年　月　日

方法依据：GB/T 18204.26—2000　仪器型号：　　仪器编号：　　方法检出限：0.01 mg/m^3

测定波长：630 nm　比色皿厚度：1 cm　参比溶液：去离子水　计算公式：$C=[(A-A_0-a)/b]/V_0$

分析编号	样品编号	标准状态下采样体积 V_0/L	样品吸光度 A	空白吸光度 A_0	$A-A_0$	样品浓度 C（mg/m^3）	备注

校准曲线编号：　　绘制日期：　　年　月　日　回归方程：$a=$　　$b=$　　相关系数 $r=$

分析：　　校核：　　审核：

五、数据处理

（1）将采样体积换算成标准状态下采样体积。

（2）空气中甲醛浓度按式（5-9）计算：

$$c=\frac{(A-A_0)\times B_g}{V_0} \tag{5-9}$$

式中：c —— 空气中甲醛浓度，mg/m^3；

A —— 样品溶液的吸光度；

A_0 —— 空白溶液的吸光度；

B_g —— 计算因子，μg/吸光度；

V_0 —— 换算成标准状态下的采样体积，L。

六、注意事项

（1）检出限为 0.05 μg/5 mL，采样体积为 10 L 时，最低检出浓度为 0.01 mg/m^3。

（2）当与二氧化硫共存时，会使结果偏低，可以在采样时，使气体先通过装有硫酸锰滤纸的过滤器，即可排除干扰。

思考题

1. 测定中加入硫酸铁铵的作用是什么？
2. 硫酸锰滤纸为什么有吸收二氧化硫的作用？

第五节　气相色谱法测定空气中的苯系物

一、实训目的

了解气相色谱法分离和测定的原理；掌握大气中苯系化合物的测定方法；学习气相色谱仪的操作技术。

二、原理

空气中苯、甲苯、二甲苯用活性炭管采集，然后用二硫化碳提取，用毛细管色谱柱（填充柱）分离，氢火焰离子化检测器检测，用保留时间定性，峰高或峰面积定量。

三、仪器和设备

（1）配氢火焰离子化检测器的气相色谱仪。

（2）空气采样泵：流量范围 0.2～1 L/min。

（3）采样管：内径 4 mm、长 150 mm 玻璃管，装入 100 mg 经过预处理的 GH-1 型活性炭，两端用玻璃棉固定。使用前于 300～350℃用氮气吹 10 min，两端密封保存。

（4）注射器：1 μL，10 μL。

（5）样品管：2～4 mL 具塞试管或 5 mL 容量瓶。

（6）色谱柱：直径 0.53 mm 或 0.25 mm，长 30 m 非极性或弱极性石英毛细管柱；直径 2 mm，长 3 m 的不锈钢柱，内填充乙二醇 6000-6201 担体（5∶100）固定相。

四、试剂和材料

（1）苯：色谱纯。

（2）甲苯：色谱纯。

（3）二甲苯：色谱纯。

（4）活性炭：GH-1 型，40～60 目。

（5）二硫化碳：色谱纯。

（6）标准溶液：用二硫化碳配制苯、甲苯、二甲苯混合标准储备液。临用时用二硫化碳稀释成所需浓度的苯、甲苯、二甲苯标准工作液。

五、采样和样品保存

在采样点取出采样管，将采样管接到采样泵进气口，开启采样泵，以 0.5 L/min 的流量采气，采样时间为 20～120 min。采样结束后，将采样管两端封闭，在 4℃冷藏保存。采样时记录采样点的气温和大气压力（表 5-2）。

六、分析步骤

1. 测试条件

色谱分析条件可选用以下推荐值（GC-2010 分析条件），也可以根据实验条件制定最佳分析条件。

（1）毛细管柱色谱条件：柱温初始为 50℃，保持 5 min，程序升温 8℃/min，最终温度 200℃保持 2 min，进样口温度 200℃，检测器温度 250℃。

（2）填充柱色谱条件：柱温 65℃，汽化室温度 130℃，检测器温度 150℃。

2．绘制标准曲线

将混合标准储备液用二硫化碳稀释成浓度分别为 2 μg/mL，5 μg/mL，10 μg/mL，50 μg/mL 的苯、甲苯、二甲苯混合标准系列，分别取 1 μL 各混合标准系列溶液，在最佳色谱分析条件下进样分析。测量保留时间和峰高，每个浓度重复 3 次，取峰高平均值（mm）为纵坐标，各组分的含量（μg/mL）为横坐标绘制各组分标准曲线。以回归线斜率的倒数作为测定样品的计算因子 B_s[μg/（L·mm）]（表 5-15）。

表 5-15　校准曲线绘制原始记录表

曲线名称：　　曲线编号：　　绘制日期：　　方法依据：

标准溶液来源：　　适用项目：　　仪器型号：　　仪器编号：

编号	标准溶液加入体积/mL	标准物质加入量/μg	仪器响应值	空白响应值	仪器响应值－空白响应值	备注
回归方程		$a =$		$b =$	$r =$	

分析：　　校核：　　审核：

七、样品测定

将采过样的样品管中活性炭倒入样品管内，加入 1 mL 二硫化碳，塞紧管塞，放置 1 h，并时常振摇。取 1 μL 样品溶液在做标准曲线相同条件下进行分析，用保留时间定性，用峰高定量。

在每批样品测定的同时，用一支未经采样的空白管按相同的操作条件和步骤作为试剂空白测定（表 5-16）。

表 5-16　苯系物分析原始记录表

样品名称：空气中的苯系物　　收样日期：　　分析日期：　　方法依据：

仪器型号：　　仪器编号：　　色谱柱类型：　　检测器类型：

最低检出限：　　计算公式：

样品编号	分析项目	取样体积/μL	稀释或富集倍数	样品色谱响应值	空白色谱响应值	样品响应值－空白响应值	测得量/μg	样品浓度/ mg/m^3	备注

分析：　　校核：　　审核：

八、计算

$$c=\frac{\left(h-h_0\right)\times B_s}{V_0\times E_s} \tag{5-10}$$

式中：c——空气中苯、甲苯、二甲苯的浓度，mg/m^3；

h——样品管中苯、甲苯、二甲苯的峰高，mm；

h_0——空白管中苯、甲苯、二甲苯的峰高，mm；

B_s——由标准曲线得到的计算因子，μg/（L·mm）；

V_0——换算成标准状况下的采样体积，L；

E_s——由实验确定的解吸效率。

九、注意事项

（1）分析时色谱条件应根据色谱仪的条件进行设置，色谱柱也可采用毛细管柱，这时需要注意的是进样量，进样量需要减少。

（2）外标法测定要注意取样和进样必须准确。

思考题

1. 测定时为什么应注意取样和进样的准确？如果用内标法呢？

第六节　工业烟道烟尘测量

一、实训目的

学习烟道烟尘采样技术；掌握烟道烟尘采样仪器的使用方法；学会测试烟道内烟尘浓度以及其他参数方法。

二、实训原理

利用皮托管平行测速采样方法进行采样。按等速原则用自动烟尘测试仪的采样管由采样孔放入烟道中，将采样嘴置于测点上，正对气流方向，从烟道中抽取一定体积的含尘烟气，运用重量法通过已知重量的滤筒来捕集烟气中的尘粒，根据滤筒在采样前后的重量差和采气体积，对烟尘排放浓度及排放总量进行计算确定。

三、仪器

（1）自动烟尘测试仪（仪器可有不同型号）。

（2）玻璃纤维滤筒。

（3）大气压力计。

（4）天平：感量 0.1 mg。

四、实训内容

1. 采样前准备

（1）检查仪器是否漏气、干燥器中硅胶是否失效，以便及时检修更换。

（2）用铅笔或圆珠笔将滤筒编号。滤筒在 110℃烘箱中烘干 1 h，取出放入干燥器中 40 min 冷却至室温，用天平称重。当在 300℃以上高温烟气中采样时，应在 400℃高温炉中烘烤 1 h，然后再冷却至室温称重，滤筒失重可降为 1 mg 以下（采样前滤筒进行减重处理）。

2. 采样及测定

（1）打开仪器电源，根据烟道尺寸确定采样点的数目和位置（将烟道尺寸、形状用键盘输入自动烟尘测试仪系统中，便可得到），将各采样点的位置在采样管上作出标记。

（2）连接各管路。主机面板上的两个“ΔP”接嘴与取样管的“皮拖管接嘴”相连：皮拖管面向气流方向的接嘴连到“+”端，背向气流方向的接嘴连“－”端。干燥桶的一端接嘴用橡胶管与面板上“烟尘”嘴连接，另一端接嘴与烟尘取气管的气路接嘴相连。

（3）打开烟道的采样孔，清除孔中的积灰。

（4）工况测量。先测量烟气温度。将热电偶插入烟道中，将热电偶的信号线接入 Ts/Xsw 信号接口，确定后便可测得烟气温度。

（5）烟气的动压、静压、流速测量。先将皮拖管接嘴悬空进行仪器自动调零，自动调零后接好管路准备测量动、静压，将采样管小心地插入烟道近中心处，使取样管的“+”端接嘴面向气流方向测烟气的动压，其另一侧接嘴背向气流方向测烟气的静压。可同时在板面上显示相应数值。

（6）湿度测量。将湿度取样器的信号线接入 Ts/Xsw 信号接口，确认后便可测得。

（7）记下滤筒的编号，将已称重的滤筒装入采样管内，并装上所选定的采样嘴。

（8）烟尘自动采样。在采样和采样准备菜单上进行采样参数设定后开始自动跟踪采样。

（9）用同样采样方法依次在各取样点进行采样，每个采样点采样时间原则上应不少于 3 min，各点采样时间应相等。

（10）采样完毕后，将采样嘴先背向气流，再关闭抽气泵，并堵住采样管路，避免烟道负压将尘粒倒抽出去。从烟道中小心地取出采样管，注意不要倒置，以免尘粒损失。

（11）用镊子取出滤筒，轻轻敲打管嘴并用毛刷将附着在管嘴内的尘粒刷到滤筒，放入盒中，带回实训室称重。每次至少采集 3 个样品，取平均值。

（12）采样后将数据“保存”确认。

（13）采样后的滤筒，放入 105℃烘箱中烘烤 1 h，取出置于干燥器中，冷却 40 min 至室温称重，采样前后滤筒重量差，即为采集烟尘量。

五、数据处理

将滤筒净重输入自动烟尘测试仪，利用菜单“查询”中计算即可得到如下参数：标况体积、标干流量、平均动静压、平均流速、烟尘净重、烟尘浓度、烟尘折算、烟尘排量、过量空气系数等数据。

六、注意事项

（1）采样时，生产设备应处于正常运转状态下，对工业锅炉，锅炉运行负荷应不低于85%。

（2）滤筒在采样前应检查滤筒外表有无脱毛、裂纹或孔隙等损坏现象，如有应更换滤筒，当用刚玉滤筒采样时，滤筒在称重前，要用细砂纸将滤筒口部磨平，以防止因口部不平而密封不严。

（3）使用等速采样管采集高浓度烟尘时，采样过程中应注意采样管上的测压孔是否有积灰或堵塞现象，如堵塞应及时清除，保证等速精度。

（4）每个测试断面采样次数不得少于 3 次，每个测定点连续采样时间不得少于 3 min。取几次采样的算术平均值作为管道内的烟尘浓度值。

（5）当温度场比较均匀（高低温差小于 10℃）时，可适当减少测点或只测中心点。

（6）执行等速采样原则（方法及所用仪器不限），采样嘴直径不得小于 4 mm。

（7）一般应采用内部采样，当烟气温度较高，飞烟尘浓度较大、飞烟气含湿量较小时，也可以采用外部采样。采样嘴轴线与气流流线的夹角不得大于 5°。

思考题

1. 如何根据烟道尺寸确定采样点的数目和位置？
2. 测定烟气的动压、静压时，取样管应如何连接？

第六章 土壤与固体废物监测

【实训要点】

实训中主要掌握土壤和固体废物样品的采集、制备及预处理方法；能够对土壤及固体废物中镉、铬、铜、铅、锌等金属污染物及土壤中有机农药残留量进行测定。

第一节　原子吸收分光光度法测定土壤中铜和锌的含量

一、实训目的

了解原子吸收分光光度法的原理；掌握土壤样品的消化方法；掌握原子吸收分光光度计的使用方法。

二、原理

火焰原子吸收分光光度法是根据某元素的基态原子对该元素的特征谱线产生选择性吸收来进行测定的分析方法。将试样喷入火焰，被测元素的化合物在火焰中离解形成原子蒸气，由锐线光源（空心阴极灯）发射的某元素的特征谱线光辐射通过原子蒸气层时，该元素的基态原子对特征谱线产生选择性吸收，在一定条件下，特征谱线光强的变化与试样中被测元素的浓度成比例。通过对自由基态原子对选用吸收线吸光度的测量，确定试样中该元素的浓度。

湿法消化是使用强氧化性酸，如 HNO_3、H_2SO_4、$HClO_4$ 等与有机化合物溶液共沸，使有机化合物分解除去。干法灰化是在高温下灰化、灼烧，使有机物被空气中氧所氧化而破坏。

本实训采用湿法消化土壤中的有机物。

三、仪器与试剂

1．仪器

（1）原子吸收分光光度计。

（2）铜和锌空心阴极灯。

2．试剂

（1）锌标准液。准确称取 0.100 0g 金属锌（99.9%），用 20 mL 1∶1 盐酸溶解，移入 1 000 mL 容量瓶中，用去离子水稀释至刻度，此液含锌量为 100 mg/L。

（2）铜标准液。准确称取 0.100 0 g 金属铜（99.8%）溶于 15 mL 1∶1 硝酸中，移入 1 000 mL 容量瓶中，用去离子水稀释至刻度，此液含铜量为 100 mg/L。

四、实训内容

1. 标准曲线的绘制

取 6 个 25 mL 的容量瓶，分别加入 5 滴 1∶1 盐酸，依次加入 0 mL、1.00 mL、2.00 mL、3.00 mL、4.00 mL、5.00 mL 的浓度为 10 mg/L 的铜标准液和 0 mL、0.10 mL、0.20 mL、0.40 mL、0.60 mL、0.80 mL 的浓度为 100 mg/L 的锌标准溶液，用去离子水稀释至刻度，摇匀，配成含 0 mg/L、0.40 mg/L、0.80 mg/L、1.20 mg/L、1.60 mg/L、2.00 mg/L 的铜标准系列和 0 mg/L、0.40 mg/L、0.80 mg/L、1.20 mg/L、1.60 mg/L、2.40 mg/L、3.20 mg/L 的锌标准系列，然后分别在 324.7 nm 和 213.9 nm 处测定吸光度，绘制标准曲线。

2. 样品的测定

（1）样品的消化

准确称取 1 000 g 土样置于 100 mL 的烧杯中（2 份），用少量去离子水润湿，缓慢加入 5 mL 王水（硝酸∶盐酸=1∶3），盖上表面皿。同时做 1 份试剂空白，把烧杯放在通风橱内的电炉上加热，开始低温，慢慢提高温度，并保持微沸状态，使其充分分解（注意消化温度不易过高，防止样品外溅），当激烈反应完毕，大部分有机物分解后，取下烧杯冷却。沿烧杯壁加入 2～4 mL 高氯酸，继续加热分解直至冒白烟，样品变为灰白色，揭去表面皿，赶出过量的高氯酸，把样品蒸至近干，取下冷却，加入 5 mL 1%的稀硝酸溶液加热，冷却后用中速定量滤纸过滤到 25 mL 容量瓶中，滤渣用 1%稀硝酸洗涤，最后定容，摇匀待测。

（2）测定

将消化液在与标准系列相同的条件下，直接喷入空气-乙炔火焰中，测定吸收值。

五、数据处理

1. 测定结果记录

表 6-1　土壤中铜、锌测定数据记录

容量瓶编号	标准系列						水样		
	0	1	2	3	4	5	0	1	2
c（Cu）/（μg/mL）	0	1.00	2.00	3.00	5.00	5.00			
吸光度 *A*（Cu）									
c（Zn）/（μg/mL）	0	0.10	0.20	0.40	0.60	0.80			
吸光度 *A*（Zn）									

2. 计算

所测得的吸收值（如试剂空白有吸收，则应扣除空白吸收值）在标准曲线上得到相应的质量浓度 c（μg/mL），则试样中：

$$\text{铜或锌的质量比（mg/kg）} = \frac{cV}{m} \times 1\,000 \qquad (6\text{-}1)$$

式中：c —— 标准曲线上得到的相应质量浓度，μg/mL；

V—— 定容体积，mL；

m—— 试样质量，g。

六、注意事项

（1）细心控制温度，升温过快反应物易溢出或炭化。

（2）土壤消化物若不呈灰白色，应补加少量高氯酸，继续消化。由于高氯酸对空白影响大，要控制用量。

（3）高氯酸具有氧化性，应待土壤里大部分有机质消化完反应物，冷却后再加入，或者在常温下，有大量硝酸存在下加入，否则会使杯中样品溅出或爆炸，使用时务必小心。

（4）若高氯酸氧化作用进行过快，有爆炸可能时，应迅速冷却或用冷水稀释，即可停止高氯酸氧化作用。

表 6-2　原子吸收测量条件

测定元素	Cu	Zn
空心阴极灯	铜灯	锌灯
特征波长/nm	324.8	213.9
光谱宽带/nm	2.5	2.1
灯电流/mA	2.0	4.0
增益	2	4
燃气	C_2H_2	C_2H_2
助气	空气	空气
火焰类型	氧化性蓝色焰	氧化性蓝色焰

思考题

1. 试分析原子吸收分光光度法测定土壤中金属元素的误差来源可能有哪些？

第二节　土壤中农药六六六和滴滴涕残留的测定

测定土壤中六六六的标准方法有气相色谱法（GB/T 14550—93）。方法的最低检测浓度为 0.000 05～0.004 87 mg/kg。适用于土壤中六六六和滴滴涕的分析。其原理、使用的试剂和材料及仪器和水质监测中气相色谱法测定水中六六六和滴滴涕相同。

一、实训目的

了解从土壤样品中提取有机氯农药的方法；掌握土壤样品的采集、保存，以及气相色谱法的定性、定量方法。通过实训，初步了解气相色谱仪的结构及操作技术。

二、原理

在土壤样品中，六六六和滴滴涕化学性质稳定，不易分解，且水溶性低、脂溶性高、在有机溶剂中分配系数大。因此，本法采用有机溶剂提取，浓硫酸纯化以消除或减少对分析的干扰，然后用电子捕获检测器进行检测。用标准化合物的保留时间定性，用峰高外标法定量。

三、仪器与试剂

（1）附有电子捕获检测器的气相色谱法。

（2）250 mL 索氏提取器。

（3）微量注射器。

（4）石油醚。沸程为 60～90℃，重蒸馏，色谱进样无干扰峰。

（5）丙酮。重蒸馏，色谱进样无干扰峰。

（6）无水硫酸钠。300℃烘 4 h，放入干燥器中备用。

（7）2%无水硫酸钠。

（8）30～80 目硅藻土。

（9）脱脂棉。用石油醚回流 4 h 后，干燥备用。

（10）滤纸筒。适当大小滤纸用石油醚回流 4 h 后，干燥做成筒状。

（11）色谱纯 α-六六六、γ-六六六、β-六六六、δ-六六六、*P*,*P′*-DDE、*O*,*P′*-DDT、*P*,*P′*-DDD、*P*,*P′*-DDT。

四、实训内容

1. 样品采集及贮存

（1）样品的采集。土壤，在田间根据不同的分析目的多点采集，风干去杂物，研碎过 60 目筛，充分混匀，取 500 g 装入样品瓶中备用。

（2）样品的保存。土壤样品采集后，应尽快分析，如暂不分析应保存在－18℃冷冻箱中。

2. 样品预处理

（1）提取。准确称取 20 g 土壤置于烧杯中，加蒸馏水 2 mL，硅藻土 4 g，充分混匀，无损地移入滤纸筒内，上部盖一片滤纸，将滤纸筒装入索氏提取器中，加 100 mL 石油醚-丙酮（1∶1），用 30 mL 浸泡土样 12 h 后在 75～95℃恒温水浴上加热提取 4 h，待冷却后，将提取液移入 300 mL 的分液漏斗中，用 10 mL 石油醚分 3 次冲洗提取器及烧瓶，将洗液并入分液漏斗中，加入 100 mL 硫酸钠溶液，振摇 1 min，静置分层后，弃去下层丙酮水溶液，留下石油醚提取液待净化。

（2）净化。浓硫酸净化法：适用于土壤、生物样品。在分液漏斗中加入石油醚提取液体积的 1/10 的浓硫酸，振摇 1 min，静置分层后，弃去硫酸层（注意：用硫酸净化过程中，要防止发热爆炸，加硫酸后，开始要慢慢振摇，不断放气，然后再剧烈振摇），如此重复数次，直至加入的石油醚提取液二相界面清晰均呈无色透明为止。然后向弃去硫酸层的石油醚提取液中加入其体积量的一半左右的硫酸钠溶液。振摇十余次。待静置分层后弃去水层。如此重复操作直至提取液呈中性时（一般 2～4 次），石油醚提取液再经装有少量无水硫酸钠的筒型漏斗脱水。滤入适当容积的容量瓶中，定容，供气相色谱测定。

3．样品测定

（1）色谱条件

① 色谱柱：5%OV-17+1.95%QF-1/Chromosorb WAW-DMCS，80～100 目；或 1.5%OV-17+1.95%OV-210/Chromosorb WAW-DMCS-HP，80～100 目。

② 汽化室温度：220℃。

③ 柱温度：195℃。

④ 检测器温度：245℃。

⑤ 载气流速：40～70 mL/min，根据仪器的情况选用。

⑥ 记录仪纸速：5 mm/min。

⑦ 衰减：根据样品中待测组分含量适当调节记录器衰减。

⑧ 进样量：一次进样量 3～6 μL。

（2）校准

① 定量方法外标法。

② 标准样品。

a．使用次数：使用标准样品周期性的重复校准。视仪器的稳定性决定周期长短。若仪器稳定，可测定 4～5 个样品校准一次。

b．标准样品的制备：准确称取一定量的色谱纯标准样品，每种 100 mg，溶于异辛烷（β-六六六先用少量苯溶解），在容量瓶中定容 100 mL，在 4℃贮存。

c．标准中间溶液：用移液管取 8 种储备液，移至 100 mL 容量瓶中，用异辛烷稀释至标线，摇匀。8 种标准储备液的体积比为：$V_{\alpha\text{-六六六}}$∶$V_{\gamma\text{-六六六}}$∶$V_{\beta\text{-六六六}}$∶$V_{\delta\text{-六六六}}$∶$V_{P,P'\text{-DDE}}$∶$V_{O,P'\text{-DDT}}$∶$V_{P,P'\text{-DDD}}$∶$V_{P,P'\text{-DDT}}$= 1∶1∶3.5∶1∶3.5∶5∶3∶8。

d．标准工作液的配制：根据检测器的灵敏度及线性要求，用石油醚稀释中间溶液，配制成几种浓度的标准工作液，在 4℃下贮存。

e．气相色谱中使用标准溶液的条件如下：标准样品的进样体积与试样进样体积相同，标准样品的响应值接近试样的响应值。调节仪器重复性条件：一个样品连续注射进样 2 次，其峰高相对偏差不大于 7%，即认为仪器处于稳定状态。标准样品与试样尽可能同时进样分析。

③ 校准数据的表示。试样中组分按式（6-2）校准：

$$X_i=A_i E_i / A_{\mathrm{E}} \tag{6-2}$$

式中：X_i—— 试样中组分 i 的含量，mg/kg；

E_i—— 标准溶液中组分 i 的含量，mg/kg；

A_i—— 试样中组分 i 的峰高，cm（或峰面积，cm^2）；

A_{E}—— 标准溶液中组分 i 的峰高，cm（或峰面积，cm^2）。

（3）进样分析

① 定性分析。

a．在标准色谱图中，组分的出峰顺序为：α-六六六、γ-六六六、β-六六六、δ-六六六、*P,P'*-DDE、*O,P'*-DDT、*P,P'*-DDD、*P,P'*-DDT。

b．检验可能存在的干扰，采用双柱定性。用另一根色谱柱（1.5%OV-17+1.95%

QF-1/Chromosorb WAW-DMCS，80～100 目）进行准确检验色谱分析，可确定各组分及有无干扰。

② 定量分析。

a．色谱峰的测量。以峰的起点和终点的连线作为峰底，以峰高极大值对时间轴作垂线，对应的时间即为保留时间。此线从峰顶至峰底间的线段即为峰高。

b．计算

$$R_i = h_i W_{is} V / (h_{is} V_i G) \tag{6-3}$$

式中：R_i——样品中 i 组分农药的含量，mg/kg；

h_i——样品中 i 组分农药的峰高，cm（或峰面积，cm^2）；

W_{is}——标样中 j 组分农药的绝对量，ng；

V——G（g）样品定容体积，mL；

h_{is}——标样中 i 组分农药的峰高，cm（或峰面积，cm^2）；

V_i——样品的进样量，μL；

G——样品的重量，g。

4．结果的表示

（1）定性结果。根据标准色谱图各组分的保留时间，来确定被测试样中出现的组分数目和组分名称。

（2）定量结果。含量的表示方法：根据上式计算出的各组分的含量，以 mg/kg 表示。

（3）检测限。当气相色谱仪仪器的灵敏度最大时。以噪声的 2.0 倍作为仪器检测限，本方法要求仪器的最小检出量低于 10^{-12} g（表 6-3）。

表 6-3 气相色谱法测定农药的检测限

农药种类	最小检测量/g	农药种类	最小检测量/g
α-六六六	3.577×10^{-13}	*P,P′*-DDE	1.756×10^{-12}
β-六六六	2.523×10^{-12}	*O,P′*-DDT	6.960×10^{-12}
γ-六六六	1.190×10^{-12}	*P,P′*-DDD	5.972×10^{-12}
δ-六六六	9.770×10^{-13}	*P,P′*-DDT	1.460×10^{-12}

五、注意事项

（1）进样量要准确，进样动作要迅速，每次进样后，注射器一定要用石油醚洗净，最好用氮气流冲干净，避免样品互相污染，影响测定结果。

（2）纯化时出现乳化现象可采用过滤、离心或反复滴液的方法解决。

（3）如果土样中六六六异构体浓度较低，则纯化的石油醚提取液用 K-D 液浓缩器浓缩至相应体积。

思考题

1. 本实训所用纯化法的原理是什么？能否通用？
2. 用浓硫酸纯化时不分层是何原因？如何解决？

3. 本实训中分析误差的主要来源有哪些？

第三节　工业铬渣中总铬的测定

一、实训目的

掌握碱熔融法制备测试样品的操作技术；熟悉用氧化-还原滴定法测定铬渣中总铬含量的原理和测定过程。

二、原理

对铬渣样品采用碱式熔融，将三价铬氧化成六价铬，用蒸馏水溶解，再以苯基代邻氨基苯甲酸作指示剂，用硫酸亚铁铵溶液滴定六价铬，过量的硫酸亚铁铵与指示剂反应，溶液呈亮绿色为终点。根据硫酸亚铁铵标准溶液的用量计算出固体废物中的总铬含量。反应方程式如下：

$$6Fe(NH_4)_2(SO_4)_2+H_2Cr_2O_7+6H_2SO_4 \longrightarrow 3Fe_2(SO_4)_3+Cr_2(SO_4)_3+6(NH_4)_2SO_4+7H_2O$$

三、仪器与试剂

1. 仪器

（1）移液管：10 mL、25 mL。

（2）三角瓶：500 mL。

（3）滴定管（分刻度 0.1 mL）：25 mL、50 mL。

2. 试剂

（1）氧化镁：分析纯。

（2）无水碳酸钠：分析纯。

（3）熔融混合剂：氧化镁和无水碳酸钠以 1∶2 混合。

（4）2 g/L *N*-苯基代邻氨基苯甲酸指示剂（简称铬指示剂）：称取铬指示剂 0.2 g，溶于 100 mL 0.2%碳酸钠溶液中，摇匀，贮于棕色瓶中，在低温下保存。

（5）六价铬标准溶液（0.4 mg/mL）：称取于 120℃干燥 2 h 的重铬酸钾 1.131 6 g，用蒸馏水溶解后转移到 1 000 mL 容量瓶中，用蒸馏水稀释到刻度，摇匀。

（6）硫酸亚铁铵标准溶液：称取分析纯硫酸亚铁铵 25 g 溶于 1 000 mL 硫酸-磷酸混合溶液中，过滤，用下述方法进行标定。

准确吸取 10 mL 六价铬标准溶液，置于 150 mL 三角瓶中，加入 50 mL 水，加入硫酸-磷酸混合溶液 5 mL 及 5 滴 *N*-苯基代邻氨基苯甲酸指示剂，用硫酸亚铁铵滴定至溶液由紫红色变为黄绿色即为终点。硫酸亚铁铵溶液对六价铬的滴定度计算如下：

$$T=10.00\times0.40/V \qquad (6\text{-}4)$$

式中：T——1.00 mL 硫酸亚铁铵相对于六价铬的毫克数；

V—— 硫酸亚铁铵溶液的消耗量，mL；

0.40 ——1 mL 重铬酸钾溶液含六价铬的质量，mg。

另外，硫酸亚铁铵溶液不稳定，使用前需要重新标定。

四、实训内容

1. 样品处理

在表面皿上将 2.5 g 熔融混合剂和准确称取的 0.5 g 铬渣样品混合均匀，倒在预先在坩埚底部及周围铺的 1.5 g 氧化镁上面，另取 0.5 g 熔融混合剂刷净表面皿后覆盖在样品上。放入高温炉在 850℃维持 1 h，冷至近室温取出坩埚，用蒸馏水溶解并过滤于 250 mL 容量瓶中，用水稀释到刻度，备用。

2. 测定

取 100 mL 滤液于 250 mL 三角瓶中，慢慢加入 3 mL 浓硫酸，待冷却后加入 5 滴 *N*-苯基代邻氨基苯甲酸指示剂，用硫酸亚铁铵标准溶液滴定至溶液变为黄绿色即为终点，记录标准溶液的用量。

用水代替样品，按同样方法进行处理制备空白溶液并滴定，记录消耗标准溶液量。

铬渣中总铬含量按下式计算：

$$总铬=250\times T\times(V_1-V_0)\times 100\%/(m\times 100\times 1\,000) \tag{6-5}$$

式中：T—— 硫酸亚铁铵标准溶液滴定度，mg/mL；

V_1—— 滴定样品消耗的硫酸亚铁铵标准溶液的体积，mL；

V_0—— 滴定空白消耗的硫酸亚铁铵标准溶液的体积，mL；

m—— 称取铬渣样品的重量，g。

五、注意事项

（1）器皿不能用含铬的溶液洗涤。

（2）铬指示剂具有还原性，滴定时不宜多加，空白及试液的加入量应一致。

（3）钒对测定有干扰，除测定钒渣中的铬外，一般样品中钒的含量不会影响测定。三价铁干扰测定，当三价铁浓度为铬的 175 倍时，可引入 2.8%的相对误差。

思考题

1. 碱熔融法处理铬渣，加入熔融混合剂的作用是什么？其中氧化镁起什么作用？

2. 观察融块与试样有何变化？请考虑能否有代替熔融法处理铬渣的融样方法？有何依据？

3. 本方法三价铁含量过高时对测定有干扰，是否可以掩蔽？加入何种试剂较为适宜？

第四节　城市垃圾渗滤液中细菌菌落总数的测定

一、实训目的

了解细菌菌落总数的含义及测定细菌菌落总数的意义；掌握细菌菌落总数测定的原理和方法。

二、原理

细菌菌落总数（CFU）是指 1 mL 水样在营养琼脂培养基中，于 37℃培养 24 h 后所生长的腐生性细菌菌落总数。它是有机物污染程度的指标，也是卫生指标。

细菌菌落总数测定是测定水中需氧菌、兼性厌氧菌和异养菌密度的方法。细菌种类很多，有各自的生理特性，必须用适合它们生长的培养基才能将它们培养出来。然而，在实际工作中不易做到，通常用一种适合大多数细菌生长的培养基培养腐生性细菌，以它的菌落总数表明有机物污染程度。因此，由此法所得的菌落可能低于真正存在的活细菌的总数。

三、仪器

（1）恒温培养箱、冰箱。

（2）高压蒸汽灭菌器。

（3）接种环、酒精灯或煤气灯。

（4）生物显微镜、载玻片。

（5）无菌培养皿（直径 90 mm）、无菌移液管（1 mL、10 mL）、采样瓶等。

四、实训内容

1. 制备营养琼脂培养基

（1）配方：蛋白胨 10 g、牛肉浸膏 3 g、氯化钠 5 g、琼脂 15～20 g、蒸馏水 1 000 mL。

（2）制备：将上述成分混合后，调节 pH 值为 7.4～7.6，过滤除去沉淀，分装于玻璃容器中，经 121℃高压蒸汽灭菌 15 min，贮存于暗处备用。

2. 水样的稀释

在无菌操作条件下，以 10 倍稀释法稀释水样，视水体污染程度来确定稀释倍数。一般取在平板上能长出 30～300 个菌落的作为该种水样的稀释倍数。

（1）将水样用力振荡 20～25 次，使可能存在的细菌凝团成分散状。

（2）将 1 瓶 90 mL 和 5 管 9 mL 的无菌稀释水排列好，按浓度 10^{-1}、10^{-2}、10^{-3}、10^{-4}、10^{-5}、10^{-6} 依次编号。

（3）在无菌操作条件下，用无菌移液管吸取 10 mL 水样（或其他样品 10 g）置于第一瓶 90 mL 无菌水（内含玻璃珠）中，将移液管吹洗 3 次，用手摇 10 min 将颗粒状样品打散，即为 10^{-1} 浓度的菌液。

（4）用无菌移液管吸取 1 mL 10^{-1} 浓度的菌液置于一管 9 mL 无菌水中，将移液管吹洗 3 次，摇匀，即为 10^{-2} 浓度菌液。同样方法，依次稀释到 10^{-6}。

3．接种

（1）以无菌操作方法，用无菌移液管吸取 3 个适宜浓度的稀释水样 1 mL，注入无菌培养皿内，再倾注约 15 mL 已融化并冷却到 45℃左右的营养琼脂培养基，并立即旋摇平皿，使水样与培养基充分混匀。每个水样应倾注两个平皿，每次检验时，另用 1 个平皿只倾注营养琼脂培养基做空白对照。

（2）待琼脂培养基冷却凝固后，翻转平皿，使底面向上，置于 37℃恒温箱中培养 24 h，进行菌落计数。

4．计菌落数

培养之后，立即进行平皿菌落计数。如果计数不能立即进行，需将平皿存放于 5～10℃冰箱内，且不得超过 24 h。

做平皿菌落计数时，可用菌落计数器或放大镜检查，以防遗漏。在记下各平皿的菌落数后，应求出同稀释度的平均菌落数。如果由于稀释等过程中有杂菌污染，或者对照平皿显示出培养基或其他材料有杂菌，以致平皿无法计数，则应报告“实验事故”。

对那些看来相似，距离相近但却不相触的菌落，只要它们之间的距离不小于最小菌落的直径，便应一一予以计数。那些紧密接触而外观（如形态或颜色）相异的菌落，也应该一一予以计数。

五、计算和报告计数方法

细菌菌落总数是以每个平皿菌落的总数或平均数（如同一稀释度 3 个重复平皿的平均数）乘以稀释倍数。各种不同情况的计算方法如下。

（1）首先选择平均菌落数在 30～300 的进行计算，当只有 1 个稀释度的平均菌落符合此范围时，则以该平均菌落数乘其稀释倍数报告（表 6-4 例 1）。

（2）若有两个稀释度的平均菌落数均在 30～300，则按两者菌落总数之比值来决定，若其比值小于 2 应报告两者的平均数，若大于 2 则报告其中较小的菌落总数（表 6-4 例 2 及例 3）。

（3）若所有稀释度的平均菌落数均大于 300，则应按稀释度最大的平均菌落数乘以稀释倍数报告（表 6-4 例 4）。

（4）若所有稀释度的平均菌落数均小于 30，则应按稀释度最小的平均菌落数乘以稀释倍数报告（表 6-4 例 5）。

（5）若所有稀释度的平均菌落数均不在 30～300，则以最接近 300 或 30 的平均菌落数乘以稀释倍数报告（表 6-4 例 6）。

（6）在求同稀释度的平均数时，若其中一个平板上有较大片状菌落生长时，则不宜采用，而应以无片状菌落生长的平板作为该稀释度的平均菌落数。若片状菌落约为平板的一半，而另一半平板上菌落数分布很均匀，则可按半平板上的菌落计数，然后乘以 2 作为整个平板的菌落数。

（7）菌落计数的报告：菌落数在 100 以内时按实有数报告，大于 100 时，采用两位有效数字，在两位有效数字后面的位数，以四舍五入方法计算。为了缩短数字后面的零数，可用 10 的指数来表示（表 6-4 报告方式）。在报告菌落数为“无法计数”时，应注明水样的稀释度。

表 6-4　稀释度选择及菌落总数报告方式

例次	不同稀释度的平均菌落数			两个稀释度的菌落数之比	菌落总数/（CFU/mL）	报告方式/（CFU/mL）
	10^{-1}	10^{-2}	10^{-3}			
1	1 365	164	20	—	16 400	16 000 或 1.6×10^4
2	2 760	295	46	—	37 750	38 000 或 3.8×10^4
3	2 890	271	60	1.6	27 100	27 000 或 2.7×10^4
4	无法计算	4 650	513	2.2	513 000	510 000 或 5.1×10^5
5	27	11	5	—	270	270 或 2.7×10^2
6	无法计算	305	12	—	30 500	31 000 或 3.1×10^4

思考题

1. 简述垃圾渗滤液中细菌菌落总数测定的意义。
2. 干扰本实验结果的因素有哪些？

第七章
生物污染监测

【实训要点】

生物是自然环境的重要组成部分，污染物质可以通过不同的途径进入生物体内，并在体内传输、积累和转化。实训中掌握生物样品的采集与制备方法，主要掌握粮食、蔬菜和水果中残留农药的测定，以及人体头发中汞和植物体内氟含量的测定。具备对测试数据结果进行评价的能力。

第一节 蔬菜中有机磷农药残留的测定——气相色谱法

一、实训目的

通过实训，掌握生物样品的采集和制备，对生物农药残留量的气相色谱测定方法有较全面的了解和掌握，对测定数据能够正确计算和评价。

二、原理

采用丙酮加水提取，二氯甲烷萃取，凝结法净化，气相色谱氮磷检测器测定。

适用于粮食（大米、小麦、玉米）、水果、蔬菜中有机磷农药（速灭磷、甲拌磷、二嗪磷、异稻瘟净、甲基对硫磷、杀螟硫磷、溴硫磷、水胺硫磷、稻丰散、杀扑磷等多组分）残留量的测定。

三、仪器、试剂与材料

1. 仪器

主要仪器：带氮磷检测器的气相色谱仪，氮磷检测器，全玻璃系统进样器，色谱柱，万能粉碎机，组织捣碎机，真空泵。

其他：500 mL 分液漏斗，300 mL 具塞锥形瓶，500 mL 抽滤瓶，直径 9 cm 布氏漏斗，250 mL 平底烧瓶，微量注射器（5 μL、10 μL），玻璃棉。

2. 试剂与材料

（1）载气和辅助气体

载气：氮气，纯度 99.99%，经去氧管过滤，氧的含量小于 5×10^{-6}；

燃烧气：氢气；

助气：空气。

（2）配制标准样品和试样预处理的试剂和材料

使用的试剂一般为分析纯，有机溶剂经重蒸，浓缩 20 倍用气相色谱仪测定无干扰峰。

① 农药标准样品：速灭磷、甲拌磷、二嗪磷、异稻瘟净、甲基对硫磷、杀螟硫磷、溴硫磷、水胺硫磷、稻丰散、杀扑磷（含量 95%～99%）。

②有机溶剂：二氯甲烷、三氯甲烷、丙酮、石油醚（沸程 60～90℃）、乙酸乙酯、磷酸（85%）、氯化铵、氯化钠、无水硫酸钠（3 000℃烘 4 h 备用）。

③ 助滤剂：Celite 545。

④ 凝结液：20 g 氯化铵和 85%磷酸 40 mL，溶于 400 mL 蒸馏水中，用蒸馏水定容至 2 000 mL 备用。

四、实训内容

1．样品的采集及贮存

（1）样品的采集。取具代表性的蔬菜的可食部位 1 000 g，切碎，取 200 g 测水分含量，其余供试验用。

（2）样品的保存。通常能在－18℃冷冻箱中保存 3 d。

2．试样的预处理

蔬菜样品的提取及净化。准确称取蔬菜样品 50 g 于组织捣碎缸中，加水，使加入的水量与 50 g 样品中的水分含量之和为 50 mL，再加 100 mL 丙酮，捣碎 2 min，浆液经铺有两层滤纸及一层助滤剂的布氏漏斗减压抽滤，取 100 mL 滤液（相当于 2/3 样品），倒入 500 mL 分液漏斗中，加入 10～15 mL[用 c（KOH）=0.5 mol/L 的 KOH 溶液调至 pH 值为 4.5～5.0]的凝结液和 1 g 助滤剂，振摇 20 次，静置 3 min，过滤倒入另一 500 mL 分液漏斗，按上述步骤再凝结 2～3 次，在滤液中加 3 g 氯化钠，用 50 mL、50 mL、30 mL 二氯甲烷萃取 3 次，合并有机相，通过装有 1 g 无水硫酸钠和 1 g 助滤剂的筒形漏斗干燥，收集于 250 mL 平底烧瓶中，加 0.5 mL 乙酸乙酯，先用旋转蒸发器浓缩至 10 mL，移入 K-D 浓缩器浓缩到 1 mL，在室温下用氮气或空气吹至近干，用丙酮定容 5 mL，供色谱测定。

3．仪器准备

（1）色谱柱的准备

载体：Chrom Q，80～90 目。

固定液：OV-17<苯基甲基硅酮，最高使用温度 300～350℃。

预处理：经水冲洗后，玻璃柱管内注满 60#～70#的洗液，浸泡 4 h，后用水冲洗至中性，再用蒸馏水冲洗，烘干后进行硅化处理，将 6%～10%的二氯二甲基硅烷甲醇液注满玻璃柱管，浸泡 2 h，再用甲醇清洗至中性，烘干备用。

色谱柱的充填方法：将色谱柱的一端用硅烷化玻璃棉塞住、接真空泵，另一端接漏斗，开动真空泵后，将固定相徐徐倾入色谱柱内，并轻轻拍打色谱柱，使固定相在色谱柱内填充紧密，至固定相不再抽入柱内为止。装柱完毕后，用硅烷化玻璃棉塞住色谱柱另一端。

色谱柱老化：将填充好的色谱柱进口按正常接在汽化室上，出口空着不接检测器，先用较低载气流速和略高于实际使用温度而不超过固定液的使用温度下处理几小时（4～6 h），然后逐渐提高载气流速，老化 24～48 h，再降低至使用温度，接上检测器后，如基线稳定即可使用。

（2）仪器的调整

汽化室温度 230℃、柱温度 200℃、检测器温度 250℃。

载气流速 36～40 mL/min、氢气流速 4.5～6.0 mL/min、空气流速 60～80 mL/min、记录仪纸速 5 mm/min。

（3）仪器校准

使用标准样品需周期性的重复校准。视仪器的稳定性决定周期长短，若仪器稳定，可测定 3～4 个试样校准 1 次。

标准样品的制备：准确称取一定量的农药标准样品，用丙酮为溶剂，分别配制浓度为 0.5 mg/mL 标准溶液，在 4℃下可存放 6～12 个月。

中间溶液的配制：用移液管准确量取一定量的上述储备液于 50 mL 容量瓶中用丙酮定容至刻度，则配制成浓度为 50.0 μg/mL 的速灭磷、甲拌磷、二嗪磷、水胺硫磷、甲基对硫磷、稻丰散；100 μg/mL 的杀螟硫磷、异稻瘟净、溴硫磷、杀扑磷中间溶液。

标准工作液的配制：分别用移液管吸取上述中间溶液 10 mL 于 100 mL 容量瓶中，用丙酮定容至刻度，得混合标准工作溶液。标准工作液在 4℃下可存放 3～6 个月。

（4）校准数据的表示

一个样连续注射进样 2 次，其峰高相对偏差不大于 7%，即认为仪器处于稳定状态。

校准公式如下：

$$X_i = \frac{A_i}{A_s} \times E_i \tag{7-1}$$

式中：X_i—— 试样中组分 i 的含量，mg/kg；

A_i—— 试样中组分 i 的峰高，cm（或峰面积，cm^2）；

E_i—— 标样中组分 i 的含量，mg/kg；

A_s—— 标样中组分 i 的峰高，cm（或峰面积，cm^2）。

4．试样分析

（1）进样

进样方式：注射器进样。

进样量：一次进样量 3～6 μL。

操作：用清洁注射器在待测样品中抽吸几次后，抽取所需进样体积，迅速注射入色谱仪中，并立即拔出注射器。

（2）定性分析

组分的出峰次序为：速灭磷、甲拌磷、二嗪磷、异稻瘟净、甲基对硫磷、杀螟硫磷、溴硫磷、水胺硫磷、稻丰散、杀扑磷。

（3）定量分析

以峰的起点和终点的连线作为峰底，从峰高极大值对时间轴作垂线，对应的时间即为保留时间，此线以峰顶至峰底间的线段即为峰高。

确定色谱峰保留时间、峰高，按式（7-2）计算分析结果：

$$R_i = \frac{h_i W_{is} V}{H_{is} V_i G} \tag{7-2}$$

式中：R_i—— 样品中 i 组分农药的含量，mg/kg 或 mg/L；

h_i—— 样品中 i 组分农药的峰高，cm（或峰面积，cm^2）；

W_{is}—— 注入色谱仪标样中 i 组分农药的绝对量，μg；

V—— 样品定容体积，mL；

H_{is}—— 注入色谱仪标样中 i 组分农药的峰高，cm；

V_i—— 样品的进样量，μL；

G—— 样品的重量，g（这里只用提取液的 2/3，应乘 2/3）。

五、结果的表示

（1）定性结果

根据标准色谱图各组分的保留时间来确定被测试样中出现的组分数目和组分名称。

（2）定量结果

含量的表示方法：根据计算出的各组分的含量，结果以 mg/kg 或 mg/L 表示。

六、注意事项

（1）标准样品与试样尽可能同时进样分析。

（2）使用农药标准样品过程中注意安全，避免引起中毒。

（3）该方法的最低检测浓度为 0.000 2～0.002 9 mg/kg。

第二节 植物体氟含量的测定——离子选择电极法

一、实训目的

通过实训，掌握对植物样品的采集和制备；掌握离子选择电极法测定氟含量原理和操作，以及标准加入法的定量方法；能够对分析数据进行正确的处理。

二、原理

氟离子选择电极的氟化镧单晶膜对氟离子产生选择性的对数响应，氟电极和饱和甘汞电极在被测试液中，电位差可随溶液中氟离子活度的变化而改变，电位变化规律符合能斯特（Nernst）方程式。与氟离子形成络合物的 Fe、Al 等离子干扰测定，其他常见离子无影响。

（1）植物样品经 0.05 mol/L HNO_3 浸提，然后再用 0.1 mol/L NaOH 溶液浸提，使样品中的氟转入溶液中。以柠檬酸钠溶液作离子强度缓冲调节剂，用氟离子选择性电极在 pH 值为 5～6 时直接进行测定。本方法最低检出限为 0.1 mg/kg。

（2）工作电池可表示为：Ag｜AgCl，Cl^-（0.3 mol/L），F^-（0.001 mol/L）｜LaF_3‖试液‖外参比电极，电池的电动势 E 与溶液中 F^-的活度 c_{F^-}遵守 Nernst 方程。

$$E = E^{\circ} - \frac{2.303RT}{F}\log c_{F^-} \tag{7-3}$$

E 与 $\log c_{F^-}$ 呈直线关系。

三、仪器与试剂

1. 仪器

（1）离子活度计或精密酸度计。

（2）氟离子选择性电极。

（3）饱和甘汞电极。

（4）电磁搅拌器。

（5）50 mL 聚乙烯杯。

2. 试剂

（1）0.05 mol/L HNO_3 溶液、0.2 mol/L HNO_3 溶液、0.1 mol/L KOH 溶液、0.4 mol/L KNO_3 溶液。

（2）0.8 mol/L 柠檬酸钠溶液：称取 58.8 g 柠檬酸钠，溶解于 200 mL 水中，在 pH 计上，用 10 mol/L HNO_3 溶液调节至 pH 值为 5.5，稀释至 250 mL。

（3）0.4 mol/L 柠檬酸钠溶液：取 125 mL 的 0.8 mol/L 柠檬酸钠溶液，以水稀释至 250 mL。

（4）氟标准储备液：称取 0.221 0 g NaF（在 500～650℃烘干 40～45 min），溶于水中，稀释至 1 L，贮于聚乙烯瓶中。此液 1 mL 含 100 μg 氟。

（5）氟标准中间液：吸取 10.00 mL 氟标准储备液，于 100 mL 容量瓶中，以水稀释至刻度，贮于聚乙烯瓶中。此液 1 mL 含 10.0 μg 氟。

（6）氟标准工作液：根据绘制标准曲线的需要，用氟标准中间液配制所需浓度的氟标准工作液。

四、实训内容

1. 标准曲线的绘制

（1）在 100 mL 容量瓶中，按表 7-1 加入各种溶液，配成不同浓度的一系列氟标准溶液。

（2）分别取上述各氟标准溶液 20 mL 于聚乙烯杯中，由稀到浓在离子活度计或精密酸度计上逐个测定其毫伏值，在半对数坐标纸上，以纵轴表示电位值，以横轴表示氟浓度（μg/mL），绘制校正曲线。在测定毫伏值前，先观测电极的响应时间，然后以此响应时间进行测定。

2. 样品测定

准确称取 0.25～2.50 g 样品，置于 50 mL 烧杯中，加入 20 mL 0.05 mol/L HNO_3 溶液，在电磁搅拌器上搅拌 20 min，然后加入 20 mL 0.1 mol/L KOH 溶液，继续搅拌 20 min 后，加入 5.0 mL 0.4 mol/L 柠檬酸钠溶液及 5.0 mL 0.2 mol/L HNO_3 溶液（此时溶液 pH 值在 5.5 左右），略加搅拌后，直接进行试样溶液毫伏值测定。从标准曲线上求出试样溶液中氟的浓度。

表 7-1　不同浓度氟标准系列

氟标准溶液系列浓度/（μg/mL）	0.4 mol/L HNO_3 溶液加入量/mL	0.4 mol/L 柠檬酸钠溶液加入量/mL	10.0 μg/mL 氟标准溶液加入量/mL	100 μg/mL 氟标准溶液加入量/mL
5.0	10.0	5.0	0.0	5.0
4.0	10.0	5.0	0.0	4.0
3.0	10.0	5.0	0.0	3.0
2.0	10.0	5.0	0.0	2.0
1.0	10.0	5.0	10.0	0.0
0.5	10.0	5.0	5.0	0.0
0.3	10.0	5.0	3.0	0.0
0.2	10.0	5.0	2.0	0.0
0.1	10.0	5.0	1.0	0.0

五、数据处理

从标准曲线上求出试样溶液中氟的浓度：

$$\text{氟化物(F)/(mg/kg)}=\frac{50\rho}{W} \tag{7-4}$$

式中：ρ—— 校准曲线上查得的氟浓度，μg/mL；

W—— 试样质量，g；

50 —— 试样溶液的总体积，mL。

六、注意事项

（1）氟电极在每次使用前，先用去离了水洗至电位为−340 mV 以下，然后浸在含氟 0.1 μg/mL 或 0.5 μg/mL 的 0.4 mol/L 柠檬酸钠溶液中 15～20 min，再洗至电位为−340 mV 后测定。氟电极在良好的情况下，氟浓度为 10^{-5} mol/L 时，响应时间一般为 5 min，搅拌 1 min，在稳定状态下读取电位值。测定低浓度系统时，响应时间较长。

（2）0.5 μg/mL 以下的低浓度氟标准工作液用时现配。

（3）称样量的多少直接影响氟的浸提率，一般氟含量在 10 μg/g 以下的样品称 2.0 g；10～100 μg/g 的样品称 1.0 g；100～300 μg/g 的样品称 0.5 g；300 μg/g 以上的样品称 0.25 g。

（4）样品中不能含有影响氟电极工作或影响氟浸出的大量铁、铝、硅等物质。

（5）本法适用于粮食（大米、小麦、玉米）、水果、蔬菜等的根、茎、叶、果实、种子中非难溶性氟化物及非有机氟的测定。

思考题

1. 加入离子强度缓冲液起什么作用？
2. 测定时为何通常控制溶液的 pH 值为 5.0～6.5？

第三节　冷原子吸收法测定毛发中汞含量

一、实训目的

通过实训，熟悉生物毛发试样测汞的前处理方法；掌握一般测汞仪的使用方法，并测定毛发试样的汞含量。

二、原理

毛发试样经酸性条件下高锰酸钾消化处理，将各种形态的汞转变成二价汞。过量的高锰酸钾用盐酸羟胺溶液还原。在测汞仪的外气路汞蒸气发生瓶中，加氯化亚锡将二价汞还原为单质汞。在室温下通入空气或氮气，将金属汞气化，载入冷原子吸收测汞仪，吸收由汞灯产生的 253.7 nm 的紫外线。在一定浓度范围内，汞浓度与吸光度呈线性关系。可用标准曲线法确定试样中含汞量。该方法不需要高温原子化，故此又称冷原子吸收法，测汞干扰少，灵敏度高。

三、仪器与试剂

1. 仪器

（1）冷原子吸收光度仪。

（2）25 mL 容量瓶。

（3）50 mL 烧杯（配表面皿）、1～5 mL 移液管。

（4）100 mL 锥形瓶。

2. 试剂

（1）浓硫酸。

（2）5%$KMnO_4$。

（3）10%盐酸羟胺溶液：称 10 g 盐酸羟胺（$NH_2OH \cdot HCl$）溶于蒸馏水中稀释至 100 mL，以 2.5 L/min 的流量通氮气或干净空气 30 min，以去除微量汞。

（4）10%氯化亚锡溶液：称 10 g 氯化亚锡（$SnCl_2 \cdot 2H_2O$）溶于 10 mL 浓硫酸中，加蒸馏水至 100 mL。同上法通氮气或干净空气驱除微量汞，加几粒金属锡，密塞保存。

（5）汞标准储备液：称取 0.135 4 g 氯化汞，溶于含有 0.05%重铬酸钾的（5+95）硝酸溶液中，转移到 1 000 mL 容量瓶中，稀释至标线，此溶液每毫升含 100.0 μg 汞。

（6）汞标准液：临用时将储备液用含有 0.05%重铬酸钾的（5+95）硝酸稀释至每毫升含 0.05 μg 汞的标准液。

四、实训内容

1. 发样预处理

将发样用 50℃中性洗涤剂水溶液洗 15 min，然后用乙醚浸洗 5 min。上述过程目的是去除油脂污染物。将洗净的发样在空气中晾干，用不锈钢剪剪成 3 mm 长，保存备用。

2. 发样消化

准确称取 30～50 mg 洗净的干燥发样于 50 mL 烧杯中，加入 5%高锰酸钾溶液 8 mL，小心加浓硫酸 5 mL，盖上表面皿。小心加热至发样完全消解，如消解过程中紫红色消失应立即滴加 $KMnO_4$ 溶液。冷却后，滴加盐酸羟胺至紫红色刚消失，以除去过量 $KMnO_4$，所得溶液不应有黑色残留物。稍静置（除氯气），转移至 25 mL 容量瓶中，稀释至标线，立即测定。

3. 标准曲线绘制

在 7 个 100 mL 锥形瓶中分别加入汞标准液 0 mL、0.50 mL、1.00 mL、2.00 mL、3.00 mL、4.00 mL 及 5.00 mL（即 0 μg、0.025 μg、0.05 μg、0.10 μg、0.15 μg、0.20 μg、0.25 μg）汞，各加蒸馏水至 50 mL，再加 2 mL H_2SO_4 和 2 mL 5% $KMnO_4$ 煮沸 10 min（加玻璃珠防暴沸），冷却后滴加盐酸羟胺溶液至紫红色消失，转移至 25 mL 容量瓶中，稀至标线并立即测定。

4. 试样测定

按说明书调好测汞仪，将标准液和样品液分别倒入 25 mL 汞蒸气发生瓶（翻泡瓶）中，加 2 mL 10%氯化亚锡溶液，迅速塞紧瓶塞（若汞蒸气发生瓶带有胶塞入口，可用注射器加入氯化亚锡溶液）轻摇汞蒸气发生瓶，通气，使汞蒸气进入测汞仪吸收池。开动仪器，待指针达最高点，记录吸光度，其测定次序应按浓度从小到大进行。

五、数据处理

1. 测定结果记录

表 7-2 发样中汞测定数据记录

比色管编号	标准系列							样品		
	0	1	2	3	4	5	6	样 1	样 2	样 3
汞含量 *m*/μg	0	0.025	0.05	0.10	0.15	0.20	0.25			
吸光度 *A*										

2. 标准曲线绘制

以标准溶液系列作吸光度——微克数的标准曲线。

3. 计算

$$\text{发汞含量}(\mu g/g) = \text{查标准曲线所得汞微克数}/\text{发样克数} \quad (7\text{-}5)$$

六、注意事项

（1）各种型号测汞仪操作方法、特点不同，使用前应详细阅读仪器说明书。

（2）由于方法灵敏度很高，因此实验室环境和试剂纯度要求很高，应予以注意。

（3）消解是本实验的重要步骤，较容易出错，必须仔细操作。

（4）汞的测定极易受环境和器皿的影响。因此，操作必须仔细认真，所用玻璃容器（包括测汞仪的汞蒸气发生瓶）在实训前必须用（1+3）硝酸浸泡洗净。

（5）水蒸气对汞的紫外吸收测定会产生干扰。因此，汞蒸气发生瓶中产生的汞蒸气在气流携带下进入测汞仪吸收池之前必须干燥。要注意经常更换干燥剂。

（6）汞的毒性很大，必须注意吸收池尾气的处理。

思考题

1. 测汞试样消化为什么常用酸性条件下的高锰酸钾为消化剂？仔细观察消化过程中的现象和试剂的颜色变化，为什么试剂紫红色消失要补加高锰酸钾溶液？

2. 汞标准溶液配制为什么采用稀重铬酸钾的稀硝酸溶液配制而不用重蒸去离子水？

第八章
物理性污染监测

【实训要点】

实训时重点进行城市区域环境噪声测量、城市道路交通噪声测量，有条件的学校可以进行工业企业厂界噪声测量、建筑施工场界噪声测量、城市区域环境振动及振动污染源测量实训。实训中注意各种噪声测量的规范和要求，掌握常见声级计的使用和维护方法。掌握城市区域环境噪声、城市道路交通噪声的测量方法，并能够对噪声监测数据进行正确的处理和评价。

第一节　城市区域环境噪声监测
——网格测量法

一、实训目的

掌握声级计的使用方法及城市区域环境噪声的监测方法；掌握对噪声监测数据的处理和评价方法。

二、适用范围

本方法适用于调查城市中某一个区域（如居民文教区、混合区等）或整个城市的环境噪声水平，以及环境噪声污染的时间与空间分布规律而进行的测量。

三、实训仪器

测量仪器精度为Ⅱ型及其以上的普通声级计、精密声级计或同类型的其他噪声测量系统，其性能符合 GB 3785—83 的要求。测量前后均需使用声级校准器校准测量仪器，要求测量前后示数偏差不大于 2 dB，否则测量无效。

四、实训内容

1．仪器准备及校准

准备好符合测量要求的声级计，打开电源待读数稳定后，用校准器校准仪器。

使用声级校准器进行校准时，声级计可以置于任意计权开关位置。把声级校准器套入声级计的电容传声器头部，调节声级计的“校准”电位器，使声级计读数刚好是声级校准器产生的声压级，对于 1 英寸（ϕ 24 mm）外径的自由场响应电容传声器，校准值为 93.6 dB；对于 1/2 英寸（ϕ12 mm）外径的自由场响应电容传声器，校准值为 93.8 dB。

使用活塞发声器进行校准时，声级计计权开关应置于“线性”或“C”计权位置。把活塞发声器紧密套入声级计的电容传声器头部，打开活塞发声器的电源开关，发出 124 dB 声压级声音。调节声级计的“校准”电位器，使其读数刚好是 124 dB。

2．测点选择

将普查测量的某一个区域（或整个城市），分成等距离的网格。如 250 m×250 m，网格数目一般应多于 100 个，测量点应在每个网格中心（可在地图上做网格得到）。若中心点的位置不宜测量（如建筑物、水塘、禁区等），可移到邻近便于测量的位置。

3．测量方法

测量时声级计可以手持也可以固定在三脚架上，传声器离地面高 1.2 m，手持声级计时，应该使人体与传声器相距 0.5 m 以上。

分别在昼间和夜间进行测量，在规定的测量时间内，每次每个测点测量 10 min 的等效声级。同时记录噪声主要来源（如社会生活、交通、施工、工厂噪声等）。

五、数据处理与评价

1．监测结果记录

测量数据记录在表 8-1 中。

表 8-1　环境噪声监测数据记录表

<table>
<tr><td>测量时间</td><td colspan="5">年　月　日　时　分至　时　分</td></tr>
<tr><td>星期</td><td colspan="2"></td><td>测量人</td><td colspan="2"></td></tr>
<tr><td>天气</td><td colspan="2"></td><td>仪器</td><td colspan="2"></td></tr>
<tr><td>地点</td><td colspan="2"></td><td>计权网络</td><td colspan="2"></td></tr>
<tr><td>采样间隔</td><td colspan="2"></td><td>快慢挡</td><td colspan="2"></td></tr>
<tr><td></td><td colspan="2"></td><td>取样总数</td><td colspan="2"></td></tr>
<tr><td>测点编号</td><td colspan="3">同一测点不同时间 L_{eq}/dB</td><td>$\overline{L}_{eq_i}$ /dB</td><td>噪声主要来源</td></tr>
<tr><td rowspan="2">1</td><td>时　分</td><td>时　分</td><td>时　分</td><td rowspan="2"></td><td rowspan="2"></td></tr>
<tr><td></td><td></td><td></td></tr>
<tr><td rowspan="2">2</td><td>时　分</td><td>时　分</td><td>时　分</td><td rowspan="2"></td><td rowspan="2"></td></tr>
<tr><td></td><td></td><td></td></tr>
<tr><td rowspan="2">3</td><td>时　分</td><td>时　分</td><td>时　分</td><td rowspan="2"></td><td rowspan="2"></td></tr>
<tr><td></td><td></td><td></td></tr>
<tr><td rowspan="2">……</td><td>时　分</td><td>时　分</td><td>时　分</td><td rowspan="2"></td><td rowspan="2"></td></tr>
<tr><td></td><td></td><td></td></tr>
<tr><td>声级计校准</td><td>校准器编号：</td><td colspan="2">监测前校准值：</td><td colspan="2">监测后校准值：</td></tr>
</table>

2．监测结果评价

可采用数据平均法或图示法进行评价。

（1）数据平均法

将全部网格中心测点测得的昼间（或夜间）10 min 等效声级值作算术平均值，表示被测量区域（或整个城市）的昼间（或夜间）的评价值。

$$\overline{L}=\frac{1}{n}\sum_{i=1}^{n}L_{\mathrm{eq}i} \qquad (8\text{-}1)$$

式中：$\overline{L}$ —— $\overline{L}_{\mathrm{d}}$(或$\overline{L}_{\mathrm{n}}$)，dB；

$L_{\mathrm{eq}i}$—— 第 i 个网格中心点测得的昼间（或夜间）的等效声级，dB；

n—— 网格总数。

（2）图示法

城市区域环境噪声可以用测得的等效连续声级绘制噪声污染空间分布图进行评价。每网格中心测点测得的等效声级，按 5 dB 一挡分级（如 51～55，56～60，61～65…），用不同的颜色或阴影线表示每一挡等效声级，绘制在覆盖某一区域的网格上。图中的颜色和阴影线规定见表 8-2。

表 8-2　各噪声等级颜色和阴影线表示规定

噪声带/dB	颜色	阴影线
35 以下	浅绿色	小点，低密度
36～40	绿色	中点，中密度
41～45	深绿色	大点，大密度
46～50	黄色	垂直线，低密度
51～55	褐色	垂直线，中密度
56～60	橙色	垂直线，高密度
61～65	朱红色	交叉线，低密度
66～70	洋红色	交叉线，中密度
71～75	紫红色	交叉线，高密度
76～80	蓝色	宽条垂直线
81～85	深蓝色	全黑

来源：GB/T 3222—1994。

六、注意事项

（1）网格要完全覆盖住被普查的区域或城市。每一网格中的工厂、道路及非建成区的面积之和不得大于网格面积的 50%，否则视该网格无效。

（2）两个相邻点之间因距离过大或某点靠近强声源，两点等效声级差值超过 5 dB 以上，必要时也可在两测点间增加一个测点。其测量值分别与两点原测量值作算术平均值，表示两点修改后的测量值。

（3）测量时间分为昼间和夜间两部分。昼夜还可以分为白天、早和晚三部分。具体时间，可依地区和季节不同按当地习惯划定。一般采用短时间的取样方法来测量。白天选在工作时间范围内（如 08:00～12:00 和 14:00～18:00）；夜间选在睡眠时间范围内（如 23:00～05:00）。

（4）测量应在无雨、无雪的天气条件下进行（要求在有雨、雪的特殊条件下测量，应在报告中给出说明），风速达到 5 m/s 以上时，停止测量。

（5）每次测量前均应仔细校准声级计。测量前后使用声级校准器校准测量仪器的示数偏差不大于 2 dB，否则测量无效。

（6）声级计使用的电池电压不足时应更换。更换时，电源开关应置于“关”，长时间不用应将电池取出。

思考题

1．影响噪声测定的因素有哪些？如何注意？

第二节　城市道路交通噪声监测

一、实训目的

掌握声级计的使用方法；熟悉城市道路交通噪声监测方法；掌握噪声监测数据的处理和评价方法。

二、适用范围

本方法适用于监测城市道路交通噪声。城市道路交通噪声为城市交通干线噪声平均值。交通干线即城市规划部门确定的城市主、次干线为城市交通干线道路。

三、实训仪器

测量仪器精度为 II 型以上的积分式声级计或环境噪声自动监测仪器，其性能符合 GB 3785—83 的要求。

四、实训内容

1．测点选择

测点应选在两路口之间，道路边人行道上，离车行道的路沿 20 cm 处，此处离路口距离应大于 50 m，这样该测点的噪声可以代表两路口间的该段道路交通噪声。

2．测量方法

在规定的测量时间段内，各测点每次取样测量 20 min 的等效 A 声级，以及累计百分声级 L_5、L_{50}、L_{95}，同时记录车流量（辆/h）。

测量时的气象条件和测量时间段要求与城市区域环境噪声监测一样。

五、数据处理与评价

1. 监测结果记录

表 8-3 城市交通噪声监测数据记录表

方法依据：	监测日期：		天气状况：		声级计型号：		声级计编号：	风速：	m/s
编号	监测路段名称	监测时间	监测结果，dB（A）				车流量（辆/h）		
			L_{eq}	L_{90}	L_{50}	L_{10}	大车	小车	摩托车
声级计校准		校准器编号：			监测前校准值：		监测后校准值：		

2. 监测结果评价

各路段道路交通噪声评价值可用该路段测点测得的等效 A 声级 L_{eq} 及累计百分声级 L_5 表示。若要对全市交通噪声进行评价可采用下列方法：

（1）数据平均法

将各段道路交通噪声级 L_{eq}、L_5，按路段长度加权算术平均的方法，来计算全市的道路交通噪声平均值为评价值，计算式如下：

$$L = \frac{1}{l}\sum_{i=1}^{n} l_i L_i \tag{8-2}$$

式中：L —— 全市道路交通噪声平均值；

l —— 全市道路总长，km；

l_i —— 第 i 段道路长，km；

L_i —— 第 i 段道路测得的等效 A 声级 L_{eq} 或累计百分声级 L_5，dB。

（2）图示法

根据各测点的测量结果 L_{eq} 或 L_5 按 5 dB 分挡（划分方法同城市区域环境噪声），可绘制道路交通噪声污染空间分布图。并可绘制 24 h 噪声时间分布曲线，同时绘出车流量（辆/h）随时间变化的曲线。

六、注意事项

同本章第一节注意事项中（3）～（6）。

思考题

1. 在无机动车辆通过时，监测点处的本底噪声约为多少？
2. 何种情况下可以使用统计声级计算等效连续 A 声级？

第三节　工业企业厂界噪声监测

一、实训目的

掌握工业企业厂界噪声测量条件、布点方法及测量方法；掌握噪声监测数据的处理和评价方法。

二、适用范围

本方法适用于工厂及有可能造成噪声污染的企事业单位边界噪声的测量。

三、实训仪器

测量仪器精度为Ⅱ型以上的积分式声级计或环境噪声自动监测仪器，其性能符合 GB 3785—83 的要求。

四、实训内容

1．测点选择

测点应选在法定厂界外 1 m，高度 1.2 m 以上的噪声敏感处，如厂界有围墙，测点应高于围墙。若厂界与居民住宅相连，厂界噪声无法测量时，测点应选在居室中央，室内限值应比相应标准值低 10 dB。围绕厂界布点，布点数目及间距视实际情况而定。

2．测量方法

测量应在工业企业正常生产时间内进行，分昼间和夜间两部分。噪声测量时，要注意避免或减少气流、电磁场、温度和湿度等因素对测量结果的影响。

工业企业厂界噪声测量时，所采用的测量仪器、测量条件等要求与城市区域环境噪声测量时基本相同。当噪声源为稳态噪声时，测量 1 min 等效声级；周期性噪声测量一个周期的等效声级；非周期性非稳态噪声，测量整个正常工作时间的等效连续 A 声级。

五、数据处理与评价

1．监测结果记录

表 8-4　工业企业厂界噪声测量记录表

<table>
<tr><td colspan="2">工厂名称</td><td colspan="2">适用标准类型</td><td colspan="2">测量仪器</td><td>测量时间</td><td>测量人</td></tr>
<tr><td rowspan="3">测点编号</td><td rowspan="3">主要声源</td><td colspan="4">L_{eq}/dB（A）</td><td></td><td></td></tr>
<tr><td colspan="2">昼间</td><td colspan="2">夜间</td><td colspan="2" rowspan="2">测点示意图</td></tr>
<tr><td>测量值</td><td>背景值</td><td>测量值</td><td>背景值</td></tr>
<tr><td></td><td></td><td></td><td></td><td></td><td></td><td colspan="2" rowspan="5"></td></tr>
<tr><td></td><td></td><td></td><td></td><td></td><td></td></tr>
<tr><td></td><td></td><td></td><td></td><td></td><td></td></tr>
<tr><td></td><td></td><td></td><td></td><td></td><td></td></tr>
<tr><td></td><td></td><td></td><td></td><td></td><td></td></tr>
</table>

						备注	校准器编号： 监测前校准值： 监测后校准值：

2．监测结果评价

背景噪声的声压值应比待测噪声的声压级低 10 dB（A）以上，若测量值与背景值差值小于 10 dB（A），按表 8-5 进行修正。

表 8-5　测量值与背景值差值修正表

差　值　3	4～6	7～9
修正值　3	−2	−1

根据监测结果，对照 GB 12348—90 进行评价。

六、注意事项

（1）注意反射声对测量的影响，一般应使传声器远离反射面 2～3 m。手持声级计应尽量使身体离开话筒，传声器离地面 1.2 m，距人体至少 50 cm。

（2）快慢挡的选择。快挡用于稳态噪声，如表头指示数字变化超过 4 dB，则用慢挡读数。

（3）同本章第一节注意事项中（3）～（6）。

思考题

1. 建筑施工场界噪声和扰民噪声如何进行监测？
2. 如何测定背景噪声？

第四节　城市区域环境振动及振动污染源测量

一、实训目的

了解某一振动源对区域环境的污染状况；熟悉城市环境振动污染测量布点方法；掌握振动测量仪器的使用方法；掌握环境振动污染源的测量方法。

二、实训仪器

环境振动通常使用环境振动仪或公害振动仪进行测量，其性能必须符合国际标准ISO 8041有关条款的规定。ISO 8041标准将仪器按测量精度分为两种类型：I型主要用于振动环境能严格规定或控制的场合，在规定的基准条件下，测量精度±0.7 dB，在一般条件下通常达不到这一精度。II型仪器适合于一般应用，测量精度±1 dB。

三、实训内容

1. 振动测试仪器的使用

（1）振动测试仪器的校准

仪器传感器的灵敏度随着放置时间长短会发生变化，而仪器内部的电校准信号也会发生变化。因此，有必要定期对传感器及仪器的整机灵敏度（包括电校准信号）进行校准。在实训前后还需要按要求进行仪器校准，以使仪器灵敏度保持正常。

（2）传感器放置和频率计权选择

环境振动测量使用的传感器通常体积和质量较大，可以稳定可靠地平放在待测环境的地面上。传感器有两种放置方式，当测量垂直方向的振动时，应将传感器按铅垂方向放置，相应将频率计权特性置于“垂直”，这样才能测得铅垂方向计权振级；当测量水平方向的振动时，应按要求将传感器水平放置，相应将频率计权特性置于“水平”位置。

2. 测点选择

测量建筑物外部振动时，测点置于各类区域建筑物室外0.5 m以内的振动敏感处，测量建筑物内部振动时，测点置于建筑物内地面中心，测点数目不少于3个。测量时将振动传感器安放在平坦、坚实的地面上。

测量环境振动污染源时，测点可根据测量目的来决定。如需要了解工厂厂界振动，可在工厂法定边界外1 m的线上选定测点；如需要了解建筑施工场界振动，可在施工场地边界线上选定测点；如需了解城市道路交通振动，可在现行交通噪声测点的下方地面上选定测点。

如需了解振动传播的指向性和振动随距离的衰减状况，可按下述方法选定测点。

（1）固定式单个振动源

以振动源俯视图的几何中心为原点，画出不同半径的同心圆，圆弧间的距离依分析精度而定。根据需要，画出始发于原点的4方位、8方位或16方位的辐射线，以辐射与同心圆的交点为测点。

（2）城市道路交通振动

以要求的交通振动测点为起点，做垂直于道路中心线的垂线，在垂线上，以等间距向外确定测点，一直到最后一个测点的铅垂向Z振动低于交通干线道路两侧的环境振动标准值为止，测点间距按分析精度而定。若垂线受邻街建筑物阻挡，也可适当改变垂线方向向外延伸。若进行水平方向振动传播规律分析，可视需要再行确定测点。

（3）厂界或建筑施工场界振动

以厂界外1 m线或建筑施工场界为基线，经过粗测，确定超过所在功能区域环境振动标准的基线段，向外做若干条等间距的平行于基线段的平行线，一直画到最后一条线上找不到超过所在功能区域环境振动标准的测点为止。根据需要，在每一平行线段上选取若干点为测点，平行线之间的距离，按分析精度而定。若进行水平方向振动传播特性的分析，可视需要再行确定。

3．测量方法

测量量为铅垂向 *Z* 振级，采用的仪器时间计权常数为 1 s。读数及评价方法见表 8-6。

表 8-6　各种振动类型读值方法

振动类型	读值方法
稳态振动	每个测点测量 1 次，取 5 s 内的平均示数为评价量
冲击振动	取每次冲击过程中的最大示数为评价量。对于重复出现的冲击振动，以 10 次读数的算术平均值作为评价量
无规振动	每个测点等间隔地读取瞬时示数，采样间隔不大于 5 s，连续测量时间不少于 1 000 s，以测量 VL_{z10} 值为评价量
铁路振动	读取每次列车通过过程中的最大示数，每个测点连续测量 20 次列车，以 20 次读数的算术平均值为评价量

四、数据处理与评价

测定结果记录到表 8-7 中。根据现场测量条件选择上述测量方法中的某一单元进行环境振动测量，得到测点的加速度和加速度振级，包括瞬时值，累计百分加速度及振级，等效连续振级及其标准偏差。同时给出振动频谱分析结果，可以是倍频程或 1/3 倍频程各中心频率的垂直方向和水平方向的频带加速度级。依据测量结果对环境振动污染状况或振动污染源特性进行评价。

表 8-7　环境振动监测记录表

监测时间：　　天气状况：　　仪器型号：　　仪器编号：

方法依据：　　振动类别：□ 稳态 □ 冲击 □ 无规　　地面状况：

编号	监测点名称	振动源	数据记录 VL_z/dB										测点位置示意图
			1	2	3	4	5	6	7	8	9	10	
简要说明及备注													

五、注意事项

（1）测量时振源应处于工作状态。

（2）测量时应避免足以影响振动测量值的其他环境因素，如剧烈的温度梯度变化、强电磁场、强风、地震或其他非振动污染源引起的干扰。

（3）测量时振动传感器避免置于如地毯、草地、沙地或雪地等松软的地面上。

（4）振动传感器的灵敏度主轴方向应与测量方向一致。

思考题

1. 环境振动与环境噪声测量有何不同？所使用的监测仪器有什么不同？

第九章
综合实践训练

第一节　环境监测综合实训任务书

一、实训目的

环境监测综合实训是《环境监测》课程实践教学的重要环节之一。这一环节是在《环境监测》课堂教学和单一实训项目训练完成的基础上单独设立的整周实训课，该环节设置的目的是：

（1）训练学生独立完成一项模拟或实际监测任务的能力。

（2）使学生学会合理地选择和确定某监测任务中所需监测的项目，正确选择采样布点、样品的运输和保存、样品预处理方法及分析监测方法，强化环境监测操作技能。

（3）训练学生掌握处理监测数据的能力、对各项目监测结果的综合分析和评价能力。

（4）培养学生良好的职业道德和爱岗敬业的思想品质，树立严谨的工作作风、实事求是的科学态度，以及团队分工协作、沟通的能力。

（5）为学生顶岗实习，实现环境监测工作零距离对接创造条件。

二、实训任务

（1）对监测区域进行现场调查，制订监测区域空气、水、噪声及土壤等监测方案。

（2）采集水、空气及土壤等环境样品。

（3）对环境样品分别进行分析测试。

（4）监测数据处理，以合理的方式表示监测结果。

（5）对监测区域水、空气、噪声、土壤环境质量进行评价，并写出环境监测实训报告。

三、实训内容

在各实训项目中，学生首先制订出监测方案，具体监测项目不局限于表 9-1 中所列项目，学生可以按照自己对现场的调查结果，选择监测方案中所确定项目。

表 9-1 综合实训内容

实训项目	监测项目	监测范围
校园水环境监测	学生根据自己对现场的调查结果，在监测方案中确定水质监测项目	校园废水：食堂污水、医院污水、总排污口废水等校园生活用水（自来水） 地表水：湖水
校园环境空气监测	空气环境质量监测常规项目：TSP、PM_{10}、NO_2、SO_2 等	教师居住区、学生居住及教学区等
校园环境噪声监测	校园环境噪声、交通噪声	学生居住区、教学区、教师居住区、工厂区、交通干线两侧
农用土壤污染监测	重金属（铜、镉、铅、锌）、有机污染物（六六六、滴滴涕）等	农业生产用地

四、实训要求

（1）要求学生理论联系实际，实地调查，每个学生都要独立制订实训项目监测方案，设计分析操作过程，处理实训数据，并写出实训报告。

（2）选择的项目要能够反映出监测区空气环境质量、水环境质量、土壤环境质量及声环境质量，选择的采样、分析监测方法要科学、合理。

（3）实事求是地报出监测数据，实训结果准确可靠。

五、实训时间安排

实训时间一般为两周（各学校可根据教学计划安排实训进度）。

前半周：制订水、空气、土壤及噪声环境监测方案。

后一周半：实施水、空气、土壤及噪声环境分析与监测，获得结果，并写出环境监测实训报告。

第二节 校园水环境监测综合实训指导

一、实训目的

（1）通过实训，掌握水环境监测方案的制订方法。

（2）训练学生掌握采样点布设、样品采集、样品的运输和保存、样品预处理及分析测试、数据处理的方法技能。

（3）通过对校园地表水、饮用水和污水的水质监测，掌握校园内的水环境质量现状，初步具有依据监测结果进行水环境现状评价能力。

（4）培养学生的实践操作技能和综合分析问题的能力。

二、水环境监测现场调查和资料收集

制订方案前应对监测水体及其周围环境状况进行现场踏勘和资料收集。校园环境水样很多，有汇集在校园内的地表水（湖泊或人工湖），也有来源于地壳下部的地下水（井水、泉水），此外还有校园排放的废水。水环境现状调查和资料收集，对地表水主要包括监测水体的基本情况、周围污染源的状况、水体排污口分布情况、水体基本水文情况等；污染源情况调查主要包括污染源名称、污水类型、工艺流程、排放规律、污水中主要污染物种类、排放去向等。除调查收集校园内水污染物排放情况外，还需了解校园所在地区有关水污染源及其水质情况，有关受纳水体的水文和水质参数等。有关水污染源的调查可按表 9-2 进行。

表 9-2　水污染源调查

污染源名称	用水量/（t/h）	排水量/（t/h）	排放的主要污染物	废水排放去向
……				
废水总排放口				

三、水环境监测方案

1．采样断面（点）的布设

采样断面和采样点的设置应根据监测目的和监测项目，并结合水域类型、水文、气象、环境等自然特征，综合多方面因素提出优化方案，在研究和论证的基础上确定。

校园水监测点布设：① 校园废水包括食堂污水、医院污水、实训室废水、生活污水、校办工厂废水等，在各自排污口设置采样点（如有污水处理设施，在处理设施单元的排口设置采样点）。如果校园排水不是直接排入河流、湖泊，而是排入城市下水道，可以在校园污水总排放口设置一个采样点，以了解其排水水质和处理效果。② 校园内湖泊（或人工湖）不同的水域，如进水区、出水区、深水区、浅水区、湖心区、岸边区，按水体类别设置监测垂线，若湖泊（或人工湖）无明显功能区别，可用网格法均匀设置监测垂线。监测垂线上采样点的布设一般与河流的规定相同。③ 生活饮用水采样可直接在实训室自来水管中采取。采样后要立即填写标签和采样记录表，水样采样记录表参考格式见表 9-3 和表 9-4。

表 9-3　水质采样记录表

编号							
湖泊（河流）名称							
采样日期							
采样	断面号						
	垂线号						
	点位号						
	水深						

气象参数	气温/℃						
	气压						
	风向						
	风速						
	相对湿度						
流量/（m^3/s）							
流速/（m/s）							
现场测定项目	水温/℃						
	pH						
	溶解氧						
	透明度						
	电导率						
	感官指标描述						
备注							

采样人员：__________　　　　记录人员：__________

表 9-4　污水采样记录表

编号	污染源名称	采样口位置	采样口流量/（m^3/s）	采样时间	pH	温度	颜色	嗅	备注
	……								

现场情况描述：　　　　治理设施运行状况：

采样人员：__________　　企业接待人员：__________　　记录人员：________

2．监测项目和分析方法的确定

水环境监测项目包括水质监测项目和水文监测项目。校园水环境监测项目可以只开展水质监测项目。对于地表水，水质监测项目可分为水质常规项目、特征污染物和水域敏感参数。水质常规项目可根据国家《地表水环境质量标准》（GB 3838—2002）和环境监测技术规范选取，特征污染物可根据校园内实训室、校办工厂、医院、生活区等排放的污染物来选取，敏感水质参数可选择受纳水域敏感的或曾出现过超标而要求控制的污染物。

湖水、污水和生活饮用水的监测与分析方法按《环境监测技术规范》，国家环境保护总局编制的《水和废水分析方法》（第四版）和《生活饮用水标准检验方法》（GB/T 5750—2006）中规定的分析方法进行。监测项目及分析方法可列于表 9-5 中。

表 9-5　监测项目的分析方法及最低检出限

序号	监测项目	保存剂用量	预处理方法	分析方法	方法来源	检出下限/（mg/L）
1						
2						
3						
4						
5						
……						

3．采样时间和采样方法

依据不同的水体功能、水文要素和污染源排放等实际情况，力求以最低的采样频次取得最有时间代表性的样品，既要满足能反映水体状况的要求，又要切实可行。通常监测目的和水体不同，监测的频率往往也不相同。对地表水（湖泊或人工湖）的水质，至少应有 2～3 d 对已选定的水域进行连续采样分析，一般情况下每天每个水质参数只采 1 个水样。对校园废水总排口，可每隔 2～3 h 采样 1 次。污水源采样周期及频率与生产周期同步，至少监测 1 个生产周期内的污水状况。

根据监测项目确定是混合采样还是单独采样。采样器需事先用洗涤剂、自来水、10%硝酸或盐酸和蒸馏水洗涤干净、沥干，采样前用被采集的水样洗涤 2～3 次。采样时应避免激烈搅动水体和漂浮物进入采样器，需加保存剂时应在现场加入。对于特殊监测项目采样，要注意特殊要求，如应用碘量法测定水中溶解氧，需防止曝气或残存气泡的干扰等（表 9-6）。

表 9-6　水样的保存、采样体积和容器的洗涤

序号	监测项目	采样容器	保存技术	保存期	采样量/mL	容器的洗涤
1						
2						
3						
4						
5						
6						
……						

4．样品的保存和运输

各种水质的水样，从采集到分析这段时间里，由于物理的、化学的和生物的作用，样品的成分可能发生变化，因此如不能及时运输和分析测定的水样，需采取适当的方法保存。各监测项目的水样保存应按国家环保总局发布的《地表水和污水监测技术规范》《水和废水监测分析方法》（第四版）和《生活饮用水标准检验方法》（GB/T 5750—2006）中的有关规定进行。

采取的水样除一部分现场测定使用外，大部分要运送到实训室进行分析测试。在运输过程中，为继续保证水样的完整性、代表性，使之不受污染，不被损坏和丢失，必须遵守各项保证措施。根据水样采样记录表清点样品，塑料容器要塞紧内塞、旋紧外塞；玻璃瓶

要塞紧磨口塞，然后用细绳将瓶塞与瓶颈拴紧，必要时用封口胶、石蜡封口（测油类的水样不能用石蜡封口）。需冷藏的样品，配备专门的隔热容器，放冷却剂。冬季运送样品，应采取保温措施，以免冻裂样瓶。

四、数据处理

监测结果的原始数据要根据有效数字的保留规则正确书写，监测数据的运算要遵循运算规则。在数据处理中，对出现的可疑数据，首先从技术上查明原因，然后再用统计检验处理，经验证后属离群数据应予剔除，以使测定结果更符合实际。按表 9-7 对水质监测结果进行统计。

表 9-7 水质监测结果统计表

水质类别	采样点	评价标准	水质监测结果						
			pH	SS/（mg/L）	DO/（mg/L）	COD_{Cr}/（mg/L）	BOD_5/（mg/L）	总氮/（mg/L）	……
湖水	进水区	GB 3838—2002 V类							
	出水区								
	……								
污水	食堂污水	GB 8978—1996 三级标准							
	总排污口水								
	……								
饮用水	实训室自来水	GB 5749—2006							

五、监测结果分析与评价

各实训小组要在对水质监测结果统计的基础上，对照有关水质标准对监测水体各监测项目进行评价，结果分析可列于表 9-8 中。目前我国颁布的水质标准主要有：《地表水环境质量标准》《生活饮用水卫生标准》《污水综合排放标准》等。全班同学在一起对水及污水监测结果进行讨论，对照相关标准，对校园水进行分析和评价，判断水质属于几级，推断污染物的来源，对污染物的种类进行分类，分析校园水及污水水质现状，预测未来两年内的校园水及校园周边水环境，提出改善校园水及校园周边水环境的建议及措施。

表 9-8 水质监测结果分析

监测项目	pH	SS/（mg/L）	DO/（mg/L）	COD_{Cr}/（mg/L）	BOD_5/（mg/L）	总氮/（mg/L）	……
样品数							
检出率							
浓度范围							
最大单项污染指数 P_{max}							

第三节　校园环境空气监测综合实训指导

一、实习目的

（1）通过实训，掌握制订大气环境监测方案的方法。

（2）掌握空气环境中主要污染因子的采样方法、分析方法、误差分析及数据处理等方法和技能。

（3）通过对校园的大气环境中主要污染物进行定期或连续监测，评价校园的环境空气质量，同时为校园环境污染的治理提供依据。

（4）培养学生团结协作精神及综合分析与处理问题的能力。

二、校园大气环境影响因素识别

大气污染受气象、季节、地形、地貌等因素的强烈影响而随时间变化，因此应对校园内各种空气污染源、空气污染物排放状况及自然与社会环境特征进行调查，并对大气污染物排放作初步估算。

1. 校园空气污染源调查

主要调查校园空气污染物的排放源、数量、燃料种类和排放的主要污染物及排放方式、排放量等，为空气环境监测项目的选择提供依据，可按表 9-9 的方式进行调查。

表 9-9　校园空气污染源情况调查

序号	污染源名称	数量	燃料种类	污染物名称	污染物治理措施	污染物排放方式	备注
1							
2							
3							
4							
5							
6							
……							

2. 校园周边大气污染源调查

校园一般位于交通干线旁，因此校园周边的大气污染源主要调查汽车尾气排放情况，汽车尾气中主要含有 NO_x、CO、烟尘等污染物。调查形式如表 9-10 所示。

表 9-10　学校周边车流量情况调查

路　段						……
车流量/（辆/h）	大型车					
	中型车					
	小型车					

3. 气象资料收集

主要收集校园所在地气象站（台）近年的气象数据，包括风向、风速、气温、气压、降水量、相对湿度等，具体调查内容如表 9-11 所示。

表 9-11　气象资料调查

项目	调查内容
风向	主导风向、次主导风向及频率等
风速	年平均风速、最大风速、最小风速、年静风频率等
气温	年平均气温、最高气温、最低气温等
降水量	平均年降水量、每日最大降水量等
相对湿度	年平均相对湿度

三、大气监测方案

1. 采样点的布设

根据对整个校区污染源的调查，校园的功能区划分比较明显，采用功能区布点法。各监测点名称及相对校园中心点的方位和直线距离可按表 9-12 列出，各采样点具体位置应在总平面布置图上注明。

表 9-12　采样点名称及相对方位

采样点编号	采样点名称	采样点方位	到校园中心点距离/m
1			
2			
3			
4			
……			

2. 监测项目和分析方法的确定

根据国家环境空气质量标准和校园及其周边的大气污染物排放情况来筛选监测项目，高校一般无特征污染物排放，结合大气污染源调查结果，可选 TSP、PM_{10}、SO_2、NO_2 等作为大气环境监测项目。

对确定的监测项目，按照《空气和废气监测分析方法》《环境监测技术规范》和《环境空气质量标准》所规定的采样和分析方法执行，具体监测项目和分析方法列于表 9-13。

表 9-13　环境空气监测项目及分析方法

监测项目	采样方法	流量/（L/min）	采气量/L	分析方法	检出下限/（mg/m^3）
TSP					
PM_{10}					
SO_2					
NO_2					
……					

3. 采样时间和频次

采用间歇性采样方法，连续监测 3～5 d，每天采样频次根据实际情况而定，SO_2、NO_2 等每隔 2～3 h 采样一次；TSP、PM_{10} 每天采样一次，连续采样。气体每次采样 1 h 左右，TSP、PM_{10} 采样 10 h。采样时应同时记录气温、气压、风向、风速、阴晴等气象因素。

四、数据处理

监测结果的原始数据记录要实事求是，根据有效数字的保留规则正确书写，监测数据的运算要遵循运算规则。在数据处理中，对出现的可疑数据，首先从技术上查明原因，然后再用统计检验处理，经检验验证属离群数据应予剔除，以使测定结果更符合实际。监测结果记录于表 9-14。

表 9-14　环境空气监测结果

采样日期	采样点	TSP、PM_{10}/（mg/m^3）			SO_2/（mg/m^3）			NO_2/（mg/m^3）		
		上午	中午	下午	上午	中午	下午	上午	中午	下午
	1									
	2									
	3									
	……									

注：TSP、PM_{10} 不同的实训小组选择其中一个项目。

五、监测结果分析与评价

将各监测项目的监测结果按样品数、检出率、浓度范围进行统计并制成表格，可按表 9-15 统计分析结果。

表 9-15　环境空气监测结果统计

编号	测点名称	样品数	检出率/%	小时平均值		日均值	
				浓度范围	超标率/%	浓度范围	超标率/%
1							
2							
……							
标准值：GB 3095—1996 二级标准							

将校园的环境空气质量与国家相应标准比较得出结论，分析校园大气环境质量现状，对超标的监测项目，找出超标原因，并提出改善校园环境空气质量的建议及措施。

第四节 校园环境噪声监测综合实训指导

一、实训目的

（1）掌握城市区域环境噪声及道路交通噪声的监测方法。

（2）掌握对噪声监测数据的统计及评价方法。通过对校园生活区、教学区不同功能区及校园周边交通噪声污染的评价，为校园及周边噪声污染控制和治理提供依据。

（3）熟悉声级计的使用方法。

二、噪声监测项目及范围

1. 噪声监测项目

校园区域环境噪声监测、道路交通噪声监测。

2. 监测范围

监测区域包括整个校园及校园周边交通干线。

三、噪声测量前的准备工作

1. 校园及周边噪声污染源调查

监测前对校园进行实地踏勘调研，对照校园地图，找出校园及周边主要噪声污染源。同时在地图上按网格布点法标出校园测点位置，同时标出校园周边交通干线测点位置。

2. 测量仪器的准备

测量仪器精度为Ⅱ型及其以上的普通声级计、精密声级计或同类型的其他噪声测量系统，其性能符合《声级计的电、声性能及测试方法》（GB 3785—83）的要求。测量前后均需使用声级校准器校准测量仪器，要求测量前后示数偏差不大于 2 dB，否则测量结果无效（校准方法见前面单项实训中的相关内容）。

四、采样点的选择

校园区域采样点的选择：先将全校以 250 m×250 m（或自定）为一网格，测量点在每个网格中心，若中心点的位置不易测量（如树木、污沟等），可移到旁边能够测量的位置。

校园周边交通噪声采样点的选择：在每两个交通路口之间的交通线上选择一个测点，测点在马路边人行道上，离马路 20 cm，这样的点可代表两个路口之间的该段道路的交通噪声。

五、噪声监测

1. 校园区域噪声监测

测量时一般选在无雨、无雪时（特殊情况例外），声级计应加风罩以避免风声干扰，同时也可保持传声器清洁。4 级以上的大风天气应停止测量。

在规定的测量时间内，每次每个测点测量 10 min 的等效声级。仪器的动态特性选择快响应。时间分为白天（6:00～22:00）和夜间（22:00～6:00）两部分。白天测量一般选在 8:00～

12:00 或 14:00～18:00，夜间一般选择在 22:00～5:00。

同时记录噪声主要来源（如社会生活、交通、施工、工厂噪声等）。

2．校园周边交通噪声监测

在规定的测量时间段内，各测点每次取样测量 20 min 的等效 A 声级，以及累计百分声级 L_5、L_{50}、L_{95}，同时记录车流量（辆/h）。仪器的动态特性选择快响应，测量时每隔 5 s 记一个瞬时 A 声级（慢响应），连续读取 200 个数据。

六、数据处理

1．校园区域环境噪声数据处理

按上述规定在每一个测量点白天和夜间分别测量，监测结果记录于表 9-16。

表 9-16　校园区域环境噪声监测数据记录

方法依据：	监测日期：		天气状况：	声级计型号：		声级计编号：		风速： m/s	
序号	网格编号	监测点位名称	功能区类别	监测时间	监测结果/dB（A）				备注
					L_{eq}	L_{90}	L_{50}	L_{10}	
……									
声级计校准		校准器编号：		监测前校准值：			监测后校准值：		

2．校园周边交通噪声数据处理

各路段道路交通噪声评价值可用该路段测点测得的等效 A 声级 L_{eq} 及累计百分声级 L_{10} 表示。监测结果记录于表 9-17。

将 200 个数据从小到大排列，第 20 个数为 L_{90}，第 100 个数为 L_{50}，第 190 个数为 L_{10}。并计算 L_{eq}，因为交通噪声基本符合正态分布，故可用：

$$L_{eq} \approx L_{50} + d^2/60,\ d = L_{10} - L_{90} \tag{9-1}$$

表 9-17　校园周边交通噪声监测数据记录

方法依据：	监测日期：		天气状况：		声级计型号：	声级计编号：		风速： m/s	
编号	监测路段名称	监测时间	监测结果/dB(A)				车流量/（辆/h）		
			L_{eq}	L_{90}	L_{50}	L_{10}	大车	小车	摩托车
……									
声级计校准			校准器编号：		监测前校准值：		监测后校准值：		

七、校园噪声评价

校园区域内噪声评价：由于环境噪声是随时间而起伏的无规律噪声，因此测量数据用统计值或等效连续声级表示，即将测定数据按有关公式计算 L_{10}、L_{50}、L_{90}、L_{eq} 的算术平均值 L 和最大值以及标准偏差 σ。测量结果用区域噪声污染图来表示，以 L_{eq} 值每 5 dB 为一等级（如 55～60；61～65；66～70……），白天和夜间可分别绘制，也可以昼夜等效声级绘制。

周边交通噪声评价量为 L_{eq} 或 L_{10}，将每个测点 L_{10} 按 5 dB 一挡分级（方法同前），以不同颜色或颜色深浅对比画出每段马路的噪声值，即得到校园周边交通噪声污染分布图；用数据平均法，即将各段道路交通噪声级 L_{eq}、L_5，按路段长度加权算术平均的方法，来计算全市的道路交通噪声平均值为评价值。

将校园区域环境噪声监测结果与城市区域环境噪声标准比较得出结论，分析校园声环境质量现状，对超标的区域，找出超标原因，并提出改善校园环境质量的建议及措施。

第五节　农田土壤环境监测综合实训指导

一、实训目的

（1）通过实训，初步掌握土壤样品监测方案的制订。

（2）掌握土壤样品的采集和制备方法，以及土壤环境中污染因子（主要是金属元素、有机农药）分析测试、监测数据处理技能。

（3）通过对农用土壤的监测分析，掌握农用土壤环境质量现状，并判断土壤环境质量是否符合国家有关环境标准的要求。

二、土壤监测方案的制订

1. 调查研究和资料收集

一般情况下，土壤监测中采样误差对监测结果的影响往往大于分析误差，为使所采集的样品具有代表性，监测结果能表征土壤的实际情况，应把采样误差降到最低。在实施监测方案时，首先必须对监测区域进行调查研究。主要调研内容包括以下几方面。

（1）监测区的自然条件，包括母质、地形、植被、水文、气候等。

（2）监测区的农业生产情况，包括土地利用情况、作物生长与产量情况等。

（3）监测区的土壤性状如土壤类型、层次特征、分布及农业生产特性等。

（4）监测区污染历史及现状，包括监测区域工农业生产排污、污灌、化肥农药施用情况等资料。

2. 监测项目和频次

监测项目分常规项目、特定项目和选测项目；监测频次与其相应。表 9-18 为土壤监测项目与监测频次。

结合实训情况，本次实训选择常规项目中的铜、锌、铬、六六六、滴滴涕作为监测项目，采样时间为实训当天，采样 1 次。

表 9-18 土壤监测项目与监测频次

<table>
<tr><th colspan="2">项目类别</th><th>监测项目</th><th>监测频次</th></tr>
<tr><td rowspan="2">常规项目</td><td>基本项目</td><td>pH、阳离子交换量</td><td rowspan="2">每 3 年一次，在农田夏收或秋收后采样</td></tr>
<tr><td>重点项目</td><td>镉、铬、汞、砷、铅、铜、锌、镍、六六六、滴滴涕</td></tr>
<tr><td colspan="2">特定项目（污染事故）</td><td>特征项目</td><td>及时采样，根据污染物变化趋势决定监测频次</td></tr>
<tr><td rowspan="4">选测项目</td><td>影响产量项目</td><td>全盐量、硼、氟、氮、磷、钾等</td><td rowspan="4">每 3 年监测一次，在农田夏收或秋收后采样</td></tr>
<tr><td>污水灌溉项目</td><td>氰化物、六价铬、挥发酚、烷基汞、苯并[a]芘、有机质、硫化物、石油类等</td></tr>
<tr><td>POPs 与高毒类农药</td><td>苯、挥发性卤代烃、有机磷农药、PCB、PAH 等</td></tr>
<tr><td>其他项目</td><td>结合态铝（酸雨区）、硒、钒、氧化稀土总量、钼、铁、锰、镁、钙、钠、铝、硅、放射性比活度等</td></tr>
</table>

3．农田土壤采样

（1）布点

根据调查目的、调查精度和调查区域环境状况等因素确定监测单元。

大气污染型土壤监测单元和固体废物堆污染型土壤监测单元以污染源为中心放射状布点，在主导风向和地表水的径流方向适当增加采样点（离污染源的距离远于其他点）；灌溉水污染监测单元、农用固体废物污染型土壤监测单元和农用化学物质污染型土壤监测单元采用均匀布点；灌溉水污染监测单元采用按水流方向带状布点，采样点自纳污口起由密渐疏；综合污染型土壤监测单元布点采用综合放射状、均匀、带状布点法。

（2）样品采集

土壤样品的采集根据分析目的的不同而有差异，可采混合样或剖面样。

① 混合样。一般农田土壤环境监测采集耕作层土样，种植一般农作物的土壤采样深度 0～20 cm，种植果林类农作物的土壤采 0～60 cm。为了保证样品的代表性，采取采集混合样的方案。每个土壤单元设 3～7 个采样区，单个采样区可以是自然分割的一个田块，也可以由多个田块所构成，其范围以 200 m×200 m 左右为宜。每个采样区的样品为农田土壤混合样。混合样的采集主要有四种方法（表 9-19）。各分点混匀后用四分法取 1 kg 土样装入样品袋，多余部分弃去。现场采样情况记录于表 9-20。

表 9-19 混合样采集方法

采样方法	适用条件	布点数量
对角线法	适用于污灌农田土壤	对角线分为 5 等份，以等分点为采样分点
梅花点法	适用于面积较小，地势平坦，土壤组成和受污染程度相对比较均匀的地块	设分点 5 个左右
棋盘式法	适宜中等面积、地势平坦、土壤不够均匀的地块	设分点 10 个左右 受污泥、垃圾等固体废物污染的土壤，分点应在 20 个以上
蛇形法	适宜于面积较大、土壤不够均匀且地势不平坦的地块，多用于农业污染型土壤	设分点 15 个左右

表 9-20　土壤现场记录表

<table>
<tr><td colspan="2">采样地点</td><td></td><td>东经</td><td></td><td>北纬</td><td></td></tr>
<tr><td colspan="2">样品编号</td><td></td><td colspan="2">采样日期</td><td colspan="2"></td></tr>
<tr><td colspan="2">样品类别</td><td></td><td colspan="2">采样人员</td><td colspan="2"></td></tr>
<tr><td colspan="2">采样层次</td><td></td><td colspan="2">采样深度/cm</td><td colspan="2"></td></tr>
<tr><td rowspan="3">样品描述</td><td>土壤颜色</td><td></td><td colspan="2">植物根系</td><td colspan="2"></td></tr>
<tr><td>土壤质地</td><td></td><td colspan="2">沙砾含量</td><td colspan="2"></td></tr>
<tr><td>土壤湿度</td><td></td><td colspan="2">其他异物</td><td colspan="2"></td></tr>
<tr><td colspan="2">采样点示意图</td><td></td><td colspan="2">自下而上植被描述</td><td colspan="2"></td></tr>
</table>

注：土壤颜色可采用门塞尔比色卡比色，也可按土壤颜色三角表进行描述。颜色描述可采用双名法，主色在后，副色在前，如黄棕、灰棕等。颜色深浅还可以冠以暗、淡等形容词，如浅棕、暗灰等。

② 剖面样。特殊要求的监测（土壤背景、环评、污染事故等）必要时选择部分采样点采集剖面样品。剖面的规格一般为长 1.5 m，宽 0.8 m，深 1.2 m。挖掘土壤剖面要使观察面向阳，表土和底土分两侧放置，须按土壤发生层次采样，深度要求达到母质，用小土铲在最有代表性的均匀层次部位，自下而上逐层取样。

4．样品制备

（1）土样的风干

将采样现场采集的土壤样品全部倒在塑料薄膜或瓷盘内，进行风干，摊成 2～3 cm 的薄层，适时地压碎、翻动，拣出碎石、沙砾、植物残体。

（2）磨碎与过筛

在磨样室将风干的样品倒在有机玻璃板上，用木锤敲打，用木滚、木棒、有机玻璃棒再次压碎，拣出杂质，混匀，并用四分法取压碎样，过孔径 0.25 mm（20 目）尼龙筛。过筛后的样品全部置无色聚乙烯薄膜上，并充分搅拌混匀，再采用四分法取其两份，一份交样品库存放；另一份作样品的细磨用。粗磨样可直接用于土壤 pH、阳离子交换量、元素有效态含量等项目的分析。

用于细磨的样品再用四分法分成两份，一份研磨到全部过孔径 0.25 mm（60 目）筛，用于农药或土壤有机质、土壤全氮量等项目分析；另一份研磨到全部过孔径 0.15 mm（100 目）筛，用于土壤元素全量分析。

研磨混匀后的样品，分别装于样品袋或样品瓶，填写土壤标签一式两份，瓶内或袋内一份，瓶外或袋外贴一份。

5．样品保存

风干土样存放于干燥、通风、无阳光直射、无污染的样品库内，保存期通常为半年至一年。用于测定挥发性和不稳定组分需要用新鲜样品的土样，采集后用可密封的聚乙烯或玻璃容器在 4℃以下避光保存，样品要充满容器。测定有机污染物用的土壤样品要选用玻璃容器保存。

6．分析方法

按土壤环境质量标准中选配的分析方法选择土壤各监测项目分析方法，列于表 9-21 中。

表 9-21　监测项目的分析方法及最低检出限

序号	监测项目	预处理方法	分析方法	方法来源	检出下限/（mg/L）
1					
2					
3					
4					
5					
……					

三、数据处理

监测结果的原始数据要根据有效数字的保留规则正确书写，监测数据的运算要遵循运算规则。在数据处理中，对出现的可疑数据，首先从技术上查明原因，然后再用统计检验处理，经验证后属离群数据应予剔除，以使测定结果更符合实际。在表 9-22 中对监测结果进行统计。

表 9-22　土壤监测结果统计表　　单位：mg/kg

采样地点	土壤监测结果					
	铜	锌	铬	六六六	滴滴涕	……
……						

四、农田土壤环境质量评价

目前，我国颁布的土壤标准主要有：《土壤环境质量标准》（GB 15618—2008）。标准按土壤应用功能、保护目标和土壤主要性质，规定了土壤中污染物的最高允许浓度指标值及相应的监测方法，本标准适用于农田、蔬菜地、茶园、果园、牧场、林地、自然保护区等地的土壤。对农用土壤监测结果进行讨论分析（表 9-23），对照土壤环境质量标准，对农用土壤环境进行评价，主要评价因子包括重金属及类重金属和有机污染物（六六六、滴滴涕），判断土壤属于几级。推断污染物的来源，对污染物的种类进行分类，分析农用土壤现状；预测未来几年内农用土壤的环境；提出改善农用土壤环境的建议及措施。

表 9-23　土壤监测结果分析　　单位：mg/kg

监测项目	铜	锌	铬	六六六	滴滴涕	……
样品数						
检出率						
浓度范围						
土壤单项污染指数						

第十章
环境应急监测

【实训要点】

通过本章的学习和实训，熟悉环境应急监测的主要技术，掌握环境应急监测方案的制定，学生能够针对不同类型的突发性污染事故制订初步的应急监测方案。

第一节　环境应急监测技术

突发性环境污染事故是威胁人类健康、破坏生态环境的重要因素，如何有效地预防、减少以致消除突发性环境污染事故的发生，突发性环境污染事故发生后又如何有效地处理处置，最大限度地减少对环境和人身的危害，已成为全世界极为关注的问题之一。如 2005 年 11 月中石油吉林石化公司双苯厂苯胺车间发生爆炸事故，事故产生的约 100 t 苯、苯胺和硝基苯等有机污染物流入松花江，导致松花江发生重大水污染事件；2013 年 7 月，广西贺州 100 余家矿企非法采矿产生的废水、废渣造成贺江水体镉、铊等重金属严重超标污染事件。两起污染事件对水体沿岸农业用水、居民生活用水等造成严重影响，直接威胁人民群众的生命安全。因此，加强突发性污染事故中的应急监测，研究其处理处置技术，是环境监测技术领域中一项非常重要的工作。

一、突发性水污染事故概念与类型

突发性污染事故是指社会生产和生活中使用的有毒有害物质在其产生、运输、使用和消亡的整个生命周期中，由于人为的疏忽、错误操作或意外因素影响等原因，造成其在短时间内有大量剧毒或高污染性的物质进入环境，引起环境污染并对社会经济与人体健康造成损失的突发性恶性事故。

根据突发性污染事故中污染物的性质，可将事故分为有毒有害物质泄漏事故、溢油事故、非正常大量排放废水事故、放射性污染事故等。

根据突发性污染事故发生的地理情况和工业分布情况，又可将事故分为来源于上游的污染团、境内陆地污染源、境内桥梁交通事故和水上事故等。

二、突发性水污染事故的特征

（1）形式多样

突发性污染事故往往会涉及多个行业和部门，例如有毒化学品生产运营的整个生命周期中，均有可能发生突发性水污染事故。同时，突发性污染事故表现形式多样，如泄漏、溢油、爆炸等。

（2）事发突然

普通的水体污染是由于污染物的常量排放，排放浓度和数量比较固定，而突发性水污染事故的发生有很强的偶然性和意外性，往往事发突然，污染物排污方式和排污途径不定，在瞬间或短时间内就造成危害。

（3）危害严重

由于突发性污染事故往往事发突然，在极短时间内有大量污染物进入环境，人们无法立即采取有效的控制措施来处置这些污染物，从而对正常的生产和生活造成严重破坏。

（4）处置困难

由于突发性污染事故污染量大，事发突然，会对环境造成大范围的污染，难以在短时间内得到有效控制，给处理处置带来了较大困难。

因此，突发性污染事故一旦发生，会对人民的身体健康和环境产生严重的危害，造成巨大的经济损失，影响正常的生活和生产，破坏社会的稳定。如何在最短的时间内获得污染物的种类、浓度等信息，成为有效控制污染范围、减小事故损失的关键步骤。建立突发性污染事故应急监测体系已成为当务之急。

三、各类突发环境事件的监测特点

（一）有毒气体应急监测特点和方法

当氯气、氰化氢、硫化氢、二硫化碳、氟化氢、光气、一氧化碳、砷化氢等有毒气体泄漏时，有毒有害气体污染的特点如下：污染范围广，能随风扩散一定距离，尤其是事故源下风向污染浓度较高；受气候和地形影响较大，如风力、风向、山地、森林都会对污染浓度分布有较大影响。

可以使用便携式气体监测仪器、常用快速化学分析方法进行应急监测。

（二）有毒化学品应急监测特点和方法

有毒化学品种类繁多，性质区别较大，现场应急监测有以下特点：能对浓度分布非常不均匀的各类样品进行有选择的分析；可以进行快速、便捷和连续的监测；能做到快速实现定性和定量分析。现场的应急监测的设备往往不够，为了做出准确的分析判断，还须根据现场监测结果，准确确定用于实验室分析的采样地点、采样方法及分析方法。最终确定污染事件的各项特征，如化学物质的理化性质、毒性、挥发性、残留性、泄漏量、向环境的扩散速度、水和大气中主要污染物的浓度、污染的区域、降解的速率等指标。

目前这类监测技术主要有：试纸法、水质速测管法-显色反应型、气体速测管法-填充管型、化学测试组件法、便携式分析仪器测试法。

（三）易燃易爆性物质应急监测特点和方法

易燃易爆危险物质包括：易爆性物质（包括易爆固体和凝结性液体，如氧化物，硝铵，硝基、硝胺和硝酸酯等的化合物等）；混合型易爆物质（混合产生易燃易爆性）；可燃性气体或挥发蒸汽（如石油气、天然气、乙烯、乙炔、乙醚、苯、酒精等）；易燃液体（酒精、汽油、柴油等）；可燃性粉尘（铝粉、镁粉、硫黄粉等）；水解易燃性物质（吸收水分时，产生易燃易爆性物质）。

燃烧和爆炸的条件：有可燃性物质存在；有助燃物质存在；有导致燃烧的能源（如明火、高温表面、过热、电火花、撞击、摩擦、绝热压缩等）。

在燃烧爆炸现场应使用快速监测仪器，快速测定燃爆产生物质的成分和浓度，确定是否为对人体有毒有害的物质，以便采取防护措施；确定是否对环境有明显危害，以便采取控制污染和消除污染的措施。监测方法有各种检测管技术。

（四）溢油污染事件的应急监测特点和方法

溢油是在石油开采、炼制、加工、储运过程中由于突发事故或操作失误，造成油品泄漏进入地表水面的事件。水面产生溢油，首先要准确了解泄漏的油量，溢流的流向和流速。溢流的快速监测或实验室监测，水样的采集十分重要，要有代表性。分析方法有气相色谱法、红外分析法、GC-MS 法、元素分析法、紫外分析法，国外多采用红外分析法，人为干扰小、比较灵敏。

（五）农药污染事件的应急监测特点和方法

农药生产、储运过程中，原料和产品、废水废渣排放，造成突发性环境事件。农药的污染物类型复杂，应先进行现场调查，初步估计污染类型，再确定相应的测试技术。常见的农药检测技术比色法、紫外光谱法、气相色谱法、高效液相色谱法、气相色谱-质谱法联用技术等。

四、环境应急监测技术

随着环境污染事故对监测技术需求的日益迫切，现场应急监测分析技术也相应地得到了快速发展。根据监测技术的原理及形势不同，环境分析专家将其分为感官检测法、动物检测法、植物检测法、化学产味法、试纸法、检测管法、滴定或反滴定法、化学比色法、便携式仪器法、车载实验室法等，而目前环境污染应急监测较为常见的技术主要有以下几种。

（一）试纸法

使用对污染物有选择性反应的分析试剂制成的专用分析试纸，对污染物进行测试，通过试纸颜色的变化可对污染物进行定性分析。将变色后的试纸与标准色阶比较可以得到定量化的测试结果。商品试纸本身已配有色阶，有的还会配备标准比色板。

表 10-1 化学试纸类型

试纸类型	用途	色阶标准
pH 试纸	用于测试酸碱度	一般色阶分为 11～14，常用的有石蕊试纸、酚酞试纸、硝嗪黄试纸等，不同的试纸有不同色阶颜色标准
砷试纸	用于测试砷和 AsH_3	白色变为棕黑

试纸类型	用 途	色阶标准
铬试纸	用于测试六价铬	存在六价铬时，白色试纸呈紫色斑点
氟化物试纸	用于测氟化物和 HF	当存在氟化物时，粉红色试纸变为黄白
氰化物试纸	用于测氰化物和 HCN	当存在氰化物时，淡绿色试纸变为蓝色或白色变为红紫色。试纸对碱性氰化物溶液不反应，对酸性氰化物溶液反应灵敏
KI-淀粉试纸	用于测余氯、余碘、余溴	但存在以上物质时，浅黄色试纸变为蓝色或白色变为红紫色
氨或铵离子试纸	用于测氨或铵离子	当存在氨或铵离子时，白色试纸变为棕黄色或黄色变为橙色
锌离子试纸	用于测是锌离子	当存在锌离子时，橘黄色试纸变为红色

（二）检测管法

检测管法在进行有毒气体或挥发性污染物的现场检测时十分方便。检测管法的原理是被测气体通过检测管时造成管内填充物颜色变化程度来测定污染物及其含量，检测管一般附有标准色阶。

1. 大气污染检测管法

大气检测管又分为短时检测管、长时检测管和气体快速检测箱。

短时检测管多为填充显色型，用于短时间测试，目前已有 160 多种短时检测管，将几种短时检测管组合成组件，可同时测试几种污染物。

长时检测管用于长时间（8 h）连续监测，长时检测管可用于测定一段时间（1～8 h）内污染物的平均浓度。

气体快速检测箱是将多种气体检测管组装在一种特制的检测箱内，便于携带和现场进行多项目的监测。

2. 水污染检测管法

水污染检测管法又分为直接检测试管法、色柱检测法、汽提-气体检测管法、水污染检测箱。

直接检测试管法是将显色试剂封入塑料试管里，测定时，将检测管刺一小孔吸入待测水样，变化的颜色与标准色阶比色，对比确定污染物和浓度。

色柱检测法是将一定量水样通过检测管内，水样中的待测离子与管内填装显色试剂反应，产生一定颜色的色柱，色柱长度与被测离子浓度成比例。

汽提-气体检测管法是利用液体提取装置与各类气体检测管进行组合，可以简单、快捷地测定水样中易挥发性污染物（如氯代烃、氨、石油类、苯系物等）。

水污染检测箱是将多种水质检测管组合在一起形成整套检测设备，可以对水污染现场的多种污染物进行快速检测。

（三）紫外-可见分光光度法

紫外-可见分光光度法是利用污染物质本身的分子吸收特性，与特定的显色试剂在一定条件下的显色反应而具有的对紫外-可见光的吸收特性进行比色分析的一种方法。便携式分光光度计是常用的分光光度法仪器，其重量轻、携带方便，一台仪器可进行多项目测试，常为浓度直读，可以迅速读出浓度值。根据光度计的构造，可以分为单参数比色计、滤光分光比色计、分光光度计三种。

（四）化学测试组件法

为了同时进行多项目污染物质的测试可以采用化学测试组件法，化学测试组件法多采用比色方法或容量（滴定）方法进行分析。化学测试组件法是将粉枕（可以放在塑料、铝箔、试剂管内）中的特定分析试剂加入一定量的样品中，通过颜色的变化，与标准色阶进行比较可以估计待测污染物的浓度。

化学试剂测试组件进行现场测试时，可以采用不同的分析方法，如比色立体柱、比色盘、比色卡、滴定法、计数滴定器、数字式滴定器，前 3 种是比色法，后 3 种是容量法。

（五）便携式色谱与质谱分析技术

对一般性污染物的快速检测，检测管法可以较好地发挥作用，但对于未知污染物或种类繁多的有机物的应急监测，检测管法不能满足现场的定性或定量的检测要求。便携式气相色谱仪和便携式色谱-质谱联用仪在有机污染物的现场监测中可以发挥重要作用。

现场使用的气相色谱仪有便携式和车载式，便携式气相色谱仪带分析的样品可以是气态或液态样品，全部操作程序化，可以做复杂的污染物定性或定量化检测分析。

便携式色谱-质谱联用仪几乎相当于一个小型实验室，能够现场给出大气、水体、土壤中未知的挥发物或半挥发污染物的定性及定量检测结果。便携式色谱-质谱联用仪便于在现场进行灾情判断、确认、评估和启动标准处理程序。

便携式离子色谱仪主要用于检测和分析碱金属离子、碱土金属离子和多种阴离子。

（六）便携式光学分析技术

光学分析仪器是采用光谱分析技术对多种环境污染物（尤其是有机污染物）进行分析，根据光谱范围目前使用的有便携式红外光谱仪、便携式 X 荧光光谱仪、专用光谱/广度分析仪、便携式荧光光度计、便携式浊度分析仪、便携式反光光度计等光学分析仪器，都可以对现场样品中的多元素进行监测或单点分析。光学分析仪器有便携式的和车载式的两种。

（七）便携式电化学分析技术

电化学传感器是利用有毒有害气体同电解液反应产生电压来识别有毒有害污染物的一种监测仪器，可以检测硫化氢、氮氧化物、氯气、二氧化硫、氢氰酸、氨气、一氧化碳、光气等有害气体。各类电化学传感器既可以单独使用，也可以根据需要组合成多参数的电化学气体分析仪器。常见的电化学气体分析仪器主要是各类便携式选择离子分析仪（如离子计、pH 计、pH 测试笔、手提式 DO 仪、手提式电导率分析仪、手提式多参数分析仪、多参数水质分析仪等）。

五、环境应急监测技术的选择

为迅速查明突发性水污染事故污染物的种类、污染程度和范围以及污染发展趋势，在已有调查资料的基础上，充分利用现场快速监测方法和实验室现有的分析方法进行鉴别、确认。在具体实施时，应选择最合适的分析方法，以便在最短的时间内，用最简单的方法获取最有价值的监测数据。常见污染物应急监测分析技术见表 10-2。需要指出的是，虽然在应对突发性环境污染事故时，有更多的现场快速检测技术可供选择，但还没有任何一种技术可以独自准确、快速且便捷地解决环境中所有的现场应急监测问题，因此在选择水质应急监测技术时必须综合考虑各种因素对分析结果的影响。

表 10-2　常见污染物应急监测分析技术的选择

	事故及污染物种类	可供选择的监测方法
事故	大气污染事故	优先考虑选用气体检测管、便携式气体检测仪、便携式气相色谱法、便携式红外光谱法和便携式气相色谱-质谱联用仪器法等，还可以从企业在线自动监测系统和环境自动监测站的连续监测数据得到相关信息
	水或土壤污染事故	优先考虑选用检测试纸法、水质检测管法、化学比色法、便携式分光光度计法、便携式综合水质检测仪器法、便携式电化学检测仪器法、便携式气相色谱法、便携式红外光谱法和便携式气相色谱-质谱联用仪器法等，还可以从企业在线自动监测系统和环境自动监测站的连续监测数据得到相关信息
	无机物污染事故	优先考虑选用检测试纸法、气体或水质检测管法、便携式检测仪、化学比色法、便携式分光光度计法、便携式综合检测仪器法、便携式离子选择电极法以及便携式离子色谱法等
	有机物污染事故	优先考虑选用气体或水质检测管法、便携式气相色谱法、便携式红外光谱法、便携式质谱仪和便携式色谱-质谱联用仪器法等
	不确定污染事故	对于现场无法分析的污染物，尽快采集样品，迅速送到实验室进行分析，必要时，可采用生物监测法对样品毒性进行综合测试
大气污染物	氯气	可采用检测试纸法、便携式分光光度法、气体检测管法便携式电化学传感器法
	氯化氢	可采用检测试纸法、便携式分光光度法、气体检测管法、便携式电化学传感器法
	氨	可采用检测试纸法、气体检测管法、便携式光学式检测器法
	硫化氢	可采用检测试纸法、便携光学式检测器法、便携式分光光度法、便携式离子色谱法、气体检测管法、便携式电化学传感器法
	二氧化硫	可采用检测试纸法、便携光学式检测器法、气体检测管法、便携式电化学传感器法
	氟化物	可采用检测试纸法、气体检测管法、化学测试组件法（茜素磺酸锆指示液）
	光气	可采用检测试纸法（二甲苯胺指示剂）、便携式分光光度法、气体检测管法、便携式仪器法
	氰化物	可采用检测试纸法、便携式分光光度法、气体检测管法、便携式电化学传感器法
	沥青烟	气体检测管法、便携式 VOC 检测仪法、便携式气相色谱法
	酸雾	可采用检测试纸法（pH 试纸）、气体检测管法、便携式仪器法（酸度计）
	PH_3	可采用检测试纸法（pH 试纸）、气体检测管法、便携式气相色谱法、便携式电化学传感器法
	AsH_3	可采用检测试纸法（氯化汞指示剂）、气体检测管法、便携式电化学传感器法
	总烃	可采用气体检测管法、目视比色法、便携式 VOC 检测仪法
	铅雾	可采用气体检测管法、便携式离子计法、便携式比色计/光度计法
	一氧化碳	可采用检测试纸法、气体检测管法、便携式电化学传感器法、便携光学式（非分散红外吸收）检测器法
	氮氧化物	可采用检测试纸法、气体检测管法、便携式电化学传感器法、便携光学式检测器法

	事故及污染物种类	可供选择的监测方法
污染大气、水、土壤的污染物	二硫化碳	可采用现场吹脱捕集-检测管法、化学测试组件法（醋酸铜指示剂）、便携式气相色谱法
	甲醛	可采用检测试纸法、气体检测管法、水质检测管法、化学测试组件法、便携式检测仪法
	醇类	可采用气体检测管法、便携式气相色谱法、便携式气相色谱-质谱联用仪器法、实验室快速气相色谱法、便携式红外分光光度计法
	苯系物（芳烃）	可采用气体检测管法、现场吹脱捕集-检测管法、便携式 VOC 检测仪法、便携式气相色谱法、便携式气相色谱-质谱联用仪器法、实验室快速气相色谱法、便携式红外分光光度法
	酚类物质及衍生物	可采用气体检测管法、水质检测管法、化学测试组件法、便携式比色计/光度计法、便携式分光光度计法、便携式气相色谱法、便携式气相色谱-质谱联用仪器法、实验室快速气相色谱法、便携式红外分光光度法
	醛酮类	可采用气体检测管法、便携式气相色谱法、实验室快速气相色谱法、便携式气相色谱-质谱联用仪器法、实验室快速液相色谱法、便携式红外分光光度法
	氯苯类 硝基苯类 醚酯类	可采用气体检测管法、便携式气相色谱法、实验室快速气相色谱法、便携式气相色谱-质谱联用仪器法、便携式红外分光光度法
	苯胺类	可采用气体检测管法、便携式气相色谱法、实验室快速气相色谱法、便携式气相色谱-质谱联用仪器法、便携式红外分光光度法
	石油类	可采用气体检测管法、水质检测管法、便携式 VOC 检测仪法、便携式气相色谱法、便携式红外分光光度计法
	烯炔烃类	可采用气体检测管法、便携式 VOC 检测仪法、便携式气相色谱法、便携式红外分光光度法
	有机磷农药	可采用残留农药测试组件法（＞1.6 μg/L 西玛津除草剂）、便携式气相色谱法、便携式气相色谱-质谱联用仪器法、实验室快速气相色谱法、便携式红外分光光度法
	铅、铬、钡、镉、锌、锰、锡	可采用检测试纸法、水质检测管法、化学测试组件法、便携式比色计/光度计法、便携式分光光度计法、便携式 X 射线荧光光谱仪法
	汞	可采用气体检测管法、水质检测管法、便携式分光光度计法
	铍	可采用化学测试组件法、便携式分光光度计法、便携式 X 射线荧光光谱仪法
	砷	可采用检测试纸法、砷检测管法、便携式分光光度计法、便携式 X 射线荧光光谱仪法
	氰化物、氟化物、碘化物、氯化物、硝酸盐、磷酸盐	可采用检测试纸法、水质检测管法、化学测试组件法、便携式比色计/光度计法、便携式分光光度计法、便携式离子计法、便携式离子色谱法
	总氮	可采用水质检测管法、便携式比色计/光度计法、便携式分光光度计法
	总磷	可采用水质检测管法、化学测试组件法、便携式分光光度计法
	硫氰酸盐	可采用便携式比色计/光度计法、便携式分光光度计法、便携式离子色谱法
	α、β放射性	可采用液体闪烁谱仪、α、β测量仪、X 剂量率应急检测仪、α、β表面污染测量仪
	γ放射性	可采用γ辐射应急检测仪、便携式巡测γ谱仪

第二节 环境应急监测分析方案的确立

由于环境突发事件的事故类型、污染物、发生原因、危害程度千差万别，很难制订一套固定的环境应急技术方案，只能确定环境应急监测的技术规范，事发后，根据环境应急监测的技术规范和具体事故的现场情况，再确定一个突发事件的环境应急监测方案。任何一个环境应急监测方案都必须考虑布点、采样；监测频次与跟踪监测方案；污染物监测项目与分析方法；数据处理与QA/QC；监测报告与上报程序等。

一、监测点布设与样品采集

应急监测布点应考虑事件发生的类型、污染影响的范围、污染危害程度、事故发生中心区域周围的地理社会环境、事件发生时的气候条件等重要因素，并合理设置监测断面（点），以掌握污染发生地状况、反映事故发生区域环境的污染程度和范围。对被突发环境事件所污染的地表水、地下水应设置对照断面（点）、控制断面（点），削减断面，尽可能以最少的断面（点）获取足够的有代表性的所需信息，同时须考虑采样的可行性和方便性。

（一）地表水样品采集

以事发地为中心根据水流方向、速度和现场地理条件，进行布点采样，同时测定流量，以便测定污染物下泄量。现场应采集平行双样，一份供现场检测用，另一份加保护剂，速送回实验室检测，如需要还可采集事发中心水域沉积物进行检测。对江河污染的，在事发地江河下游按一定距离设置采样点，上游一定距离设对照断面采样点，在污染影响区域内的农灌取水口处必须设置采样断面。对湖库水污染的，以事发中心水流方向按一定间隔圆形布点，根据污染特征同一断面，可分不同水层采样后，再混为一个水样，在上游一定距离设对照断面采样点。在湖库出水口和饮用取水口处设置采样断面。

（二）地下水样品采集

以事发地为中心，根据地下水流向采用网格法或辐射法在周围 2 km 范围内设监测井采样，同时根据地下水流补给源，在垂直于地下水流的上方，设对照监测井采样，在以地下水为饮用水水源的取水口应设采样点。

（三）大气污染样品采集

应以事故地点为中心就近采样，再根据事发地的地理特点、风向等自然条件，在污染气团漂移经过的下风向，按一定间隔的圆形布点采样，同时根据污染趋势在不同高度采样，同时在事发中心的上风向适当位置对照采样，还要考虑在居民区等敏感区域布点采样。利用检气管快速检测污染物的种类和浓度，再检测采样流量和时间。

（四）土壤污染样品采集

对土壤的监测应以事故地点为中心，按一定间隔的圆形布点采样,并根据污染物的特性在不同深度采样，同时采集对照样品，必要时在事故地附近采集作物样品。

二、应急监测分析项目判断

若突发性环境污染事故的污染物为已知污染物，可以立即根据污染物的特点，制定实施应急监测方案；若事故的污染物为未知污染物，一般可根据事故的性质（爆炸、泄漏、火灾、非正常排放、非法丢弃等）、现场调查情况（危险源资料、现场人员提供的背景资料、污染物的气味及颜色、人员与动植物的中毒反应等）初步确定应监测的污染物及需现场进行的应急分析项目，见表10-3；若污染物未知，同时根据已有信息也难以判断可能的污染物时，可利用检测试纸、快速检测管、便携式检测仪等分析手段，确定应可能存在的污染物；有时，这几种方法可同时并用，结合平时工作积累的经验，经过对获得信息的系统综合分析，判断出污染事故现场需要监测分析的项目，进而选择相应的技术手段进行定性或定量（半定量）分析来确定污染物。如现场还不能确定或现场无法测定的项目，应尽快将样品送至实验室检测分析，确定主要污染物和监测项目。

表10-3　利用感官初步确定污染物的定性方法（特征颜色和气味对应的化合物）

颜色或气味	根据表象特征估计污染物质
黄色	可能是硝基化合物；也可能是亚硝基化合物（固态多为淡黄或无色，液态多为无色）；偶氮类化合物（也有红色、橙色、棕色或紫色）；氧化氮类化合物（也有橙黄色的）；醌（有淡黄色、棕色、红色）；醌亚胺类；邻二酮类；芳香族多羟酮类等
红色	可能是某些偶氮化合物（多为黄色、橙色，也有棕色或紫色）；某些醌；在空气中放置久了的苯酚
棕色	可能是某些偶氮化合物（多为黄色、橙色，也有棕色或紫色）；苯胺（新蒸馏出来的为淡黄色）
紫色	可能是某些偶氮化合物（多为黄色、橙色，也有棕色或紫色）
绿色或蓝色	可能是液体
醚香	典型的化合物有乙酸乙酯、乙酸戊醇、乙醇、丙酮等
苦杏仁香	典型的化合物有硝基苯、苯甲醛、苯甲腈等
樟脑香	典型的化合物有樟脑、百里香酚、黄樟素、丁（子）香酚、香芹酚等
柠檬香	典型的化合物有柠檬醛、乙酸沉香酯等
花香	典型的化合物有邻氨基苯甲酸甲酯、香茅醇、萜品醇等
百合香	典型的化合物有胡椒醛、肉桂醇等
香草香	典型的化合物有香草醛、对甲氧基苯甲醛等
麝香味	典型的化合物有三硝基异丁基甲苯、麝香精、麝香酮等
蒜臭味	典型的化合物有二硫醚等
二甲胂臭	典型的化合物有四甲二胂、三甲胺等
焦臭味	典型的化合物有异丁醇、苯胺、枯胺、苯、甲酚、愈创木酚等
腐臭味	典型的化合物有戊酸、己酸、甲基庚基甲酮、甲基壬基甲酮等
麻醉味	典型的化合物有吡啶、胡薄荷酮等
粪臭味	典型的化合物有粪臭素（3-甲基吲哚）、吲哚等

三、应急监测频次要求

应急监测的采样频次应根据突发事件现场情况区别确定，事件刚发生时，应加密采样频次，等了解污染规律后，可减少采样频次。

表 10-4 应急监测频次确定原则

事故类型	监测点位	应急监测频次	跟踪监测频次
大气污染	事发地	初始加密（数次/d），随污染物浓度下降逐渐降低频次	连续两次监测浓度均低于空气质量标准值或已接近可忽略水平为止
	事发地周围敏感区域	初始加密（数次/d），随污染物浓度下降逐渐降低频次	连续两次监测浓度均低于空气质量标准值或已接近可忽略水平为止
	事发地下风向	3～4 次/d 或与事故发生地同频次（应急期间）	3～4 次/d 连续 2～3 d
	事发地上风向对照点	2～3 次/d（应急期间）	
地表水污染	江河事发地及其下游	初始加密（数次/d），随污染物浓度下降逐渐降低频次	连续两次监测浓度均低于地表水质量标准值或已接近可忽略水平为止
	湖库事发地及受影响的出水口	2～4 次/d（应急期间）	连续两次监测浓度均低于地表水质量标准值或已接近可忽略水平为止
	江河事发地其上游对照点	1 次/d（应急期间），以平行双样数据为准	
	近海海域监测点	2～4 次/d，随污染物浓度下降逐渐降低频次	连续两次监测浓度均低于海水质量标准值或已接近可忽略水平为止
地下水污染	事发地中心周围 2 km 内的水井	初始 1～2 次/d，第 3 天后，1 次/周直至应急结束	连续两次监测浓度均低于地下水质量标准值或已接近可忽略水平为止
	地下水流经区域沿线水井	初始 1～2 次/d，第 3 天后，1 次/周直至应急结束	连续两次监测浓度均低于地下水质量标准值或已接近可忽略水平为止
	事发地对照点	1 次/d（应急期间），以平行双样数据为准	
土壤污染	事发地污染区域	初始 1～2 次/d（应急期间），视处置进展情况逐渐降低频次	应急结束后，1 次
	对照点	1 次/d（应急期间），以平行双样数据为准	

四、应急监测分析技术筛选

污染事故发生后，为迅速查明环境污染事故污染物的种类、污染程度和范围以及污染的发展趋势，在已有调查资料的基础上，应充分利用现场快速检测方法和实验室现有的分析方法进行鉴别，确保能尽快给出污染物种类、浓度、污染范围等方面的信息。常见污染物的快速检测技术见表 10-2。为此，应急监测分析技术的选取应遵循以下原则：

① 操作简便。

② 监测设备方便携带、易于保管，不受时间、地点、天气等因素限制。

③ 能够快速给出污染现场关于污染物定性、定量（或半定量）信息。

④ 监测结果直观易懂。

⑤ 监测器材以太阳能电池或便携式电源提供动力，不需常规电力支持。

五、应急监测数据及报告

监测分析结束后，应对监测数据进行汇总分析，编写应急监测分析报告。报告要对监测分析结果、污染事故发生地、污染程度及污染范围等进行必要的分析评价和说明。

（一）现场的原始记录

① 绘制事故现场的示意图，标出采样点位。

② 记录事件发生时间、事件持续时间、每次采样时间。

③ 现场状况描述、必要的地理、水文、气象参数（如水流向、流速、流量、水温、气温、气压、风向、风速等）。

④ 事故可能产生的污染物种类、毒性、流失量及影响范围。

⑤ 现场测试出的污染物有关数据，如有多组数据应编制成数据表，并附有简单分析。

⑥ 现场监测记录是应急监测结果的依据之一，应按规范格式填写，主要项目包括环境条件、分析项目、分析方法、测试时间、样品类型、仪器名称、型号、编号、测试结果。

⑦ 原始记录应有测试人员、分析人员、校核人员、审核人员等相关人员的签字。

⑧ 发生事故的单位的名称、联系电话等。

（二）应急监测报告的主要报告内容

① 时间——事故发生时间、接到通知时间、到达现场监测的时间。

② 自然环境——事故发生地及周边的自然环境（附现场示意图及照片、录像资料）。

③ 监测结果——采样点位（断面）、监测频次、监测方法、主要污染物的种类、浓度、排放量。

④ 污染事件的类型和性质——根据规定和现场情况确定事故类型（附现场收集到的证据、勘察记录、当事人陈述）、污染事件的性质。

⑤ 污染事故的危害与损失——污染事故对环境的危害、造成的经济损失、人员的伤亡等。

⑥ 简要说明污染事故排放的主要污染物的危险性、毒性与应急处置的相应建议。

⑦ 应急监测现场负责人的签字。

六、应急监测的质量保证

应急监测质量保证是指对应急监测过程的全面质量管理或质量控制，质量保证体现在每一个工作环节。

（一）前期质量管理

主要内容包括：建立应急监测工作手册和应急监测数据库及应急监测地理信息系统等，组织应急监测人员技术培训，做好应急监测方法和监测仪器设备的筛选，做好应急监测仪器设备的计量检定及车辆等后勤保障和试剂、监测仪器的质量保证。

（二）运行中的质量管理

主要内容包括：污染事故的现场勘察和监测方案制定中的质量管理，现场采样和监测中的质量管理，实验室分析中的质量管理和数据处理及编制监测报告中的质量管理等。

第三节 环境应急监测实践

环境污染事件：××年×月×日，一辆运送化学品的长厢挂车在行至沈哈高速公路南行 125 km 处发生火灾。车上载有 33 t“铅渣”和 300 kg 剧毒品四乙基铅，且有一通往红顶山水库的支流流经事故发生处。

一、应急监测的启动

（一）应急响应

××年×月×日 8 时左右，××环境保护监测站接到市环保局的电话，得知昌图高速公路大马家大桥处发生车载不明化学物质燃烧，环保市局已启动了应急预案，监测站立即组织人员，携带应急监测设备赶往现场，同时实验室的化验人员做好接样化验准备。

（二）现场情况

9 时 40 分到达现场，出事地点在昌图县满井乡西沙子村大马家大桥上，高速公路事故段南北双向封闭，现场事故车辆仅有挂车部分在，其上 33 个桶装物质燃烧用水不能灭燃，消防人员用水灭火失败后改用沙子覆盖火火，当时西北风向，风力 2～3 级，气温 6℃，不明物质燃烧时所产生的烟气无明显气味，现场无人员伤亡。

（三）污染物特性

四乙基铅为剧烈的神经毒物，易侵犯中枢神经系统，不溶于水、稀酸、稀碱液，溶于多数有机溶剂。急性中毒：初期症状有睡眠障碍，全身无力、情绪不稳、植物神经功能紊乱，往往血压、体温、脉率低现象（三低症）等，严重者发生中毒性脑病，出现谵妄、精神异常、昏迷、抽搐等，可有心脏和呼吸功能障碍，高浓度下可立即死亡。慢性中毒：主要表现为神经衰弱综合征和植物神经功能紊乱，可有“三低”症和脑电图异常。

二、应急监测方案

（一）现场勘察

到达现场后，监测人员首先与先期到达的市环保局重特大污染事故指挥部的领导和成员汇合，听取意见及指示，然后开始现场勘察。

① GPS 定位，拍摄现场电子照片。通过 GPS 定位，为绘制地理信息图示及电子地图搜索做准备。拍摄现场电子照片备档。

② 在上风向 50 m 处观察物质燃烧时烟气的颜色，装载物质的量，事故现场是否可控，下一步能否展开近距离的监测和采样。

③ 勘察事故地点周边情况，周围有敏感单位、水域、重要设施，向市环保局重特大污染事故指挥部领导报告勘察结果。综合各方面意见，着手准备辐射、空气质量监测、水质监测。

（二）人员分工

应急监测人员分成三组，分别负责辐射、空气质量、河流监测。

（三）监测与采样

1．辐射监测（9:40）

由于燃烧物质化学组分不明，表面又呈固态，首先进行辐射物质筛查，监测人员做好自身防护措施后，在上风向 50 m 处测得本地放射性背景值，然后持巡检仪由远及近向源的方向行进，同时注意巡检仪读数的变化。

2．大气质量监测（10:00）

经筛查排除辐射源后，大气监测开始在源的下风向开始。此时火已基本熄灭，烟气浓度不大，上风向未布点，监测人员携带自给式呼吸器由下风向 50 m 外持 T_{VOC}-TG502 和 VRAE PGM7800 监测仪向源的方向进行监测，同时注意读数变化，在烟气下降最近约 10 m 范围内利用现有快速检测管测定不明气体，均无明显结果。

3．采集固体样品（10:20）

火势被完全控制后，采集不明化学固体样本准备带回实验室做进一步定性分析。

4．河流水质监测（9:50，17:00 各 1 次）

以桥为界，在上游 50 m 处设置第一个水质监测断面作为对照断面，由密到疏分别在下游 40 m、50 m、70 m、200 m、300 m 处设置 5 个监测断面，选取合适位置进行采样，以确定河流污染带长。

5．河流底泥采样（下午清淤后）

在下游 50 m 和 80 m 处分别采取河流底泥样品。

6．红顶山水库入库口水质监测（18:00）

由于事故附近有两座水库，分别为红山水库和红顶山水库，应急监测人员经 GPS 定位确认河流流向为红顶山水库，并到红顶山水库入库口进行了水质采样。

（四）监测因子的确定

上午现场，由于泄漏化学物质不明，又呈固体粉末状，监测因子暂锁定为放射性物质，用 AT6101 巡检仪进行了筛查，确认无放射性后利用现有的快速气体检测管作了苯系物的筛查，后转移到大气常规方面的监测，监测大气中的氧含量、CO、CO_2、H_2S、HCl、甲苯、二甲苯、VOC、气象等指标。

上午采集的样品结果出来后，河流水质监测因子锁定为总铅、钾离子和钠离子，下午受污染河道清淤后再次采样在实验室做了事后处理对比检测。

（五）监测方法的选择

① 辐射监测：AT6101 巡检谱仪，现场测定仪法。

② 空气质量监测：T_{VOC}-TG502 和 VRAE PGM7800，便携式电化学检测仪法；快速检测管法。

③ 水质及底泥监测：总铅、钾离子、钠离子采用火焰原子吸收分光光度法［《水和废水监测分析方法》（第四版）］进行实验室分析。底泥先经过酸化消解，其他方法同上。

④ 固体样品监测：采用地质行业标准 DZG 20.03—87 方法分析。

⑤ 评价标准：红顶山水库为渔业用水，执行地表水 GB 3838 Ⅲ类标准，其入库支流执行 GB 3838Ⅲ类标准；空气监测因子执行二类功能区标准，其中 VOC 没有执行标准，只能参照背景值。

（六）监测仪器

空气污染监测人员携带自给式呼吸器，使用 T_{VOC}-TG502 和 VRAE PGM7800 以及快速检测管进行监测；辐射人员着防辐射服，使用 AT6101 巡检谱仪测定；水质与土壤样品送实验室使用 GGX-9 原子吸收分光光度计进行测定。

三、监测结果与评价

（一）挂车上桶内粉末状固体物质组成

经过检测分析挂车上桶内粉末状固体物质主要组成为铅、氧化钠和氧化钾，其中铅占 83.0%，氧化钠占 4.0%，氧化钾占 0.4%。

（二）辐射监测结果与评价

测得当地的辐射γ剂量率背景值为 0.068～0.069 μSv/h，在 50 m 外向源的方向行进，仪器读数无明显变化，在距事故源最近 0.5 m 处测得γ剂量率值为 0.067 μSv/h，证明其没有辐射污染。

（三）大气监测结果与评价

监测结果：用 VRAE PGM7800 测得氧含量为 20.4%，硫化氢未检出。用快速检测管法二氧化硫、甲苯、二甲苯均未检出。在可控范围内距事故源最近 10 m 处测得空气中 VOC 含量为 1.52 mg/m^3。

（四）水质监测结果与评价

河流水质监测以桥东河流上游 50 m 处的分析结果作为背景值进行评价。监测结果表明桥下河流下游 40 m 内河段受污染程度最重，50～70 m 河段受污染程度相对较轻，200 m 外河段水质逐渐接近自然水平。经清淤后，河流水质趋于正常水平。水库未受污染。具体监测结果见表 10-5。

表 10-5 水质监测结果

采样位置	采样时间 9:50（清淤前）						采样时间 17:00（清淤后）	
	铅		钾		钠		铅	
	监测值	超标倍数	监测值	超标倍数	监测值	超标倍数	监测值	超标倍数
桥东河流上游 50 m 处	未检出	—	2.00	—	15.25	—	未检出	—
桥西河流下游 40 m 处	179.17	3 582.4	450.00	224.0	5 940.59	388.6	0.61	11.2
桥西河流下游 50 m 处	9.00	179.0	23.00	10.5	313.89	19.6	未检出	—
桥西河流下游 70 m 处	7.83	155.6	20.00	9.0	300.00	18,7	未检出	—
桥西河流下游 200 m 处	未检出	—	2.00	0	14.75	—	未检出	—
桥西河流下游 300 m 处	未检出	—	3.00	0.5	18.69	0.2	未检出	—
红顶山水库入库口	采样时间 18:00						未检出	—

（五）底泥样品监测结果与评价

底泥监测结果与背景值作对比分析表明清淤后污染对土壤造成的损害不大。具体监测结果见表 10-6。

表 10-6 底泥监测结果

采样位置	采样时间 17:00	
	铅	
	监测值	超标倍数
桥东河流下游 50 m 处	28.50	0.2～0.4
桥东河流下游 80 m 处	26.71	0.1～0.3

注：土壤铅浓度背景值为 20.41 ~ 24.68 mg/kg。

思考题

1. 本地河流或湖泊等水体受到苯类物质（如硝基苯、苯胺等）的污染，试模拟制订水环境应急监测方案。

附 录

附录 1 生活饮用水卫生标准（GB 5749—2006）

附表 1-1 生活饮用水水质常规指标及限值

指　标	限　值
1. 微生物指标[①]	
总大肠菌群/（MPN/100 mL 或 CFU/100 mL）	不得检出
耐热大肠菌群/（MPN/100mL 或 CFU/100 mL）	不得检出
大肠埃希氏菌/（MPN/100 mL 或 CFU/100 mL）	不得检出
菌落总数/（CFU/mL）	100
2. 毒理指标	
砷/（mg/L）	0.01
镉/（mg/L）	0.005
铬（六价）/（mg/L）	0.05
铅/（mg/L）	0.01
汞/（mg/L）	0.001
硒/（mg/L）	0.01
氰化物/（mg/L）	0.05
氟化物/（mg/L）	1.0
硝酸盐（以 N 计）/（mg/L）	10，地下水源限制时为 20
三氯甲烷/（mg/L）	0.06
四氯化碳/（mg/L）	0.002
溴酸盐（使用臭氧时）/（mg/L）	0.01
甲醛（使用臭氧时）/（mg/L）	0.9
亚氯酸盐（使用二氧化氯消毒时）/（mg/L）	0.7
氯酸盐（使用复合二氧化氯消毒时）/（mg/L）	0.7
3. 感官性状和一般化学指标	
色度/铂钴色度单位	15
浑浊度/NTU-散射浊度单位	1，水源与净水技术条件限制时为 3
臭和味	无异臭、异味
肉眼可见物	无
pH	不小于 6.5 且不大于 8.5
铝/（mg/L）	0.2
铁/（mg/L）	0.3
锰/（mg/L）	0.1
铜/（mg/L）	1.0
锌/（mg/L）	1.0

指　　标	限　　值
氯化物/（mg/L）	250
硫酸盐/（mg/L）	250
溶解性总固体/（mg/L）	1 000
总硬度（以 $CaCO_3$ 计）/（mg/L）	450
耗氧量（COD_{Mn} 法，以 O_2 计）/（mg/L）	3 水源限制，原水耗氧量>6 mg/L 时为 5
挥发酚类（以苯酚计）/（mg/L）	0.002
阴离子合成洗涤剂/（mg/L）	0.3
4. 放射性指标②	指导值
总α放射性/（Bq/L）	0.5
总β放射性/（Bq/L）	1

① MPN 表示最可能数；CFU 表示菌落形成单位。当水样检出总大肠菌群时，应进一步检验大肠埃希氏菌或耐热大肠菌群；水样未检出总大肠菌群，不必检验大肠埃希氏菌或耐热大肠菌群。

② 放射性指标超过指导值，应进行核素分析和评价，判定能否饮用。

附表 1-2　饮用水中消毒剂常规指标及要求

消毒剂名称	与水接触时间	出厂水中限值	出厂水中余量	管网末梢水中余量
氯气及游离氯制剂（游离氯）/（mg/L）	至少 30 min	4	≥0.3	≥0.05
一氯胺（总氯）/（mg/L）	至少 120 min	3	≥0.5	≥0.05
臭氧（O_3）/（mg/L）	至少 12 min	0.3		0.02 如加氯，总氯≥0.05
二氧化氯（ClO_2）/（mg/L）	至少 30 min	0.8	≥0.1	≥0.02

附表 1-3　水质非常规指标及限值

指　　标	限　　值
1. 微生物指标	
贾第鞭毛虫/（个/10 L）	<1
隐孢子虫/（个/10 L）	<1
2. 毒理指标	
锑/（mg/L）	0.005
钡/（mg/L）	0.7
铍/（mg/L）	0.002
硼/（mg/L）	0.5
钼/（mg/L）	0.07
镍/（mg/L）	0.02
银/（mg/L）	0.05
铊/（mg/L）	0.000 1
氯化氰（以 CN^- 计）/（mg/L）	0.07
一氯二溴甲烷/（mg/L）	0.1
二氯一溴甲烷/（mg/L）	0.06
二氯乙酸/（mg/L）	0.05
1,2-二氯乙烷/（mg/L）	0.03

指　　标	限　　值
二氯甲烷/（mg/L）	0.02
三卤甲烷（三氯甲烷、一氯二溴甲烷、二氯一溴甲烷、三溴甲烷的总和）	该类化合物中各种化合物的实测浓度与其各自限值的比值之和不超过 1
1,1,1-三氯乙烷/（mg/L）	2
三氯乙酸/（mg/L）	0.1
三氯乙醛/（mg/L）	0.01
2,4,6-三氯酚/（mg/L）	0.2
三溴甲烷/（mg/L）	0.1
七氯/（mg/L）	0.000 4
马拉硫磷/（mg/L）	0.25
五氯酚/（mg/L）	0.009
六六六（总量）/（mg/L）	0.005
六氯苯/（mg/L）	0.001
乐果/（mg/L）	0.08
对硫磷/（mg/L）	0.003
灭草松/（mg/L）	0.3
甲基对硫磷/（mg/L）	0.02
百菌清/（mg/L）	0.01
呋喃丹/（mg/L）	0.007
林丹/（mg/L）	0.002
毒死蜱/（mg/L）	0.03
草甘膦/（mg/L）	0.7
敌敌畏/（mg/L）	0.001
莠去津/（mg/L）	0.002
溴氰菊酯/（mg/L）	0.02
2,4-滴/（mg/L）	0.03
滴滴涕/（mg/L）	0.001
乙苯/（mg/L）	0.3
二甲苯/（mg/L）	0.5
1,1-二氯乙烯/（mg/L）	0.03
1,2-二氯乙烯/（mg/L）	0.05
1,2-二氯苯/（mg/L）	1
1,4-二氯苯/（mg/L）	0.3
三氯乙烯/（mg/L）	0.07
三氯苯（总量）/（mg/L）	0.02
六氯丁二烯/（mg/L）	0.000 6
丙烯酰胺/（mg/L）	0.000 5
四氯乙烯/（mg/L）	0.04
甲苯/（mg/L）	0.7
邻苯二甲酸二（2-乙基己基）酯/（mg/L）	0.008
环氧氯丙烷/（mg/L）	0.000 4
苯/（mg/L）	0.01
苯乙烯/（mg/L）	0.02

指　　标	限　　值
苯并[*a*]芘/（mg/L）	0.000 01
氯乙烯/（mg/L）	0.005
氯苯/（mg/L）	0.3
微囊藻毒素-LR/（mg/L）	0.001
3. 感官性状和一般化学指标	
氨氮（以 N 计）/（mg/L）	0.5
硫化物/（mg/L）	0.02
钠/（mg/L）	200

附表 1-4　农村小型集中式供水和分散式供水部分水质指标及限值

指　　标	限　　值
1. 微生物指标	
菌落总数/（CFU/mL）	500
2. 毒理指标	
砷/（mg/L）	0.05
氟化物/（mg/L）	1.2
硝酸盐（以 N 计）/（mg/L）	20
3. 感官性状和一般化学指标	
色度/（铂钴色度单位）	20
浑浊度/（NTU-散射浊度单位）	3 水源与净水技术条件限制时为 5
pH	不小于 6.5 且不大于 9.5
溶解性总固体/（mg/L）	1 500
总硬度（以 $CaCO_3$ 计）/（mg/L）	550
耗氧量（COD_{Mn} 法，以 O_2 计）/（mg/L）	5
铁/（mg/L）	0.5
锰/（mg/L）	0.3
氯化物/（mg/L）	300
硫酸盐/（mg/L）	300

附表 1-5　生活饮用水水质参考指标及限值

指　标	限　值
肠球菌/（CFU/100 mL）	0
产气荚膜梭状芽孢杆菌/（CFU/100 mL）	0
二(2-乙基己基)己二酸酯/（mg/L）	0.4
二溴乙烯/（mg/L）	0.000 05
二噁英（2,3,7,8-TCDD）/（mg/L）	0.000 000 03
土臭素（二甲基萘烷醇）/（mg/L）	0.000 01
五氯丙烷/（mg/L）	0.03
双酚 A/（mg/L）	0.01
丙烯腈/（mg/L）	0.1
丙烯酸/（mg/L）	0.5

指 标	限 值
丙烯醛/（mg/L）	0.1
四乙基铅/（mg/L）	0.000 1
戊二醛/（mg/L）	0.07
2-甲基异莰醇/（mg/L）	0.000 01
石油类（总量）/（mg/L）	0.3
石棉（>10 mm）/（万/L）	700
亚硝酸盐/（mg/L）	1
多环芳烃（总量）/（mg/L）	0.002
多氯联苯（总量）/（mg/L）	0.000 5
邻苯二甲酸二乙酯/（mg/L）	0.3
邻苯二甲酸二丁酯/（mg/L）	0.003
环烷酸/（mg/L）	1.0
苯甲醚/（mg/L）	0.05
总有机碳（TOC）/（mg/L）	5
β-萘酚/（mg/L）	0.4
黄原酸丁酯/（mg/L）	0.001
氯化乙基汞/（mg/L）	0.000 1
硝基苯/（mg/L）	0.017
镭 226 和镭 228/（pCi/L）	5
氡/（pCi/L）	300

附录 2 地面水环境质量标准（GB 3838—2002）

附表 2-1 地面水环境质量标准基本项目标准限值 单位：mg/L

序号		Ⅰ	Ⅱ	Ⅲ	Ⅳ	Ⅴ
1	水温/℃	人为造成的环境水温变化应限制在： 周平均最大温升≤1 周平均最大温降≤2				
2	pH	6～9				
3	溶解氧 ≥	饱和率 90%（或 7.5）	6	5	3	2
4	高锰酸盐指数 ≤	2	4	6	10	15
5	化学需氧量（COD） ≤	15	15	20	30	40
6	五日生化需氧量（BOD_5） ≤	3	3	4	6	10
7	氨氮（NH_3-N） ≤	0.15	0.5	1.0	1.5	2.0
8	总磷（以 P 计） ≤	0.02（湖、库 0.01）	0.1（湖、库 0.025）	0.2（湖、库 0.05）	0.3（湖、库 0.1）	0.4（湖、库 0.2）
9	总氮（湖、库以 N 计） ≤	0.2	0.5	1.0	1.5	2.0
10	铜 ≤	0.01	1.0	1.0	1.0	1.0
11	锌 ≤	0.05	1.0	1.0	2.0	2.0
12	氟化物（以 F^- 计） ≤	1.0	1.0	1.0	1.5	1.5

序号			Ⅰ	Ⅱ	Ⅲ	Ⅳ	Ⅴ
13	硒	≤	0.01	0.01	0.01	0.02	0.02
14	砷	≤	0.05	0.05	0.05	0.1	0.1
15	汞	≤	0.000 05	0.000 05	0.000 1	0.001	0.001
16	镉	≤	0.001	0.005	0.005	0.005	0.01
17	铬（六价）	≤	0.01	0.05	0.05	0.05	0.1
18	铅	≤	0.01	0.01	0.05	0.05	0.1
19	氰化物	≤	0.005	0.05	0.2	0.2	0.2
20	挥发酚	≤	0.002	0.002	0.005	0.01	0.1
21	石油类	≤	0.05	0.05	0.05	0.5	1.0
22	阴离子表面活性剂	≤	0.2	0.2	0.2	0.3	0.3
23	硫化物	≤	0.05	0.1	0.2	0.5	1.0
24	粪大肠菌群/（个/L）	≤	200	2 000	10 000	20 000	40 000

附表 2-2 集中式生活饮用水地表水源地补充项目标准限值 单位：mg/L

序号	项目	标准值
1	硫酸盐（以 SO_4^{2-} 计）	250
2	氯化物（以 Cl^- 计）	250
3	硝酸盐（以 N 计）	10
4	铁	0.3
5	锰	0.1

附表 2-3 集中式生活饮用水地表水源地特定项目标准限值 单位：mg/L

序号	项目	标准值	序号	项目	标准值
1	三氯甲烷	0.06	19	苯	0.01
2	四氯化碳	0.002	20	甲苯	0.7
3	三溴甲烷	0.1	21	乙苯	0.3
4	二氯甲烷	0.02	22	二甲苯①	0.5
5	1,2-二氯乙烷	0.03	23	异丙苯	0.25
6	环氧氯丙烷	0.02	24	氯苯	0.3
7	氯乙烯	0.005	25	1,2-二氯苯	1.0
8	1,1-二氯乙烯	0.03	26	1,4-二氯苯	0.3
9	1,2-二氯乙烯	0.05	27	三氯苯②	0.02
10	三氯乙烯	0.07	28	四氯苯③	0.02
11	四氯乙烯	0.04	29	丙烯酰胺	0.000 5
12	氯丁二烯	0.002	30	丙烯腈	0.1
13	六氯丁二烯	0.000 6	31	邻苯二甲酸二丁酯	0.003
14	苯乙烯	0.02	32	邻苯二甲酸二（2-乙基己基）酯	0.008
15	甲醛	0.9	33	水合肼	0.01
16	乙醛	0.05	34	四乙基铅	0.000 1
17	丙烯醛	0.1	35	吡啶	0.2
18	三氯乙醛	0.01	36	松节油	0.2

序号	项目	标准值	序号	项目	标准值
37	苦味酸	0.5	59	二硝基苯[④]	0.5
38	丁基黄原酸	0.005	60	2,4-二硝甲苯	0.000 3
39	活性氯	0.01	61	2,4,6-三硝基甲苯	0.5
40	滴滴涕	0.001	62	硝基氯苯[⑤]	0.05
41	林丹	0.002	63	2,4-二硝基氯苯	0.5
42	环氧七氯	0.000 2	64	2,4-二氯苯酚	0.093
43	对硫磷	0.003	65	2,4,6-三氯苯酚	0.2
44	甲基对硫磷	0.002	66	五氯酚	0.009
45	马拉硫磷	0.05	67	苯胺	0.1
46	乐果	0.08	68	联苯胺	0.000 2
47	敌敌畏	0.05	69	微囊藻毒素-LR	0.001
48	敌百虫	0.05	70	黄磷	0.003
49	内吸磷	0.03	71	钼	0.07
50	百菌清	0.01	72	钴	1.0
51	甲萘威	0.05	73	铍	0.002
52	溴氰菊酯	0.02	74	硼	0.5
53	阿特拉津	0.003	75	锑	0.005
54	苯并[*a*]芘	2.8×10^{-6}	76	镍	0.02
55	甲基汞	1.0×10^{-6}	77	钡	0.7
56	多氯联苯[⑥]	2.0×10^{-5}	78	钒	0.05
57	六氯苯	0.05	79	钛	0.1
58	硝基苯	0.017	80	铊	0.000 1

注：① 二甲苯：指对-二甲苯、间-二甲苯、邻-二甲苯。② 三氯苯：指 1,2,3-三氯苯、1,2,4-三氯苯和 1,3,5-三氯苯。③ 四氯苯：指 1,2,3,4-四氯苯、1,2,3,5-四氯苯和 1,2,4,5-四氯苯。④ 二硝基苯：指对-二硝基苯、间-二硝基苯和邻-二硝基苯。⑤ 硝基氯苯：指对-硝基氯苯、间-硝基氯苯和邻-硝基氯苯。⑥ 多氯联苯：指 PCB-1016、PCB-1221、PCB-1232、PCB-1242、PCB-1248、PCB-1254、PCB-1260。

附录 3 城市杂用水水质标准（GB/T 18920—2002）

序号	项　　目		冲厕	道路清扫、消防	城市绿化	车辆冲洗	建筑施工
1	pH		6.0～9.0				
2	色/度	≤	30				
3	嗅		无不快感				
4	浊度/NTU	≤	5	10	10	5	20
5	溶解性总固体/（mg/L）	≤	1 500	1 500	1 000	1 000	—
6	五日生化需氧量（BOD_5）/（mg/L）	≤	10	15	20	10	15
7	氨氮/（mg/L）	≤	10	10	20	10	20
8	阴离子表面活性剂/（mg/L）		1.0	1.0	1.0	0.5	1.0
9	铁/（mg/L）	≤	0.3	—	—	0.3	—
10	锰/（mg/L）	≤	0.1	—	—	0.1	—
11	溶解氧/（mg/L）	≤	1.0				
12	总余氯（mg/L）		接触 30 min 后≥1.0，管网末端≥0.2				
13	总大肠菌群/（个/L）	≤	3				

附录 4 污水综合排放标准（GB 8978—1996）

附表 4-1 第一类污染物最高允许排放浓度 单位：mg/L

序号	污染物	最高允许排放浓度	序号	污染物	最高允许排放浓度	序号	污染物	最高允许排放浓度
1	总汞	0.05	6	总砷	0.5	11	总银	0.5
2	烷基汞	不得检出	7	总铅	1.0	12	总α放射性	1 Bq/L
3	总镉	0.1	8	总镍	1.0	13	总β放射性	10 Bq/L
4	总铬	1.5	9	苯并[a]芘	0.000 03			
5	六价铬	0.5	10	总铍	0.005			

附表 4-2 第二类污染物最高允许排放浓度

（1997 年 12 月 31 日之前建设的单位） 单位：mg/L

序号	污染物	适用范围	一级标准	二级标准	三级标准
1	pH	一切排污单位	6～9	6～9	6～9
2	色度（稀释倍数）	染料工业	50	180	—
		其他排污单位	50	80	—
3	悬浮物（SS）	采矿、选矿、选煤工业	100	300	—
		脉金选矿	100	500	—
		边远地区砂金选矿	100	800	—
		城镇二级污水处理厂	20	30	—
		其他排污单位	70	200	400
4	五日生化需氧量（BOD_5）	甘蔗制糖、苎麻脱胶、湿法纤维板工业	30	100	600
		甜菜制糖、酒精、味精、皮革、化纤浆粕工业	30	150	600
		城镇二级污水处理厂	20	30	—
		其他排污单位	30	60	300
5	化学需氧量（COD_{Cr}）	甜菜制糖、焦化、合成脂肪酸、湿法纤维板、染料、洗毛、有机磷农药工业	100	200	1 000
		味精、酒精、医药原料药、生物制药、苎麻脱胶、皮革、化纤浆粕工业	100	300	1 000
		石油化工工业（包括石油炼制）	100	150	500
		城镇二级污水处理厂	60	120	—
		其他排污单位	100	150	500
6	石油类	一切排污单位	10	10	30
7	动植物油	一切排污单位	20	20	100
8	挥发酚	一切排污单位	0.5	0.5	2.0
9	总氰化合物	电影洗片（铁氰化合物）	0.5	5.0	5.0
		其他排污单位	0.5	0.5	1.0

序号	污染物	适用范围	一级标准	二级标准	三级标准
10	硫化物	一切排污单位	1.0	1.0	2.0
11	氨氮	医药原料药、染料、石油化工工业	15	50	—
		其他排污单位	15	25	—
12	氟化物	黄磷工业	10	20	20
		低氟地区（水体含氟量＜0.5 mg/L）	10	20	30
		其他排污单位	10	10	20
13	磷酸盐（以P计）	一切排污单位	0.5	1.0	—
14	甲醛	一切排污单位	1.0	2.0	5.0
15	苯胺类	一切排污单位	1.0	2.0	5.0
16	硝基苯类	一切排污单位	2.0	3.0	5.0
17	阴离子合成洗涤剂（LAS）	合成洗涤工业	5.0	15	20
		其他排污单位	5.0	10	20
18	总铜	一切排污单位	0.5	1.0	2.0
19	总锌	一切排污单位	2.0	5.0	5.0
20	总锰	合成脂肪酸工业	2.0	5.0	5.0
		其他排污单位	2.0	2.0	5.0
21	彩色显影剂	电影洗片	2.0	3.0	5.0
22	显影剂及氧化物总量	电影洗片	3.0	6.0	6.0
23	元素磷	一切排污单位	0.1	0.3	0.3
24	有机磷农药（以P计）	一切排污单位	不得检出	0.5	0.5
25	粪大肠菌群数	医院①、兽医院及医疗机构含病原体污水	500 个/L	1 000 个/L	5 000 个/L
		传染病、结核病医院污水	100 个/L	500 个/L	1 000 个/L
26	总余氯（采用氯化消毒的医院污水）	医院①、兽医院及医疗机构含病原体污水	＜0.5②	＞3（接触时间≥1 h）	＞2（接触时间≥1 h）
		传染病、结核病医院污水	＜0.5②	＞6.5（接触时间≥1.5 h）	＞5（接触时间≥1.5 h）

注：① 指50个床位以上的医院。

② 加氯消毒后须进行脱氯处理，达到本标准。

附表 4-3 第二类污染物最高允许排放浓度

（1998年1月1日后建设的单位） 单位：mg/L

序号	污染物	适用范围	一级标准	二级标准	三级标准
1	pH	一切排污单位	6～9	6～9	6～9
2	色度（稀释倍数）	一切排污单位	50	80	—
3	悬浮物（SS）	采矿、选矿、选煤工业	70	300	—
		脉金选矿	70	400	—
		边远地区砂金选矿	70	800	—
		城镇二级污水处理厂	20	30	—
		其他排污单位	70	150	400

序号	污染物	适用范围	一级标准	二级标准	三级标准
4	五日生化需氧量（BOD_5）	甘蔗制糖、苎麻脱胶、湿法纤维板、染料、洗毛工业	20	60	600
		甜菜制糖、酒精、味精、皮革、化纤浆粕工业	20	100	600
		城镇二级污水处理厂	20	30	—
		其他排污单位	20	30	300
5	化学需氧量（COD_{Cr}）	甜菜制糖、合成脂肪酸、湿法纤维板、染料、洗毛、有机磷农药工业	100	200	1 000
		味精、酒精、医药原料药、生物制药、苎麻脱胶、皮革、化纤浆粕工业	100	300	1 000
		石油化工工业（包括石油炼制）	60	120	500
		城镇二级污水处理厂	60	120	—
		其他排污单位	100	150	500
6	石油类	一切排污单位	5	10	20
7	动植物油	一切排污单位	10	15	100
8	挥发酚	一切排污单位	0.5	0.5	2.0
9	总氰化合物	一切排污单位	0.5	0.5	1.0
10	硫化物	一切排污单位	1.0	1.0	1.0
11	氨氮	医药原料药、染料、石油化工工业	15	50	—
		其他排污单位	15	25	—
12	氟化物	黄磷工业	10	15	20
		低氟地区（水体含氟量<0.5 mg/L）	10	20	30
		其他排污单位	10	10	20
13	磷酸盐（以 P 计）	一切排污单位	0.5	1.0	—
14	甲醛	一切排污单位	1.0	2.0	5.0
15	苯胺类	一切排污单位	1.0	2.0	5.0
16	硝基苯类	一切排污单位	2.0	3.0	5.0
17	阴离子合成洗涤剂（LAS）	一切排污单位	5.0	10	20
18	总铜	一切排污单位	0.5	1.0	2.0
19	总锌	一切排污单位	2.0	5.0	5.0
20	总锰	合成脂肪酸工业	2.0	5.0	5.0
		其他排污单位	2.0	2.0	5.0
21	彩色显影剂	电影洗片	1.0	2.0	3.0
22	显影剂及氧化物总量	电影洗片	3.0	3.0	6.0
23	元素磷	一切排污单位	0.1	0.1	0.3
24	有机磷农药（以 P 计）	一切排污单位	不得检出	0.5	0.5
25	乐果	一切排污单位	不得检出	1.0	2.0
26	对硫磷	一切排污单位	不得检出	1.0	2.0
27	甲基对硫磷	一切排污单位	不得检出	1.0	2.0
28	马拉硫磷	一切排污单位	不得检出	5.0	10

序号	污染物	适用范围	一级标准	二级标准	三级标准
29	五氯酚及五氯酚钠（以五氯酚计）	一切排污单位	5.0	8.0	10
30	可吸附有机卤化物（AOX）（以Cl计）	一切排污单位	1.0	5.0	8.0
31	三氯甲烷	一切排污单位	0.3	0.6	1.0
32	四氯化碳	一切排污单位	0.03	0.06	0.5
33	三氯乙烯	一切排污单位	0.3	0.6	1.0
34	四氯乙烯	一切排污单位	0.1	0.2	0.5
35	苯	一切排污单位	0.1	0.2	0.5
36	甲苯	一切排污单位	0.1	0.2	0.5
37	乙苯	一切排污单位	0.4	0.6	1.0
38	邻-二甲苯	一切排污单位	0.4	0.6	1.0
39	对-二甲苯	一切排污单位	0.4	0.6	1.0
40	间-二甲苯	一切排污单位	0.4	0.6	1.0
41	氯苯	一切排污单位	0.2	0.4	1.0
42	邻-二氯苯	一切排污单位	0.4	0.6	1.0
43	对-二氯苯	一切排污单位	0.4	0.6	1.0
44	对-硝基氯苯	一切排污单位	0.5	1.0	5.0
45	2,4-二硝基氯苯	一切排污单位	0.5	1.0	5.0
46	苯酚	一切排污单位	0.3	0.4	1.0
47	间-甲酚	一切排污单位	0.1	0.2	0.5
48	2,4-二氯酚	一切排污单位	0.6	0.8	1.0
49	2,4,6-三氯酚	一切排污单位	0.6	0.8	1.0
50	邻苯二甲酸二丁酯	一切排污单位	0.2	0.4	2.0
51	邻苯二甲酸二辛酯	一切排污单位	0.3	0.6	2.0
52	丙烯腈	一切排污单位	2.0	5.0	5.0
53	总硒	一切排污单位	0.1	0.2	0.5
54	粪大肠菌群数	医院*、兽医院及医疗机构含病原体污水	500 个/L	1 000 个/L	5 000 个/L
		传染病、结核病医院污水	100 个/L	500 个/L	1 000 个/L
55	总余氯（采用氯化消毒的医院污水）	医院*、兽医院及医疗机构含病原体污水	＜0.5**	＞3（接触时间≥1 h）	＞2（接触时间≥1 h）
		传染病、结核病医院污水	＜0.5**	＞6.5（接触时间≥1.5 h）	＞5（接触时间≥1.5 h）
56	总有机碳（TOC）	合成脂肪酸工业	20	40	—
		苎麻脱胶工业	20	60	—
		其他排污单位	20	30	—

注：其他排污单位指除在该控制项目中所列行业以外的一切排污单位。

* 指 50 个床位以上的医院。

** 加氯消毒后需进行脱氯处理，达到本标准。

附录 5 环境空气质量标准（GB 3095—2012）

空气中各项污染物的浓度限值

污染物名称	取值时间	浓度限值		浓度单位
		一级标准	二级标准	
二氧化硫（SO_2）	年平均	20	60	μg/m^3
	24 小时平均	50	150	
	1 小时平均	150	500	
二氧化氮（NO_2）	年平均	40	40	
	24 小时平均	80	80	
	1 小时平均	200	200	
一氧化碳（CO）	日平均	4	4	mg/m^3
	1 小时平均	10	10	
臭氧（O_3）	日最大 8 小时平均	100	160	μg/m^3
	1 小时平均	160	200	
颗粒物（PM_{10}）	年平均	40	70	
	24 小时平均	50	150	
颗粒物（$PM_{2.5}$）	年平均	15	35	
	24 小时平均	35	75	
总悬浮颗粒物（TSP）	年平均	80	200	
	24 小时平均	120	300	
氮氧化物（NO_x）	年平均	50	50	
	24 小时平均	100	100	
	1 小时平均	250	250	
铅（Pb）	年平均	0.5	0.5	
	季平均	1	1	
苯并[*a*]芘（BaP）	年平均	0.001	0.001	
	24 小时平均	0.002 5	0.002 5	

注：一类区为自然保护区、风景名胜区和其他需要特殊保护的区域。
二类区为居住区、商业交通居民混合区、文化区、工业区和农村地区。

附录 6 室内空气质量标准（GB/T 18883—2002）

序号	参数类别	参数	单位	标准值	备注
1	物理性	温度	℃	22～28	夏季空调
				16～24	冬季采暖
2		相对湿度	%	40～80	夏季空调
				30～60	冬季采暖
3		空气流速	m/s	0.3	夏季空调
				0.2	冬季采暖
4		新风量	m^3/（h·人）	30[a]	

序号	参数类别	参数	单位	标准值	备注
5	化学性	SO_2	mg/m^3	0.50	1 h 平均值
6		NO_2	mg/m^3	0.24	1 h 平均值
7		CO	mg/m^3	10	1 h 平均值
8		CO_2	%	0.10	日平均值
9		NH_3	mg/m^3	0.20	1 h 平均值
10		O_3	mg/m^3	0.16	1 h 平均值
11		HCHO	mg/m^3	0.10	1 h 平均值
12		C_6H_6	mg/m^3	0.11	1 h 平均值
13		C_7H_8	mg/m^3	0.20	1 h 平均值
14		C_8H_{10}	mg/m^3	0.20	1 h 平均值
15		苯并[*a*]芘	ng/m^3	1.0	日平均值
16		可吸入颗粒物	mg/m^3	0.15	日平均值
17		总挥发性有机物（TVOC）	mg/m^3	0.60	8 h 平均值
18	生物性	菌落总数	CFU/m^3	2 500	依据仪器定 [b]
19	放射性	氡（^{222}Rn）	Bq/m^3	400	年平均值（行动水平 [c]）

注：a. 新风量要求不小于标准值，除温度、相对湿度外的其他参数要求不大于标准值。

b. 见附录 D。

c. 行动水平即达到此水平建议采取干预行动以降低室内氡浓度。

附录 7　声环境质量标准（GB 3096—2008）

附表 7-1　城市 5 类环境噪声标准值　　等效声级 L_{Aeq}：dB

类别		昼间	夜间
0		50	40
1		55	45
2		60	50
3		65	55
4	4a	70	55
	4b	70	60

注：0 类声环境功能区：指康复疗养区等特别需要安静的区域。

1 类声环境功能区：指以居民住宅、医疗卫生、文化教育、科研设计、行政办公为主要功能，需要保持安静的区域。

2 类声环境功能区：指以商业金融、集市贸易为主要功能，或者居住、商业、工业混杂，需要维护住宅安静的区域。

3 类声环境功能区：指以工业生产、仓储物流为主要功能，需要防止工业噪声对周围环境产生严重影响的区域。

4 类声环境功能区：指交通干线两侧一定距离之内，需要防止交通噪声对周围环境产生严重影响的区域，包括 4a 类和 4b 类两种类型。4a 类为高速公路、一级公路、二级公路、城市快速路、城市主干路、城市次干路、城市轨道交通（地面段）、内河航道两侧区域；4b 类为铁路干线两侧区域。

附录 8 土壤环境质量标准（GB 15618—2008）

附表 8-1 土壤有机物的环境质量第一级标准值 单位：mg/kg

序号	污染物	ca/nc	第一级标准限值
1	苯并[*a*]蒽	ca	0.005
2	苯并[*a*]芘	ca	0.010
3	苯并[*b*]荧蒽	ca	0.010
4	苯并[*k*]荧蒽	ca	0.010
5	二苯并[*a*,*h*]蒽	ca	0.005
6	茚并[1,2,3-*c*,*d*]芘	ca	0.005
7	䓛	nc	0.010
8	萘	nc	0.015
9	菲	nc	0.020
10	苊	nc	0.005
11	蒽	nc	0.010
12	荧蒽	nc	0.015
13	芴	nc	0.005
14	芘	nc	0.010
15	苯并[*g*,*h*,*i*]苝	nc	0.008
16	苊烯（二氢苊）	nc	0.005
17	滴滴涕总量	ca	0.050
18	六六六总量	ca	0.010
19	多氯联苯总量	ca	0.015
20	二噁英总量	ca	1.0
21	石油烃总量	nc	100
22	邻苯二甲酸酯类总量	nc	5.0

附表 8-2 土壤无机物的环境质量第二级标准值 单位：mg/kg

污染物 \ 土壤 pH 值 \ 级别	农业用地按 pH 值分组				居住用地	商业用地	工业用地
	≤5.5	＞5.5～6.5	＞6.5～7.5	＞7.5			
总镉					10	20	20
水田	0.25	0.30	0.50	1.0			
旱地	0.25	0.30	0.45	0.80			
菜地	0.25	0.30	0.40	0.60			
总汞					4.0	20	20
水田	0.20	0.30	0.50	1.0			
旱地	0.25	0.35	0.70	1.5			
菜地	0.20	0.3	0.4	0.8			
总砷					50	70	70
水田	35	30	25	20			
旱地	45	40	30	25			
菜地	35	30	25	20			

污染物 \ 土壤 pH 值 \ 级别	农业用地按 pH 值分组				居住用地	商业用地	工业用地
	≤5.5	＞5.5～6.5	＞6.5～7.5	＞7.5			
总铅 水田、旱地 菜地	 80 50	 80 50	 80 50	 80 50	300	600	600
总铬 水田、旱地 菜地	 220 120	 250 150	 300 200	 350 250	400	800	1000
六价铬	—	—	—	—	5.0	30	30
总铜 水田、旱地、菜地 果园	 50 150	 50 150	 100 200	 100 200	300	500	500
总镍 水田、旱地 菜地	 60 60	 80 70	 90 80	 100 90	150	200	200
总锌	150	200	250	300	500	700	700
总硒	3.0				40	100	100
总钴	40				50	300	300
总钒	130				200	250	250
总锑	10				30	40	40
稀土总量	一级标准值+5.0	一级标准值+10	一级标准值+15	一级标准值+20	—		
氟化物（以 F 计）	暂定水溶性氟 5.0				1 000	2 000	2 000
氰化物（以 CN^- 计）	1.0				20	50	50

注：① 重金属（铬主要是三价）和砷均按元素量计，适用于阳离子交换量＞5 cmol(+)/kg 的土壤，若≤5 cmol(+)/kg，其标准值为表内数值的半数。

② 六六六为四种异构体总量，滴滴涕为四种衍生物总量。

③ 水旱轮作地的土壤环境质量标准，砷采用水田值，铬采用旱地值。

附录 9 常用水样保存方法

监测项目	采样容器	保存方法	保存期	采样量/mL	容器洗涤
温度	G	现场测定	—	—	I
色度	G、P	尽量现场测定	12 h	250	I
浊度	G、P	尽量现场测定	12 h	250	I
pH	G、P	尽量现场测定	12 h	250	I
电导	G、P	尽量现场测定	12 h	250	I
悬浮物	G、P	0～4℃低温冷藏	14 h	500	I
硬度	G、P	0～4℃低温冷藏	7 d	250	I
碱度	G、P	低温（0～4℃）避光保存	12 h	500	I
酸度	G、P	低温（0～4℃）避光保存	12 h	500	I

监测项目	采样容器	保存方法	保存期	采样量/mL	容器洗涤
COD	G	加 H_2SO_4 酸化至 pH≤2，低温（0～4℃）冷藏	2 d	500	I
高锰酸盐指数	G	加 H_2SO_4 酸化至 pH≤2，低温（0～4℃）冷藏	2 d	500	I
DO	溶解氧瓶	加入 $MnSO_4$+碱性 KI，现场固定，避光保存	24 h	250	I
BOD_5	溶解氧瓶	低温（0～4℃）冷藏	12 h	250	I
TOC	G	加 H_2SO_4 酸化至 pH≤2	7 d	250	I
F^-	P	0～4℃低温冷藏，避光保存	14 d	250	I
Cl^-	G、P		30 d	250	I
Br^-	G、P		14 h	250	I
I^-	G、P	加入 NaOH 调 pH=12，低温（0～4℃）冷藏	14 h	250	I
余氯	G、P	加入 NaOH 固定	6 h	250	I
SO_4^{2-}	G、P	低温（0～4℃）冷藏，避光保存	30 d	250	I
PO_4^{3-}	G、P	加入 H_2SO_4 或 NaOH 调 pH=7，$CHCl_3$ 0.5%	7 d	250	IV
总磷	G、P	HCl 或 H_2SO_4，调 pH≤2	24 h	250	IV
氨氮	G、P	加 H_2SO_4 酸化至 pH≤2	24 h	250	I
NO_2^-—N	G、P	低温（0～4℃）冷藏，避光保存	24 h	250	I
NO_3^-—N	G、P	低温（0～4℃）冷藏，避光保存	24 h	250	I
总氮	G、P	加 H_2SO_4 酸化至 pH≤2	7 d	250	I
硫化物	G、P	1 L 水样加 NaOH 至 pH=9，加入 5%抗坏血酸 5 mL，饱和 EDTA 3 mL，滴加饱和 $Zn(Ac)_2$，至胶体产生，常温避光	24 h	250	I
总氰化物	G、P	加入 NaOH 调 pH≥9	12 h	250	I
Ca、Mg	G、P	加浓 HNO_3 酸化至 pH＜2	14 d	250	II
B、K、Na	P				
Be、Mn、Fe、Pb、Ni、Ag、Cd	G、P	加浓 HNO_3 酸化至 pH＜2	14 d	250	III
Cu、Zn	P	加浓 HNO_3 酸化至 pH＜2	14 d	250	III
Cr（Ⅵ）	G、P	加入 NaOH 调 pH=8～9	24 d	250	III
总 Cr	G、P	加浓 HNO_3 酸化至 pH＜2	14 d	250	III
As	G、P	加浓 HNO_3 或浓 HCl 酸化至 pH＜2	14 d	250	I
Se、Sb	G、P	加 HCl 酸化至 pH＜2	14 d	250	III
Hg	G、P	加 HCl 酸化至 pH＜2	14 d	250	III
硅酸盐	P	酸化滤液至 pH＜2，低温（0～4℃）保存	24 h	250	III
总硅	P	酸化至 pH＜2，低温（0～4℃）保存	数月	250	III
油类	G	加 HCl 酸化至 pH＜2	7 d	500	III
农药类	G	加入抗坏血酸 0.01～0.02 g 除去残余余氯，低温（0～4℃）避光保存	24 h	1 000	I
除草剂类					
邻苯二甲酸酯类					

监测项目	采样容器	保存方法	保存期	采样量/mL	容器洗涤
挥发性有机物	G	用（1+10）HCl 调至 pH≤2，加入抗坏血酸 0.01～0.02 g 除去残余氯，低温（0～4℃）避光保存	12 h	1 000	Ⅰ
甲醛	G	加入 0.2～0.5 g/L 硫代硫酸钠除去残余氯，低温（0～4℃）避光保存	24 h	250	Ⅰ
酚类	G	加氢氧化钠碱化至 pH＞12	24 h	1 000	Ⅰ
阴离子表面活性剂	G、P	加 H_2SO_4 酸化至 pH≤2，低温（0～4℃）保存	48 h	250	Ⅳ
非离子表面活性剂	G	加 4%甲醛使其含量达 1%，充满容器，冷藏保存	30 d		
微生物	G	加入 0.2～0.5 g/L 硫代硫酸钠除去残余氯，4℃保存	12 h	250	Ⅰ
生物	G、P	当不能现场测定时用甲醛固定	12 h	250	Ⅰ

注：Ⅰ、Ⅱ、Ⅲ、Ⅳ表示四种洗涤方法。

Ⅰ：洗涤剂洗一次，自来水洗三次，蒸馏水一次。

Ⅱ：洗涤剂洗一次，自来水洗两次，（1＋3）HNO_3 荡洗一次，自来水洗三次，蒸馏水洗一次。

Ⅲ：洗涤剂洗一次，自来水洗两次，（1＋3）HNO_3 荡洗一次，自来水洗三次，去离子水洗一次。

Ⅳ：铬酸洗液洗一次，自来水洗三次，蒸馏水洗一次。必要时，再用蒸馏水、去离子水清洗。

附录 10　常用基准物质及其干燥条件

基准物质		干燥后组成	干燥条件/℃
名称	分子式		
碳酸氢钠	$NaHCO_3$	Na_2CO_3	270～300
碳酸钠	$Na_2CO_3 \cdot 10H_2O$	Na_2CO_3	270～300
硼砂	$Na_2B_4O_7 \cdot 10H_2O$	$Na_2B_4O_7 \cdot 10H_2O$	放在含 NaCl 和蔗糖饱和液的干燥器中
碳酸氢钾	$KHCO_3$	K_2CO_3	270～300
草酸	$H_2C_2O_4 \cdot 2H_2O$	$H_2C_2O_4 \cdot 2H_2O$	室温空气干燥
邻苯二甲酸氢钾	$KHC_8H_4O_4$	$KHC_8H_4O_4$	110～120
重铬酸钾	$K_2Cr_2O_7$	$K_2Cr_2O_7$	140～150
碘酸钾	KIO_3	KIO_3	130
草酸钠	$Na_2C_2O_4$	$Na_2C_2O_4$	130
碳酸钙	$CaCO_3$	$CaCO_3$	110
锌	Zn	Zn	室温干燥器中
氧化锌	ZnO	ZnO	900～1 000
硫酸锌	$ZnSO_4 \cdot 7H_2O$	$ZnSO_4$	400～700
氯化钠	NaCl	NaCl	500～600
氯化钾	KCl	KCl	500～600
硝酸银	$AgNO_3$	$AgNO_3$	280～290
氨基磺酸	$HOSO_2NH_2$	$HOSO_2NH_2$	在真空 H_2SO_4 干燥器中保存 48 h

附录 11 常用酸碱的密度和浓度

试剂名称	分子式	密度	质量分数/%	浓度/（mol/L）
盐酸	HCl	1.18～1.19	36～38	11.6～12.4
硝酸	HNO_3	1.39～1.40	65.0～68.0	14.4～15.2
硫酸	H_2SO_4	1.83～1.84	95～98	17.8～18.4
磷酸	H_3PO_4	1.69	85	14.6
高氯酸	$HClO_4$	1.68	70.0～72.0	11.7～12.0
冰醋酸	CH_3COOH	1.05	99.8（优级纯）99.0（分析纯，化学纯）	17.4
氢氟酸	HF	1.13	40	22.5
氢溴酸	HBr	1.49	47.0	8.6
氨水	$NH_3 \cdot H_2O$	0.88～0.90	25.0～28.0	13.3～14.3

附录 12 国际相对原子量表

按元素符号的字母顺序排列。

元素		原子量	元素		原子量	元素		原子量
符号	名称		符号	名称		符号	名称	
Ac	锕	[227]	Ge	锗	72.64	Pr	镨	140.9
Ag	银	107.9	H	氢	1.008	Pt	铂	195.1
Al	铝	26.98	He	氦	4.003	^{239}Pu	钚	[244]
^{243}Am	镅	[243]	Hf	铪	178.5	Ra	镭	[226]
Ar	氩	39.95	Hg	汞	200.6	Rb	铷	85.47
As	砷	74.92	Ho	钬	164.9	Re	铼	186.2
^{210}At	砹	[210]	I	碘	126.9	Rh	铑	102.9
Au	金	197.0	In	铟	114.8	^{222}Rn	氡	[222]
B	硼	10.81	Ir	铱	192.2	Ru	钌	101.1
Ba	钡	137.3	K	钾	39.10	S	硫	32.06
Be	铍	9.012	Kr	氪	83.80	Sb	锑	121.8
Bi	铋	209.0	La	镧	138.9	Sc	钪	44.96
Bk	锫	[247]	Li	锂	6.941	Se	硒	78.96
Br	溴	79.90	Lr	铹	[262]	Si	硅	28.09
C	碳	12.01	Lu	镥	175.0	Sm	钐	150.4
Ca	钙	40.08	Md	钔	[258]	Sn	锡	118.7
Cd	镉	112.4	Mg	镁	24.31	Sr	锶	87.62
Ce	铈	140.1	Mn	锰	54.94	Ta	钽	180.9
^{252}Cf	锎	[251]	Mo	钼	95.94	Tb	铽	158.9
Cl	氯	35.45	N	氮	14.01	Tc	锝	98.91
^{247}Cm	锔	[247]	Na	钠	22.99	Te	碲	127.6
Co	钴	58.93	Nb	铌	92.91	Th	钍	232.0
Cr	铬	52.00	Nd	钕	144.2	Ti	钛	47.87
Cs	铯	132.9	Ne	氖	20.18	Tl	铊	204.4

元素		原子量	元素		原子量	元素		原子量
符号	名称		符号	名称		符号	名称	
Cu	铜	63.55	^{59}Ni	镍	58.69	Tm	铥	168.9
Dy	镝	162.5	No	锘	[259]	U	铀	238.0
Er	铒	167.3	Np	镎	[237]	V	钒	50.94
^{252}Es	锿	[252]	O	氧	16.00	W	钨	183.8
Eu	铕	152.0	Os	锇	190.2	Xe	氙	131.3
F	氟	19.00	P	磷	30.97	Y	钇	88.91
Fe	铁	55.85	^{231}Pa	镤	231.0	Yb	镱	173.0
^{257}Fm	镄	[257]	Pb	铅	207.2	Zn	锌	65.41
^{223}Fr	钫	[223]	Pd	钯	106.4	Zr	锆	91.22
Ga	镓	69.72	^{145}Pm	钷	[144]			
Gd	钆	157.3	^{210}Po	钋	[209]			

注：相对原子质量来自 2001 年国际原子量表，不包括人工元素。全部取 4 位有效数字。

附录 13 环境监测原始记录表

附表 13-1 地表水采样原始记录表

采样目的：常规监测　　方法依据：　　采样日期：　年　月　日　　水期：　枯 □　丰 □　平 □

pH 计型号及编号：　　DO 仪型号及编号：　　电导仪型号及编号：

编号	断面或采样点	采样时间	天气	水深/m	流速/（m/s）	流量/（m^3/s）	现场监测记录								样品编号
							水颜色	水气味	水面油膜及漂浮物	水温/℃	透明度/cm	pH 值	DO/（mg/L）	电导率/（μS/cm）	
分析项目															
样品现场处理情况															

采样：　　送样：　　接样：

附表 13-2 大气（废气）采样原始记录表

采样目的：　　采样点名称：　　采样日期：　　方法依据：

采样器型号：　　采样器编号：　　天气状况：　　气　温：　℃

相对湿度：　%　　气　压：　kPa　　风　向：　　风　速：　m/s

序号	项目	采样介质编号	样品编号	采样起止时间		累计采样时间/min	采样流量（L/min）	采样体积/L	标况下采样体积/L	备注
				自时分起	至时分止					
样品现场处理情况										

采样：　　被采样单位代表：　　送样：　　接样：

附表 13-3　降水采样原始记录表

采样目的：常规监测　　　　采样点名称：　　　　方法依据：

采样器型号：　　　　采样器编号：　　　　集雨器面积/cm^2：

序号	样品编号	集水起止时间		水样温度/℃	水样体积/mL	降雨量/mm	备注
		自日时分起	至日时分止				

采样：　　　　送样：　　　　接样：

附表 13-4 降尘采样原始记录表

采样目的：　　　　　　　　采样点名称：

方法依据：　　　　　　　　集尘缸编号：　　　　　　　　集尘缸口面积/cm^2：

序号	样品编号	放缸时间（年月日时）	取缸时间（年月日时）	采样天数/d	备注

采样：　　　　　　　　送样：　　　　　　　　接样：

附表 13-5 烟气烟色（林格曼黑度）监测现场记录表

单位名称：　　联系人：　　监测地点：

监测目的：　　监测日期：　　天气状况：　　车辆：

仪器型号：　　仪器编号：　　方法依据：

序号	烟道名称	监测次数	监测开始时间/min	监测终止时间/min	累计监测时间/min	林格曼黑度级	备注

监测：　　厂方代表：　　校核：

附表 13-6 pH 值分析原始记录表

样品名称：　　　　收样日期：　　　　分析日期：

方法依据：　　　　仪器型号：　　　　仪器编号：

标准溶液 Ⅰ定位值：　　　　标准溶液 Ⅱ理论值：　　　　标准溶液 Ⅱ测定值：

分析编号	样品编号	水温/℃	pH	备注

分析：　　　　校核：　　　　审核：

附表 13-7　电导率分析原始记录表

样品名称：　　　　收样日期：　　　　分析日期：

方法依据：　　　　仪器型号：　　　　仪器编号：

电极常数：　　　　校正公式：$K_{25}=K_t/[1+0.022(t-25)]$

分析编号	样品编号	水温/℃	电导率/（μS/cm）	25℃电导率/（μS/cm）	备注

分析：　　　　校核：　　　　审核：

附表 13-8　色度分析原始记录表

（稀释倍数法）

样品名称：　　　　收样日期：　　　　分析日期：

方法依据：　　　　计算公式：$A_0=K_1\times K_2\times K_3\cdots$

分析编号	样品编号	稀释倍数 K_1	稀释倍数 K_2	稀释倍数 K_3	稀释倍数 K_4	稀释倍数 K_5	样品色度 A_0 倍	备注

分析：　　　　校核：　　　　审核：

附表 13-9 重量分析原始记录表

样品名称： 分析项目： 收样日期： 容器介质：

方法依据： 天平型号： 天平编号： 计算公式：

容器编号	样品编号	取样体积/( )	容器加样品恒重/g					容器恒重/g				样品重/g	样品浓度/( )	备注
			称量日期	1	2	3	平均	称量日期	1	2	平均			

分析： 校核： 审核：

附表 13-10 容量法分析原始记录表

样品名称：　　　　分析项目：　　　　收样日期：　　　　分析日期：

方法依据：　　　　计算公式：

标准溶液名称	标准溶液浓度/（mol/L）	标准溶液加入量/mL	标准溶液名称	标准溶液浓度/（mol/L）	标准溶液加入量/mL

分析编号	样品编号	取样量/mL	标准溶液消耗量/mL			样品浓度/（mg/L）	备注
			终读	始读	消耗		

分析：　　　　校核：　　　　审核：

附表 13-11　五日生化需氧量分析原始记录表

样品名称：　　　　收样日期：　　　　分析日期：

方法依据：　　　　计算公式：BOD_5（mg/L）=[（C_1-C_2）－（B_1-B_2）f_1] / f_2

样品编号	分析编号	V_e/mL	V_t/mL	培养前溶解氧/（mg/L）	培养后溶解氧/（mg/L）	BOD_5/（mg/L）	样品浓度/（mg/L）	备注

分析：　　　　校核：　　　　审核：

附表 13-12 离子选择电极原始记录表

样品名称： 分析项目： 收样日期： 分析日期：

方法依据： 仪器型号： 仪器编号： 电极型号：

分析编号	样品编号	取样体积/mL	样品浓度/（mg/L）	备注

分析： 校核： 审核：

附表 13-13 分光光度法分析原始记录表

样品名称：　　分析项目：　　收样日期：　　分析日期：

方法依据：　　仪器型号：　　仪器编号：　　最低检出限：

测定波长：　　比色皿厚度：　　参比溶液：　　计算公式：

分析编号	样品编号	取样体积/（　）	稀释倍数	样品吸光度 A	空白吸光度 A_0	$A-A_0$	测得量/μg	样品浓度/（　）	备注

校准曲线编号：　　绘制日期：　　回归方程：　$a=$　　$b=$　　相关系数：$r=$

校准曲线检验（中等浓度标准溶液吸光值一空白值）：原方程吸光度：　　现测吸光度：　　相对偏差/%：

分析：　　校核：　　审核：

附表 13-14 区域环境噪声监测原始记录表

方法依据: 监测日期: 气象条件：无雨，风力＜5.5 m/s

声级计型号、编号： 风速仪型号、编号：

序号	网格编号	监测点位名称	功能区类别	监测时间	监测结果/dB（A）				备注
					L_{eq}	L_{90}	L_{50}	L_{10}	
电脑打印粘贴				电脑打印粘贴				电脑打印粘贴	
声级计校准	校准器编号：			监测前校准值：			监测后校准值：		

分析： 校核： 审核：

附表 13-15 城市交通噪声监测原始记录表

方法依据： 监测日期： 气象条件：无雨，风力＜5.5 m/s

声级计型号、编号： 风速仪型号、编号：

<table>
<tr><th rowspan="2">序号</th><th rowspan="2">编号</th><th rowspan="2">监测路段名称</th><th rowspan="2">监测时间</th><th colspan="4">监测结果/dB（A）</th><th colspan="3">车流量/（辆/h）</th><th rowspan="2">备注</th></tr>
<tr><th>L_{eq}</th><th>L_{90}</th><th>L_{50}</th><th>L_{10}</th><th>大车</th><th>小车</th><th>摩托车</th></tr>
<tr><td></td><td></td><td></td><td></td><td></td><td></td><td></td><td></td><td></td><td></td><td></td><td></td></tr>
<tr><td></td><td></td><td></td><td></td><td></td><td></td><td></td><td></td><td></td><td></td><td></td><td></td></tr>
<tr><td></td><td></td><td></td><td></td><td></td><td></td><td></td><td></td><td></td><td></td><td></td><td></td></tr>
<tr><td></td><td></td><td></td><td></td><td></td><td></td><td></td><td></td><td></td><td></td><td></td><td></td></tr>
<tr><td colspan="4">电脑打印粘贴</td><td colspan="4">电脑打印粘贴</td><td colspan="4">电脑打印粘贴</td></tr>
<tr><td colspan="4"></td><td colspan="4"></td><td colspan="4"></td></tr>
<tr><td colspan="12"></td></tr>
<tr><td colspan="2">声级计校准</td><td colspan="3">校准器编号：</td><td colspan="4">监测前校准值：</td><td colspan="3">监测后校准值：</td></tr>
</table>

监测： 校核： 审核：

附表 13-16 污染源噪声监测原始记录表

委托单位名称： 联系人： 联系电话： 监测目的：

被监测单位名称： 联系人： 联系电话： 地址：

监测日期： 声级计型号、编号： 气象条件：无雨，风力<5.5 m/s 车辆：□ 本单位□ 外单位

方法依据： 风速仪型号、编号：

测点编号	监测点名称	主要声源	L_{eq}值/dB（A）				测点分布示意图及电脑打印粘贴
			昼间		夜间		
			测量值	背景值	测量值	背景值	
简要说明：							
声级计校准：	校准器编号：		监测前校准值：			监测后校准值：	

监测： 被监测方： 审核：

附表 13-17　一般试剂配制原始记录表

试剂名称	配制日期	试剂规格	皿重 W_1/g	皿重+试剂重 W_2/g	试剂净重 W_2-W_1/g	定容体积/mL	配制浓度	适用项目	失效期	备注

配制：　　　　校核：　　　　审核：

附表 13-18　校准曲线绘制原始记录表

曲线名称：　　　　　　　　　　曲线编号：

标准溶液来源：　　　　　　　　适用项目：

仪器型号：　　　　　　　　　　仪器编号：

方法依据：　　　　　　　　　　绘制日期：

编号	标准溶液加入体积/mL	标准物质加入量/μg	仪器响应值	空白响应值	仪器响应值－空白响应值	备注
回归方程		$a=$		$b=$	$r=$	

分析：　　　　　　　　校核：　　　　　　　　审核：

附表 13-19　标准溶液配制与标定原始记录表

标准溶液名称：

配制		标定			
试剂名称	草酸钠	标定用标液名称		草酸钠	
试剂等级	基准	标定用标液浓度			
试剂生产厂家及编号		待标定溶液体积		滴定管体积	
称量天平型号及编号		标液消耗量/mL			
干燥温度		滴定次数	终读	始读	消耗
试剂重量		空白 1			
溶剂名称	纯水	空白 2			
定容体积		I			
配制温度		II			
配制日期		III			
配制浓度		计算公式		标定后溶液浓度	
配制人		标定温度		标定日期	
失效期		标定人		失效期	
备　注					

校核：　　　　　　　　审核：

附表 13-20　样品交接记录表

交接日期：

序号	样品编号	样品类型	样品份数	保存方法	分析项目	采样记录及样品完好检查	交样人	接样人	交接时间

质控人员审核：

附表 13-21　样品分析任务表

分样日期：

序号	样品编号	样品类型	采样日期	保存方法	分析项目	结果要求上报时间	分析人员

分样人：　　　　　　　　　　质控人员审核：

附表 13-22　样品前处理原始记录表

处理日期：　　　　　　　　处理形式：

样品编号		收样日期	
分析项目		前处理目的	
前处理方法依据			
前处理使用的试剂			
前处理使用的设备			
前处理步骤			
前处理结果			

处理：　　　　　　　　校核：　　　　　　　　审核：

附表 13-23 大气采样器流量校准原始记录表

方法依据：　　　　校准日期：　　　　环境温度：　　℃

皂膜流量计型号：　　　　皂膜流量计编号：　　　　大气压：　　kPa

序号	采样器编号	表观流量/（min/L）	皂膜计两刻度间的体积/mL	皂膜通过两刻度间的时间/s				实测流量/（min/L）	校正系数	备注
				1	2	3	平均			

校准：　　　　校核：　　　　审核：

附表 13-24　一氧化碳分析原始记录表

样品名称：　　收样日期：　　分析日期：　　方法依据：

仪器型号：　　仪器编号：　　标准气体浓度：　　计算公式：

分析编号	样品编号	样品测定值（格）	样品浓度/（mg/m^3）	备注

仪器零点漂移		标准气体测定值（格）	
测定前：	测定后：	测定前：	测定后：

分析：　　校核：　　审核：

附表 13-25 污染源废水采样原始记录表

单位名称： 地址： 采样目的：

联系人： 联系电话： 采样日期：

方法依据： 采样方式： 天气状况：

流量计型号： 流量计编号：

采样序号	采样地点	采样时间	样品份数	样品编号	流量测定情况				分析项目
					测流方法	流速	截面积	流量	
感官描述	采样序号	颜色	气味	浮油	其他				
样品现场处理情况									

采样： 被监测方： 接样：

附表 13-26　室内空气采样（监测）原始记录表

单位名称：　　联系人：　　联系电话：　　地址：

采样日期：　　采样目的：　　车辆：本单位 □　外单位 □

天气状况：　　气温：　℃　　气压：　kPa

序号	测点名称	项目	方法依据	仪器型号及编号	采样（监测）起止时间		测量值					
					自时分起	至时分止	1	2	3	4	5	
测点分布示意图及简要说明												

采样（监测）人员：　　被监测方：　　复核：

附表 13-27 电磁辐射监测原始记录表

单位名称： 联系人： 联系电话： 地址：

监测日期： 监测目的： 车辆： 本单位 □ 外单位 □

天气状况： 气温： ℃ 气压： kPa

相对湿度： % 风向： 风速： m/s 方法依据：

编号	测点名称	电场强度/（V/m）												磁场强度/（A/m）												备注
		垂直			平均			水平			平均			垂直			平均			水平			平均			

简要说明及测点分布示意图

采样人员： 被监测方： 复核：

附表 13-28　大气监测原始记录表

委托单位：　　联系人：　　联系电话：　　采样目的：　　地址：

天气状况：　　气温：　℃　　相对湿度：　%　　采样日期：

气压：　kPa　　风向：　　风速：　m/s　　方法依据：

序号	项目	测点名称	样品编号	仪器型号	采样起止时间		累计采样时间/min	最大值	平均值	备注
					自时分起	至时分止				
样品现场处理情况										

采样：　　被监测方：　　接样：

附表 13-29　环境振动监测原始记录表

委托单位名称：　　联系人：　　联系电话：　　监测目的：

被监测单位名称：　　联系人：　　联系电话：　　地址：

监测时间：　　天气状况：　　仪器型号：　　仪器编号：

方法依据：　　振动类别：□稳态　□冲击　□无规　　地面状况：　　车辆：□ 本单位 □ 外单位

编号	监测点名称	振动源	数据记录（VLz）/dB										测点位置图示
			1	2	3	4	5	6	7	8	9	10	
简要说明及备注													

监测人员：　　被监测方：　　审核：

附表 13-30　汽车尾气检测原始记录表

所属单位：　　　　　　　　　　　　天气状况：　　气温：　　℃　　气压：　　kPa

方法依据：　　　　采样目的：　　　采样日期：

仪器型号：　　　　仪器编号：　　　采样地点：　　　　采样时间：

序号	车型	车牌	CO/%			$HC/\times 10^{-6}$			烟度/RB				达标情况	车主签名
			最低	最高	平均	最低	最高	平均	1	2	3	平均		

检测人员：　　　　　　　　审核：

附表 13-31 TSP 分析原始记录表

分析依据：　　　　天平型号：　　　　天平编号：

收样日期：　　　　分析日期：　　　　计算公式：TSP（mg/m³）=（W_1-W_0）/V_n×1 000

采样日期	采样地点	滤膜编号	采气流量/（m^3/min）	采样期间环境温度/K	采样期间大气压/kPa	累计采样时间/h	累计采样标准体积/m^3	滤膜重量							TSP 浓度/（mg/m^3）	备注
								空膜/g			尘膜/g			尘重/g		
								1	2	平均值	1	2	平均值			

分析人：　　　　审核人：

参考文献

[1] 国家环境保护总局《水和废水监测分析方法》编委会. 水和废水监测分析方法. 4版（增补版）. 北京：中国环境科学出版社，2006.
[2] 国家环境保护总局《空气和废气监测分析方法》编委会. 空气和废气监测分析方法. 4版. 北京：中国环境科学出版社，2003.
[3] 奚旦立，孙裕生，刘秀英. 环境监测. 北京：高等教育出版社，2004.
[4] 华东理工大学，成都科技大学分析化学教研组. 分析化学，4版. 北京：高等教育出版社，1999.
[5] 张尧旺. 水质监测与评价. 郑州：黄河水利出版社，2002.
[6] 刘晓丽，梁冰，薛强，等. 环境监测. 北京：北京大学出版社，2005.
[7] 王英健，杨永红. 环境监测. 北京：化学工业出版社，2004.
[8] 狄滨英，景丽洁. 新编化验员手册. 长春：吉林科学技术出版社，1994.
[9] 张俊秀，张青，龚盛昭. 环境监测. 北京：中国轻工业出版社，2003.
[10] 聂麦茜. 环境监测与分析实践教程. 北京：化学工业出版社，2003.
[11] 陈玲，赵建夫. 环境监测. 北京：化学工业出版社，2004.
[12] 李广超. 环境监测实习. 北京：化学工业出版社，2002.
[13] 孙成. 环境监测实验. 北京：科学出版社，2003.
[14] 中华人民共和国国家质量标准. GB 6682—2000. 分析实验室用水规格和实验方法. 国家质量监督局批准，2000.
[15] 国家环境保护局. 环境监测技术规范：第二册，大气和废气部分. 北京：中国环境科学出版社，1986.
[16] 国家环境保护局总局. 地表水和污水监测技术规范. 北京：中国环境科学出版社，2002.
[17] 国家环境保护局总局. 土壤环境监测技术规范. 北京：中国环境科学出版社，2004.
[18] 中国标准出版社第二编辑室. 中国环境保护标准汇编——噪声测量. 北京：中国标准出版社，2000.
[19] 马大猷. 噪声与振动控制工程手册. 北京：机械工业出版社，2002.
[20] 中国标准出版社第二编辑室. 室内环境质量及检测标准汇编. 北京：中国标准出版社，2003.
[21] 中国实验室国家认可委员会. 实验室认可与管理基础知识. 北京：中国计量出版社，2003.
[22] 国家质量技术监督局认证与实验室评审管理司. 计量认证/审查认可（验收）评审准则宣贯指南. 北京：中国计量出版社，2001.
[23] 刘金全. 最新实验室主任工作实务手册. 石家庄：河北音像出版社，2004.
[24] 吴景峰. 环境监测机构管理实务. 北京：中国环境科学出版社，2001.
[25] 中国合格评定国家认可委员会. CNAS—CL01 实验室认可指南. 2006.
[26] 中国合格评定国家认可委员会. 实验室认可流程. 2006.
[27] 卫生部卫生法制与监督司，等. 室内空气质量标准 GB/T 18883—2002 实施指南. 北京：中国标准出版社，2003.
[28] 吴邦灿，齐文启. 环境监测管理学. 北京：中国环境科学出版社，2004.
[29] 万本太. 论中国环境监测的现代化建设. 中国环境监测. 2003，2：1-3.
[30] 李国刚. 环境化学污染事故应急监测技术与装备. 北京：化学工业出版社，2005.

[31] 李国豪．突发性环境污染事故应急监测案例．北京：中国环境科学出版社，2010．

[32] 宁波市环境监测中心．快速检测技术及在环境污染与应急事故监测中的应用．北京：中国环境科学出版社，2012．

[33] 奚旦立，陈季华．突发性污染事故应急处置工程．北京：化学工业出版社，2005．

[34] 中华人民共和国国家标准．GB 3095—2012．环境空气质量标准．环境保护部，国家质量监督检验检疫局发布，2012．

[35] 中华人民共和国国家标准．GB 15618—2008．土壤环境质量标准．环境保护部，国家质量监督检验检疫局发布，2008．

[36] 中华人民共和国国家标准．GB 3096—2008．声环境质量标准．环境保护部，国家质量监督检验检疫局发布，2008．